Springers Lehrbücher
der Informatik

Herausgegeben von
o. Univ.-Prof. Dr.-Ing. Gerhard-Helge Schildt
Technische Universität Wien

SpringerWienNewYork

Gerd Baron
Peter Kirschenhofer

Einführung in die
Mathematik
für Informatiker

Band 2

Zweite, verbesserte
Auflage

Springers Lehrbücher
der Informatik

SpringerWienNewYork

Univ.-Prof. Dr. phil. Gerd Baron
Institut für Algebra und Diskrete Mathematik
Technische Universität Wien, Österreich

Univ.-Doz. Mag. rer. nat. Dr. phil. Peter Kirschenhofer
Institut für Algebra und Diskrete Mathematik
Technische Universität Wien, Österreich

© 1990 and 1996 by Springer-Verlag/Wien
Printed in Germany

Druck: Konrad Triltsch, D-97016 Würzburg
Graphisches Konzept: Ecke Bonk

Gedruckt auf säurefreiem, chlorfrei gebleichtem Papier – TCF
SPIN: 10926598

Mit 28 Abbildungen

ISSN 0938-9504
ISBN 3-211-82748-X Springer-Verlag Wien New York
ISBN 3-211-82101-5 1. Aufl. Springer-Verlag Wien New York

Vorwort

Die vorliegenden Bände sind aus einer dreisemestrigen Einführungsvorlesung für Informatiker an der TU Wien entstanden, in der die wichtigsten Grundlagen aus den Gebieten Lineare und Nichtlineare Algebra, Analysis und Diskrete Mathematik behandelt werden. Zusätzlich zu den Inhalten, die in den Mathematikgrundvorlesungen der klassischen Ingenieurfächer auftreten, bilden dabei die in den Computerwissenschaften besonders wichtigen Methoden aus Kombinatorik, Graphentheorie und der Algebra endlicher Körper Schwerpunkte. Bei der Ausarbeitung wurde der Stoff einerseits durch Fakten und Beweise ergänzt, die aufgrund ihres Umfanges in der Vorlesung nicht gebracht werden können; andererseits wurde auch eine Vielzahl von durchgerechneten Beispielen in den Text aufgenommen, um das Verständnis und die Möglichkeit des Selbststudiums zu fördern. Neben Beispielen, in denen es um das direkte Anwenden mathematischer „Rezepte" geht, finden sich auch zahlreiche solche, in denen inhaltliche Beobachtungen wichtiger Art gemacht werden.

Der Stil der Darstellung wurde nach Möglichkeit mathematisch exakt gehalten, ohne einen allzu abstrakten logischen Formalismus zu verwenden. Tiefgehende Fakten, deren Beweise über den Rahmen einer solchen einführenden Darstellung für Informatiker hinausgehen, werden ohne Beweis angegeben, die einfacher zu führenden Beweise jedoch vorgeführt, da auch der Ingenieurstudent aus dem Verstehen von Beweisideen viel Verständnis für die von ihm verwendeten mathematischen Methoden und deren Grenzen gewinnen kann.

Aus dem Inhalt der 3 Bände großteils ausgespart blieben Methoden, denen üblicherweise eigene Vorlesungen gewidmet sind, wie Wahrscheinlichkeitsrechnung und Statistik, Logik und Numerische Mathematik, da ihre Aufnahme den Gesamtumfang bei weitem gesprengt hätte. Darüber hinaus wird der Studierende wohl später feststellen, daß zur Beantwortung vieler aus den Anwendungen stammender Fragestellungen der Informatik noch weit tiefergehende mathematische Methoden nötig sind, als sie in einer einführenden Darstellung dargeboten werden können. Wir hoffen jedoch, durch Art und Umfang der Stoffauswahl eine solide Grundlage für die, in jeder Wissenschaft nötige, individuelle Weiterbildung in Spezialbereichen gelegt zu haben.

Wien, im Juni 1989

G. Baron
P. Kirschenhofer

Vorwort zur 2. Auflage

Aufgrund der erfreulichen Aufnahme der 1. Auflage hat der Verlag bereits zwei Jahre nach deren Erscheinen die Bereitschaft zur Herausgabe einer 2. Auflage bekundet. Gleichzeitig wurde beschlossen, diese in die Reihe „Springers Lehrbücher der Informatik" aufzunehmen. Nach der Neuauflage von Band 1 im Herbst 1992 liegt nun auch Band 2 in der 2. Auflage vor.

Bei der Vorbereitung der 2. Auflage wurden sowohl Satzfehler ausgemerzt, die sich in die 1. Auflage trotz sorgfältiger Korrektur eingeschlichen hatten, als auch einige inhaltliche Umformulierungen vorgenommen (insbesondere im Kapitel 2.1), um unbeabsichtigte Ungereimtheiten auszuräumen. Wir danken in diesem Zusammenhang allen Kollegen, die uns nach aufmerksamem Studium des Lehrbuches Verbesserungsvorschläge zukommen haben lassen.

Wien, im September 1995

G. Baron
P. Kirschenhofer

Inhalt

8   Folgen und Reihen 1
8.1 Konvergenz reeller Zahlenfolgen 1
8.2 Algebraische und Monotonieeigenschaften des Grenzwerts 8
8.3 Uneigentlich konvergente Folgen 19
8.4 Unendliche Reihen 22
8.5 Unendliche Produkte 40
8.6 Asymptotischer Vergleich von Folgen 42

9   Stetige Funktionen 45
9.1 Stetige Funktionen in metrischen Räumen 45
9.2 Stetige Funktionen aus $\mathbb{R}^p$ in $\mathbb{R}^q$ 48
9.3 Gleichmäßige Stetigkeit, der Satz vom Maximum 57
9.4 Unstetigkeitsstellen 60
9.5 Der Zwischenwertsatz 63
9.6 Monotone Funktionen 67
9.7 Asymptotischer Vergleich von Funktionen 72

10 Differenzierbare Funktionen 75
10.1 Lineare Approximation von Funktionen 75
10.2 Geometrische Anwendungen der Ableitung 86
10.3 Extrema 97
10.4 Die Mittelwertsätze 105
10.5 Höhere Ableitungen 108

11 Integralrechnung I 115
11.1 Das Riemann-Integral 115
11.2 Einige Eigenschaften des Riemann-Integrals 122
11.3 Unbestimmte Integrale 127
11.4 Logarithmus und Exponentialfunktion 132
11.5 Integration rationaler Funktionen 143
11.6 Uneigentliche Integrale 154

12 Funktionenfolgen und Funktionenreihen 165
12.1 Konvergenz und gleichmäßige Konvergenz 165
12.2 Potenzreihen 171
12.3 Die Taylorentwicklung 178
12.4 Einige Anwendungen der Taylor-Entwicklung 190
12.5 Fourierreihen 196

Literatur 211

Biographisches Verzeichnis 213

Sachverzeichnis 215

Inhaltsübersicht zu Band 1

1 Mengen, Relationen, Funktionen
2 Zahlen
3 Algebraische Strukturen I
4 Elementare Kombinatorik, Permutationen
5 Lineare Algebra
6 Polynome
7 Metrische und topologische Grundbegriffe

Inhaltsübersicht zu Band 3

13 Integralrechnung II
14 Differentialgleichungen
15 Kombinatorische Methoden
16 Algebraische Strukturen II
17 Algebraische Codierungstheorie
18 Graphentheorie

8 Folgen und Reihen

8.1 Konvergenz reeller Zahlenfolgen

Wir haben im letzten Kapitel definiert, wann eine beschränkte unendliche Multimenge und damit eine beschränkte Folge konvergent heißt.

Im weiteren betrachten wir zunächst Folgen (bzw. abzählbar unendliche Multimengen) in $\mathbb{R}^n$ mit der Euklidischen Metrik und zeigen, daß in diesem Fall die Konvergenz der Folge (Multimenge) auf die Konvergenz der einzelnen Koordinatenfolgen (-multimengen) zurückgeführt werden kann:

Satz. Eine Folge von Vektoren $\langle \mathfrak{a}_k \rangle_{k \in \mathbb{N}} = \left\langle \begin{pmatrix} a_{1k} \\ \vdots \\ a_{nk} \end{pmatrix} \right\rangle_{k \in \mathbb{N}} \in \mathbb{R}^n$ konvergiert (in der Euklidischen Metrik) genau dann gegen $\mathfrak{a} = \begin{pmatrix} a_1 \\ \vdots \\ a_n \end{pmatrix} \in \mathbb{R}^n$, wenn für jedes i mit $1 \le i \le n$ die Koordinatenfolge $\langle a_{ik} \rangle_{k \in \mathbb{N}}$ gegen a_i konvergiert.

Beweis. Angenommen $\lim \langle \mathfrak{a}_k \rangle = \mathfrak{a}$, d.h. $\langle \mathfrak{a}_k \rangle$ ist beschränkt und besitzt genau einen Häufungspunkt $\mathfrak{a}$. Da sich die Euklidische Metrik des $\mathbb{R}^n$ äquivalent durch Würfelumgebungen beschreiben läßt, bedeutet die Beschränktheit, daß es ein $r > 0$ gibt, mit

$$\{\mathfrak{a}_k\} \subseteq W(\mathfrak{o}, r) = \{\mathfrak{x} \in \mathbb{R}^n \mid \max_{1 \le i \le n} |x_i| < r\} \ .$$

Insbesondere ist also $|a_{ik}| < r$ für $1 \le i \le n$ und alle k, d.h. jede der Folgen $\langle a_{ik} \rangle_{k \in \mathbb{N}}$ ist beschränkt. Klarerweise gilt auch die Umkehrung dieser Aussage.

Nun ist $\mathfrak{a}$ einziger Häufungspunkt von $\langle \mathfrak{a}_k \rangle$, d.h. in jeder Würfelumgebung $W(\mathfrak{a}, r)$ $(r > 0)$ von $\mathfrak{a}$ müssen alle Elemente der Folge $\langle \mathfrak{a}_k \rangle$ mit höchstens endlich vielen Ausnahmen liegen (da es sonst nach dem Häufungsstellenprinzip von Bolzano-Weierstraß mindestens einen weiteren Häufungspunkt gäbe).

$\mathfrak{a}_k \in W(\mathfrak{a}, r)$ bedeutet aber $\max_{1 \le i \le n} |a_{ik} - a_i| < r$,

d.h. $\qquad\qquad |a_{ik} - a_i| < r$ für alle i mit $1 \le i \le n$,

d.h. $\qquad\qquad a_{ik} \in W(a_i, r)$ für alle derartigen i .

Es liegen also alle a_{ik} mit höchstens endlich vielen Ausnahmen in $W(a_i, r)$, d.h. a_i ist der einzige Häufungspunkt von $\langle a_{ik} \rangle_{k \in \mathbb{N}}$,

d.h. $\qquad\qquad a_i = \lim \langle a_{ik} \rangle_{k \in \mathbb{N}}$ für $1 \le i \le n$.

Gilt umgekehrt die letzte Relation, so ist für jedes $r > 0$

$$a_{ik} \in W(a_i, r) \quad \text{für alle} \quad k \in \mathbb{N} - I_i \,,$$

wobei I_i endlich ist.

Dann ist aber auch $I = \bigcup_{i=1}^{n} I_i$ endlich, und es gilt für $k \in \mathbb{N} - I$:

$$\mathfrak{a}_k \in W(\mathfrak{a}, r) \,,$$

da $\max_{1 \le i \le n} |a_{ik} - a_i| < r$ für $k \notin I = \bigcup_{i=1}^{n} I_i$, d.h. $\mathfrak{a}$ ist einziger Häufungspunkt der Folge $\langle \mathfrak{a}_k \rangle$ und damit $\lim \langle \mathfrak{a}_k \rangle = \mathfrak{a}$. $\square$

Bemerkung. Insbesondere konvergiert eine Folge $\langle z_n \rangle = \langle x_n + i y_n \rangle$ von komplexen Zahlen mit x_n, $y_n \in \mathbb{R}$ genau dann gegen $z = x + iy$, $x, y \in \mathbb{R}$, wenn die Real- und Imaginärteile entsprechend konvergieren, d.h.

$$x = \lim x_n \quad \text{und} \quad y = \lim y_n \,. \quad \square$$

Aufgrund des eben bewiesenen Satzes können wir uns im folgenden also auf das *Studium von Folgen reeller Zahlen* beschränken. Dabei soll immer *die Euklidische Metrik zugrunde liegen.*

Wie der letzte Beweis zeigt, erweist es sich als nützlich, folgende Kurzsprechweise einzuführen: Gilt eine Bedingung für alle Elemente einer abzählbar unendlichen Grundgesamtheit *mit höchstens endlich vielen Ausnahmen,* so sagt man „*fast alle*" Elemente erfüllen die Bedingung. Damit läßt sich die Definition der Konvergenz einer reellen Zahlenfolge auch so formulieren:

Definition. Eine unendliche Folge $\langle a_n \rangle_{n \in \mathbb{N}}$ reeller Zahlen *konvergiert genau dann gegen* $a \in \mathbb{R}$, wenn für jedes $\varepsilon > 0$ fast alle Elemente der Folge in $K(a, \varepsilon)$ liegen, d.h. für jedes $\varepsilon > 0$ gilt $|a_n - a| < \varepsilon$ für fast alle $n \in \mathbb{N}$. $\square$

Da also $|a_n - a| \ge \varepsilon$ für höchstens endlich viele $n \in \mathbb{N}$ gilt, muß für alle „genügend großen" $n \in \mathbb{N}$ $|a_n - a| < \varepsilon$ sein. Dies führt zur äquivalenten

Definition. Eine unendliche Folge $\langle a_n \rangle_{n \in \mathbb{N}}$ reeller Zahlen *konvergiert genau dann gegen* $a \in \mathbb{R}$, wenn es zu jedem $\varepsilon > 0$ ein $N = N(\varepsilon) \in \mathbb{N}$ gibt, so daß $|a_n - a| < \varepsilon$ für alle $n > N = N(\varepsilon)$. $\square$

Weiters vereinbaren wir die Sprechweise:

Definition. Eine unendliche Folge, die nicht konvergent ist, heißt *divergent.* $\square$

Beispiele. 1) Sei $a_n = 1$ für alle $n \in \mathbb{N}$. Dann ist $\lim a_n = 1$: Sei nämlich $\varepsilon > 0$: Dann gilt für jedes $n \in \mathbb{N}$

$$|a_n - a| = |1 - 1| = 0 < \varepsilon \,.$$

Wir können in der obigen Definition also etwa $N = N(\varepsilon) = 1$ setzen.

2) Sei $a_n = \dfrac{1}{n^2}$. Dann ist $\lim a_n = 0$: Sei $\varepsilon > 0$: Dann gilt

$$|a_n - a| = \left| \frac{1}{n^2} - 0 \right| = \frac{1}{n^2} < \varepsilon \quad \text{für alle} \quad n > \frac{1}{\sqrt{\varepsilon}},$$

wir können also $N = N(\varepsilon) = [1/\sqrt{\varepsilon}]$ setzen, wobei $[x]$ *die größte ganze Zahl* $\leq x$ bedeutet. Die beiden Beispiele zeigen, daß das anzugebende $N = N(\varepsilon)$ von ε abhängen kann, aber nicht muß.

3) Sei $a_n = a$ für fast alle $n \in \mathbb{N}$. Eine derartige Folge heißt *schließlich konstant*, da es ein $N \in \mathbb{N}$ gibt, mit $a_n = a$ für alle $n > N$. Klarerweise gilt dann auch $\lim a_n = a$. $\square$

Der folgende Satz gibt ein wichtiges Kriterium (das heißt eine notwendige *und* hinreichende Bedingung) für die Konvergenz einer Folge in $\mathbb{R}$ an:

Satz (Cauchysches Konvergenzkriterium). Eine Folge $\langle a_n \rangle_{n \in \mathbb{N}}$ von reellen Zahlen ist genau dann konvergent in $\mathbb{R}$, wenn es zu jedem $\varepsilon > 0$ ein $N = N(\varepsilon) \in \mathbb{N}$ gibt, so daß für alle $m, n > N$

$$|a_m - a_n| < \varepsilon$$

gilt.

Beweis. Angenommen $\langle a_n \rangle$ ist konvergent, und $a = \lim a_n$. Sei $\varepsilon > 0$. Dann gibt es ein $N_1 = N(\varepsilon/2)$, so daß

$$|a_n - a| < \varepsilon/2 \quad \text{für alle} \quad n > N_1$$

gilt.

Seien nun $m, n > N_1$. Dann ist

$$|a_m - a_n| = |a_m - a + a - a_n| \leq |a_m - a| + |a_n - a| < 2 \cdot \varepsilon/2 = \varepsilon .$$

Die Bedingung aus dem Kriterium ist also erfüllt. Damit haben wir gezeigt, daß die Bedingung notwendig für die Konvergenz ist. Wir zeigen nun, daß sie auch hinreichend ist: Es existiere also für jedes $\varepsilon > 0$ ein $N = N(\varepsilon)$ mit

$$|a_m - a_n| < \varepsilon \quad \text{für alle} \quad m, n > N .$$

Dann ist $\langle a_n \rangle$ *beschränkt:* Wir wählen dazu ein festes $n_0 > N$. Für alle $n > N$ ist dann $|a_{n_0} - a_n| < \varepsilon$, d.h. $a_n \in K(a_{n_0}, \varepsilon)$. Sei weiters $\eta = 1 + \max\limits_{n \leq N} |a_{n_0} - a_n|$ (man beachte, daß das Maximum über eine endliche Menge gebildet wird). Dann ist $|a_{n_0} - a_n| < \eta$ für $n \leq N$, d.h. insgesamt $|a_{n_0} - a_n| < \varrho = \max\{\varepsilon, \eta\}$ für alle $n \in \mathbb{N}$, oder $a_n \in K(a_{n_0}, \varrho)$ für alle $n \in \mathbb{N}$. $\langle a_n \rangle$ ist also beschränkt und besitzt daher nach dem Häufungsstellenprinzip von Bolzano-Weierstrass mindestens einen Häufungspunkt a.

Dann ist $a = \lim a_n$: Sei dazu $\varepsilon > 0$ fest vorgegeben und $N_1 = N(\varepsilon/2)$, d.h. $|a_m - a_n| < \varepsilon/2$ für alle $m, n > N_1$. Da a Häufungspunkt von $\langle a_n \rangle$ ist, liegen in $K(a, \varepsilon/2)$ unendlich viele Elemente der Folge $\langle a_n \rangle$. Insbesondere muß es ein $n_0 > N_1$ geben mit $a_{n_0} \in K(a, \varepsilon/2)$, d.h. $|a_{n_0} - a| < \varepsilon/2$.

Dann gilt aber für alle $n > N_1$:

$$|a - a_n| = |a - a_{n_0} + a_{n_0} - a_n| \leq |a - a_{n_0}| + |a_{n_0} - a_n| < \varepsilon/2 + \varepsilon/2 = \varepsilon ,$$

d.h. $a = \lim a_n$.

Bemerkung. 1) Sei $\langle X, d \rangle$ ein metrischer Raum. Eine unendliche Folge $\langle a_n \rangle$, $a_n \in X$ heißt *Cauchyfolge*, wenn es zu jedem $\varepsilon > 0$ ein $N = N(\varepsilon)$ gibt, so daß $d(a_m, a_n) < \varepsilon$ für alle $m, n > N$.

Der obige Satz sagt dann aus, daß *eine Folge in* $\mathbb{R}$ *genau dann konvergiert, wenn sie eine Cauchyfolge ist.*

2) Im allgemeinen folgt zwar aus der Konvergenz einer Folge $\langle a_n \rangle$ in $\langle X, d \rangle$, daß $\langle a_n \rangle$ Cauchyfolge ist (Beweis wie oben). Die Umkehrung braucht jedoch nicht zu gelten: Man betrachte etwa eine Folge $\langle a_n \rangle$ in $\mathbb{Q}$ mit $\lim a_n = \sqrt{2}$. $\langle a_n \rangle$ ist dann Cauchyfolge in $\mathbb{R}$ und damit natürlich auch in $\mathbb{Q}$, aber nicht konvergent in $\mathbb{Q}$. $\square$

Definition. Ein metrischer Raum $\langle X, d \rangle$, in dem jede Cauchyfolge konvergiert, heißt *vollständig*. $\square$

Beispiel. $\mathbb{R}$ mit der Euklidischen Metrik ist also vollständig, $\mathbb{Q}$ hingegen nicht.

Jeder diskrete metrische Raum ist vollständig. Hier ist $d(x, y) = 1 - \delta_{x,y}$. Wählen wir $\varepsilon = \frac{1}{2}$, so ist $d(a_m, a_n) < \varepsilon$ äquivalent mit $a_m = a_n$. Eine Folge ist also genau dann Cauchyfolge, wenn sie schließlich konstant und damit konvergent ist. $\square$

Bemerkung. $\mathbb{R}$ kann aus $\mathbb{Q}$ „konstruiert" werden, indem man $\mathbb{Q}$ zum „kleinsten" metrischen Raum erweitert, der die Limiten aller Cauchyfolgen in $\mathbb{Q}$ enthält, d. h. „vervollständigt". Wir wollen auf diese Konstruktion wegen ihrer Abstraktheit nicht im Detail eingehen, weisen aber darauf hin, daß sie eine der strukturell interessantesten, weil verallgemeinerungsfähigsten, aller Konstruktionen von $\mathbb{R}$ aus $\mathbb{Q}$ ist. Der Interessierte sei auf die Darstellungen in den meisten modernen Lehrbüchern der Analysis verwiesen. $\square$

Im weiteren befassen wir uns mit der Konvergenz von Folgen, die durch Abänderung bzw. als Teilfolge einer vorgegebenen Folge entstehen. Aus der Definition der Konvergenz folgt sofort:

Satz. Endlich viele Abänderungen wie Weglassen eines Elements, Hinzufügen eines Elements oder Ersetzen eines Elements ändern am Konvergenzverhalten einer unendlichen Folge (einer unendlichen Multimenge) nichts. Insbesondere bleiben auch die Häufungspunkte unbetroffen.

Definition. Ist $\langle a_n \rangle$ eine Folge und geht $\langle a_{n_k} \rangle$ aus $\langle a_n \rangle$ durch Streichen (beliebig vieler) Elemente hervor, wobei aber die Reihenfolge der übrigen Elemente erhalten bleibt, so heißt $\langle a_{n_k} \rangle$ *Teilfolge von* $\langle a_n \rangle$.

Bemerkung. Analog heißt S' Teilmultimenge der Multimenge S, wenn jedes Element aus S' in S mit gleicher oder größerer Vielfachheit vorkommt. Die folgenden Sätze gelten dann auch für Teilmultimengen von abzählbar unendlichen Multimengen in $\mathbb{R}$.

Satz. Jeder Häufungspunkt einer Teilfolge einer unendlichen Folge ist auch Häufungspunkt der Folge.

Beweis. Die Aussage folgt sofort aus den Definitionen. ☐

Satz. Konvergiert die Folge $\langle a_n \rangle$ gegen a, so konvergiert auch jede unendliche Teilfolge von $\langle a_n \rangle$ gegen a.

Beweis. Nach dem Häufungsstellenprinzip von Bolzano–Weierstrass besitzt jede unendliche Teilfolge $\langle a_{n_k} \rangle$ von $\langle a_n \rangle$ mindestens einen Häufungspunkt (da sie beschränkt ist). Jeder Häufungspunkt von $\langle a_{n_k} \rangle$ ist aber nach dem letzten Satz auch Häufungspunkt von $\langle a_n \rangle$. $\langle a_n \rangle$ hat als konvergente Folge den einzigen Häufungspunkt a. Damit ist aber a auch der einzige Häufungspunkt der unendlichen Teilfolge $\langle a_{n_k} \rangle$, d.h. deren Grenzwert. ☐

Man beachte, daß aus der Konvergenz *einer* unendlichen Teilfolge $\langle a_{n_k} \rangle$ von $\langle a_n \rangle$ gegen a aber nicht zu folgen braucht, daß auch $\lim a_n = a$ ist, z. B. $\langle a_n \rangle = \langle a, b, a, b, \ldots \rangle$, $\langle a_{n_k} \rangle = \langle a, a, \ldots \rangle$. Von großer Bedeutung ist auch der folgende

Satz. Ist a Häufungspunkt der Folge $\langle a_n \rangle$, so existiert eine Teilfolge $\langle a_{n_k} \rangle$ von $\langle a_n \rangle$ mit $\lim a_{n_k} = a$.

Beweis. Wir betrachten eine Folge von Umgebungen von a, und zwar

$$U_k = K\left(a, \frac{1}{2^k}\right)$$ für $k \in \mathbb{N}$. In jeder Umgebung U_k von a liegen, da a Häufungspunkt ist, unendlich viele Elemente von $\langle a_n \rangle$.

Sei etwa $a_{n_0} \in U_0$.

Dann gibt es unter den Elementen $\langle a_n \rangle_{n > n_0}$ aber immer noch unendlich viele, die in U_1 liegen (da ja $\langle a_0, \ldots, a_{n_0} \rangle$ endlich viele Elemente umfaßt). Sei $a_{n_1} \in U_1$ eines dieser Elemente. Analog konstruiert man ein $a_{n_2} \in U_2$ mit $n_2 > n_1$ usw.

Wir wollen nun zeigen, daß $\lim a_{n_k} = a$. Klarerweise ist $\langle a_{n_k} \rangle$ beschränkt. Sei weiters $K(a, \varepsilon)$ mit $\varepsilon > 0$ vorgegeben. Wir wählen j so groß, daß $\frac{1}{2^j} < \varepsilon$ ist, d.h. daß $U_j \subseteq K(a, \varepsilon)$.

Aufgrund der Konstruktion von $\langle a_{n_k} \rangle$ liegen dann aber alle a_{n_k} mit $k \geq j$ in U_j, d.h. in $K(a, \varepsilon)$. $K(a, \varepsilon)$ enthält also fast alle Elemente der Folge $\langle a_{n_k} \rangle$, d.h. $\lim a_{n_k} = a$. ☐

Wir wissen aus dem Häufungsstellenprinzip von Bolzano-Weierstrass, daß jede beschränkte unendliche Folge (Multimenge) in $\mathbb{R}$ einen Häufungspunkt besitzt. Wir haben die „Konstruktion" durch Angabe einer Intervallschachtelung durchgeführt, wobei in jedem Schritt eine „Bisektion" des betrachteten Intervalls erfolgte. Vereinbart man nun, immer dann, wenn beide entstehenden Teilintervalle unendlich viele Elemente der Folge enthalten, mit dem *linken* Teilintervall fortzufahren, so „erzeugt" die entstehende Intervallschachtelung den *kleinsten* Häufungspunkt der Folge (m. a. W. die Menge aller Häufungspunkte besitzt ein Minimum). Analog führt die Verwendung der *rechten* Teilintervalle in der obigen Situation zum *größten* Häufungspunkt (= Maximum der Menge aller Häufungspunkte).

Definition. Sei $\langle a_n \rangle_{n \in \mathbb{N}}$ eine beschränkte unendliche Folge reeller Zahlen. Dann heißt der kleinste Häufungspunkt *limes inferior* von $\langle a_n \rangle$, symb. $\liminf a_n$ oder $\underline{\lim}\, a_n$ (oder auch $\liminf\limits_{n \to \infty} a_n$, $\underline{\lim}\limits_{n \to \infty} a_n$), der größte Häufungspunkt *limes superior*, symb. $\limsup a_n$ oder $\overline{\lim}\, a_n$ (oder auch $\limsup\limits_{n \to \infty} a_n$, $\overline{\lim}\limits_{n \to \infty} a_n$).

Beispiel. Sei $\langle a_n \rangle = \langle \frac{1}{2}, 1 - \frac{1}{2}, \frac{1}{3}, 1 - \frac{1}{3}, \frac{1}{4}, 1 - \frac{1}{4}, \ldots \rangle$. Dann ist $\liminf a_n = 0$, $\limsup a_n = 1$. $\square$

Wir erhalten sofort die

Folgerungen. 1) $\liminf a_n \le \limsup a_n$.
2) $\liminf a_n \le a \le \limsup a_n$ für jeden Häufungspunkt a der Folge $\langle a_n \rangle$.
3) Eine beschränkte unendliche Folge $\langle a_n \rangle$ ist genau dann konvergent, wenn

$$\liminf a_n = \limsup a_n \ ,$$

und diese Zahl ist dann auch $\lim a_n$. $\square$

In den weiteren Untersuchungen werden wir oftmals *Monotonieeigenschaften* von Folgen verwenden:

Definition. Die Folge $\langle a_n \rangle_{n \in \mathbb{N}}$ heißt
1) *schwach monoton wachsend* (steigend), wenn

$$a_m \le a_n \quad \text{für alle} \quad m, n \in \mathbb{N} \text{ mit } m < n \ ;$$

2) *stark (streng) monoton wachsend*, wenn

$$a_m < a_n \quad \text{für alle} \quad m, n \in \mathbb{N} \text{ mit } m < n \ ;$$

3) *schwach monoton fallend*, wenn

$$a_m \ge a_n \quad \text{für alle} \quad m, n \in \mathbb{N} \text{ mit } m < n;$$

4) *stark (streng) monoton fallend*, wenn

$$a_m > a_n \quad \text{für alle} \quad m, n \in \mathbb{N} \text{ mit } m < n \ ;$$

5) *monoton*, wenn sie eine der Eigenschaften 1) – 4) besitzt. $\square$

Sofort ergibt sich:

Folgerungen. 1) Jede stark monotone Folge ist auch schwach monoton.
2) Die Forderungen $a_m R a_n$ für alle $m, n \in \mathbb{N}$ mit $m < n$ in der obigen Definition können jeweils ersetzt werden durch $a_k R a_{k+1}$ für alle $k \in \mathbb{N}$. $\square$

Der folgende Satz kennzeichnet eine wichtige Schar konvergenter Folgen:

Satz. Jede beschränkte, monotone, unendliche Folge $\langle a_n \rangle$ ist konvergent.

Beweis. Da $\langle a_n \rangle$ beschränkt ist, existieren $a = \liminf a_n$ und $b = \limsup a_n$ in $\mathbb{R}$.

Wegen der Monotonie von $\langle a_n \rangle$ muß aber $a = b$ sein. Sei z. B. $\langle a_n \rangle$ schwach monoton steigend und $a < b$. Da b ein Häufungspunkt ist, müßten in $K\left(b, \dfrac{b-a}{2}\right)$ unendlich viele Folgenelemente liegen, insbesondere eines, z. B. a_{n_0}. Wegen der Monotonie ist dann auch $a_n > b - \dfrac{b-a}{2} = a + \dfrac{b-a}{2}$ für alle $n > n_0$. Das bedeutet aber, daß in $K\left(a, \dfrac{b-a}{2}\right)$ höchstens endlich viele Folgenelemente (nämlich nur solche a_n mit $n < n_0$) liegen könnten, ein Widerspruch, da a ebenfalls Häufungspunkt von $\langle a_n \rangle$ ist. $\square$

Beispiel. Die Folge $\langle a_n \rangle$ sei rekursiv definiert durch:

$$a_0 = 0$$

$$a_{n+1} = \sqrt{a_n + 1} \quad \text{für alle} \quad n \in \mathbb{N} .$$

i) $\langle a_n \rangle$ ist stark monoton wachsend: Beweis durch vollständige Induktion nach n:

$$n = 0: \quad a_0 = 0 < a_1 = 1 .$$

Sei nun

$$a_n < a_{n+1} .$$

Dann ist auch

$$a_n + 1 < a_{n+1} + 1$$

und damit

$$\sqrt{a_n + 1} < \sqrt{a_{n+1} + 1} .$$

(Hier verwenden wir, daß die Funktion $\sqrt{x}$ streng monoton steigend ist!) D. h.

$$a_{n+1} < a_{n+2} .$$

ii) $\langle a_n \rangle$ ist beschränkt: Wegen der Monotonie ist sicher

$$a_n > a_0 = 0 \quad \text{für alle} \quad n \in \mathbb{N} .$$

Weiters zeigen wir durch vollständige Induktion nach n:

$$a_n < 2 \quad \text{für alle} \quad n \in \mathbb{N}:$$

$$n = 0: \quad a_0 = 0 < 2 .$$

Sei nun

$$a_n < 2 .$$

Dann ist

$$a_{n+1} = \sqrt{a_n + 1} < \sqrt{2+1} < \sqrt{3+1} = 2 .$$

(Auch hier geht die Monotonie von $\sqrt{x}$ ein!) Die Folge $\langle a_n \rangle$ ist daher konvergent. Wir können aber zunächst noch nicht $a = \lim a_n$ angeben. Zur Bestimmung von a wäre es naheliegend, in der Relation

$$a_{n+1} = \sqrt{a_n + 1}$$

auf beiden Seiten zum Grenzwert überzugehen. Man wird erwarten, daß die Beziehung dann

$$a = \sqrt{a+1}$$

lautet. Hier werden aber einige Regeln für das Rechnen mit Grenzwerten verwendet (wie etwa die „Vertauschung" von lim und $\sqrt{}$, die Berechnung des Limes einer Summe zweier konvergenter Folgen), deren Gültigkeit wir erst überprüfen werden müssen. Aus

$$a = \sqrt{a+1}$$

ergibt sich $$a^2 = a+1$$

oder $$a = \frac{1 \pm \sqrt{5}}{2} \ .$$

Da stets $a_n \geq 0$ gilt, kommt $\dfrac{1-\sqrt{5}}{2} < 0$ nicht als Grenzwert in Frage (Beweis?).

Daher muß $a = \dfrac{1+\sqrt{5}}{2}$ sein. Das Beispiel gibt uns zugleich die Motivation, im nächsten Abschnitt Rechenoperationen auf der Menge der reellen Folgen einzuführen und insbesondere das Konvergenzverhalten der so entstehenden Folgen zu untersuchen.

8.2 Algebraische und Monotonieeigenschaften des Grenzwerts

Wir führen zunächst die folgenden Bezeichnungen ein:

Definition. Es bezeichne
 $\mathfrak{F}$ die Menge aller Folgen (reeller Zahlen),
 $\mathfrak{B}$ die Menge der beschränkten Folgen in $\mathfrak{F}$,
 $\mathfrak{F}$ die Menge der konvergenten Folgen in $\mathfrak{F}$,
 $\mathfrak{R}$ die Menge der konstanten Folgen in $\mathfrak{F}$ und
 $\mathfrak{N}$ die Menge der Nullfolgen in $\mathfrak{F}$, d.h. der Folgen $\langle a_n \rangle$ mit $\lim a_n = 0$. $\square$

Dann sieht man sofort:

 1) $\mathfrak{R} \subseteq \mathfrak{F}$,
 2) $\mathfrak{N} \subseteq \mathfrak{F}$
und
 3) $\mathfrak{R} \cap \mathfrak{N} = \{\langle 0 \rangle_{n \in \mathbb{N}}\}$.

In $\mathfrak{F}$ lassen sich die folgenden algebraischen Operationen definieren:

Definition. Für $\langle a_n \rangle$, $\langle b_n \rangle \in \mathfrak{F}$, $\lambda \in \mathbb{R}$ sei

$$\langle a_n \rangle + \langle b_n \rangle = \langle a_n + b_n \rangle$$

$$\langle a_n \rangle \cdot \langle b_n \rangle = \langle a_n \cdot b_n \rangle$$

$$\lambda \langle a_n \rangle = \langle \lambda a_n \rangle \ . \ \square$$

Wie aus der Definition sofort folgt, bildet dann $\langle \mathfrak{F}, +, \mathbb{R}\rangle$ *einen Vektorraum* bzw. $\langle \mathfrak{F}, +, \cdot\rangle$ *einen kommutativen Ring mit Einselement* ($\langle 1\rangle_{n\in\mathbb{N}}$). Man beachte, daß es in $\langle \mathfrak{F}, +, \cdot\rangle$ Nullteiler gibt: z. B.:

$$\langle 0,1,0,0,\ldots\rangle \cdot \langle 1,0,0,0,\ldots\rangle = \langle 0,0,0,0,\ldots\rangle .$$

Identifiziert man die konstante Folge $\langle a\rangle_{n\in\mathbb{N}}\in\mathfrak{R}$ mit der reellen Zahl a, so erhält man, da diese Zuordnung mit den eben eingeführten algebraischen Operationen bzw. denjenigen in $\mathbb{R}$ verträglich ist:

Satz. $\langle \mathfrak{R}, +, \mathbb{R}\rangle$ ist ein Vektorraum und isomorph zu $\langle \mathbb{R}, +, \mathbb{R}\rangle$.
$\langle \mathfrak{R}, +, \cdot\rangle$ ist ein Körper und isomorph zu $\langle \mathbb{R}, +, \cdot\rangle$. □

Da Summe und Produkt beschränkter Folgen wieder beschränkt sind, ergibt sich:

Satz. $\langle \mathfrak{B}, +, \mathbb{R}\rangle$ ist ein Vektorraum, $\langle \mathfrak{B}, +, \cdot\rangle$ ein Ring. □

Bereits interessanter ist der folgende

Satz. Das Produkt einer Nullfolge und einer beschränkten Folge ist eine Nullfolge:
$$\langle a_n\rangle \in \mathfrak{R}, \langle b_n\rangle \in \mathfrak{B} \Rightarrow \langle a_n\rangle \cdot \langle b_n\rangle \in \mathfrak{R} .$$

Beweis. Da $\langle b_n\rangle \in \mathfrak{B}$, existiert ein $c\in\mathbb{R}^+$, so daß
$$|b_n| < c \quad \text{für alle} \quad n\in\mathbb{N} ;$$
da $\langle a_n\rangle \in \mathfrak{R}$, existiert zu jedem $\eta > 0$ ein $N = N(\eta)$, so daß für alle $n > N(\eta)$ gilt: $|a_n| < \eta$. Sei nun $\varepsilon > 0$ beliebig vorgegeben und $\eta = \varepsilon/c > 0$. Für $n > N'(\varepsilon) = N(\varepsilon/c)$ gilt dann:
$$|a_n \cdot b_n| = |a_n| \cdot |b_n| < \frac{\varepsilon}{c}\cdot c = \varepsilon .$$

Das heißt aber: $\langle a_n\rangle \cdot \langle b_n\rangle$ ist eine Nullfolge. □

Beispiel. $\left\langle \dfrac{(-1)^n}{n}\right\rangle = \langle (-1)^n\rangle \cdot \left\langle \dfrac{1}{n}\right\rangle$. Da $\langle (-1)^n\rangle \in \mathfrak{B}$, $\left\langle \dfrac{1}{n}\right\rangle \in \mathfrak{R} \Rightarrow \left\langle \dfrac{(-1)^n}{n}\right\rangle \in \mathfrak{R}$. □

Folgerung. $\langle a_n\rangle, \langle b_n\rangle \in \mathfrak{R} \Rightarrow \langle a_n\rangle \cdot \langle b_n\rangle \in \mathfrak{R}$. □

$\mathfrak{R}$ ist auch bezüglich der Addition abgeschlossen:

Satz. $\langle a_n\rangle, \langle b_n\rangle \in \mathfrak{R} \Rightarrow \langle a_n\rangle + \langle b_n\rangle \in \mathfrak{R}$.

Beweis. Da $\langle a_n\rangle, \langle b_n\rangle \in \mathfrak{R}$, existieren zu jedem $\eta > 0$ Zahlen $N_1(\eta)$ bzw. $N_2(\eta)$, so daß
$$|a_n| < \eta \quad \text{für} \quad n > N_1(\eta) \quad \text{und} \quad |b_n| < \eta \quad \text{für} \quad n > N_2(\eta) .$$

Sei nun $\varepsilon > 0$ beliebig vorgegeben und

$$N(\varepsilon) = \max\left(N_1\left(\frac{\varepsilon}{2}\right), N_2\left(\frac{\varepsilon}{2}\right) \right) .$$

Dann gilt für alle $n > N(\varepsilon)$:

$$|a_n + b_n| \leqslant |a_n| + |b_n| < \frac{\varepsilon}{2} + \frac{\varepsilon}{2} = \varepsilon . \quad \square$$

Da

$$\langle a_n \rangle \in \mathfrak{N}, \; \lambda \in \mathbb{R} \Rightarrow \lambda \cdot \langle a_n \rangle = \langle \lambda \rangle \cdot \langle a_n \rangle \in \mathfrak{N}$$

(man beachte $\langle \lambda \rangle \in \mathfrak{R} \subseteq \mathfrak{B}$), haben wir insgesamt:

Satz. $\langle \mathfrak{N}, +, \mathbb{R} \rangle$ ist ein Vektorraum, $\langle \mathfrak{N}, +, \cdot \rangle$ ein kommutativer Ring (ohne Einselement!). $\quad \square$

Wegen $|a_n| = a_n$ oder $-a_n$ ist $a_n \in K(0, \varepsilon) \Leftrightarrow |a_n| \in K(0, \varepsilon)$:

Satz. $\langle a_n \rangle \in \mathfrak{N} \Leftrightarrow \langle |a_n| \rangle \in \mathfrak{N}$. $\quad \square$

Sei nun $\langle a_n \rangle$ eine Folge in $\mathfrak{F}$, d.h. konvergent, mit $\lim a_n = a$. Dann ist

$$\langle a_n \rangle = \underbrace{\langle a_n - a \rangle}_{\in \mathfrak{N}} + \underbrace{\langle a \rangle}_{\in \mathfrak{R}}$$

darstellbar als Summe einer Nullfolge und einer konstanten Folge. Umgekehrt ist jede derartige Summe in $\mathfrak{F}$. Wir haben also

$$\langle \mathfrak{F}, +, \mathbb{R} \rangle = \langle \mathfrak{N}, +, \mathbb{R} \rangle + \langle \mathfrak{R}, +, \mathbb{R} \rangle$$

als Vektorräume.

Da wir schon wissen, daß

$$\mathfrak{N} \cap \mathfrak{R} = \{ \langle 0 \rangle_{n \in \mathbb{N}} \} ,$$

ist die Summe direkt:

$$\langle \mathfrak{F}, +, \mathbb{R} \rangle = \langle \mathfrak{N}, +, \mathbb{R} \rangle \oplus \langle \mathfrak{R}, +, \mathbb{R} \rangle .$$

Satz. Die konvergenten Folgen bilden einen Vektorraum $\langle \mathfrak{F}, +, \mathbb{R} \rangle$.
Die Abbildung $\lim : \mathfrak{F} \to \mathbb{R}$ ist linear.

Beweis. Der erste Teil des Satzes ergibt sich aus der obigen Darstellung $\mathfrak{F} = \mathfrak{N} \oplus \mathfrak{R}$. Zum Beweis des zweiten Teils seien $\langle a_n \rangle$, $\langle b_n \rangle \in \mathfrak{F}$ mit $\lim a_n = a$, $\lim b_n = b$, und $\lambda, \mu \in \mathbb{R}$.
Dann ist

$$\langle c_n \rangle = \lambda \langle a_n \rangle + \mu \langle b_n \rangle = \lambda \langle a_n - a \rangle + \lambda \langle a \rangle + \mu \langle b_n - b \rangle + \mu \langle b \rangle$$

$$= \lambda \langle a_n - a \rangle + \mu \langle b_n - b \rangle + \langle \lambda a + \mu b \rangle .$$

Da $\langle a_n - a \rangle$, $\langle b_n - b \rangle \in \mathfrak{N}$, ist auch $\lambda \langle a_n - a \rangle + \mu \langle b_n - b \rangle \in \mathfrak{N}$.

Damit ist aber für jedes $\varepsilon > 0$

$$|c_n - (\lambda a + \mu b)| = |\lambda (a_n - a) + \mu (b_n - b)| < \varepsilon$$

für alle $n > N(\varepsilon)$, d.h.

$$\lim c_n = \lambda a + \mu b = \lambda \lim a_n + \mu \lim b_n \ . \quad \square$$

Bei Betrachtung der Multiplikation ergibt sich:

Satz. $\langle \mathfrak{F}, +, \cdot \rangle$ ist ein kommutativer Ring mit Einselement und $\lim: \mathfrak{F} \to \mathbb{R}$ ist ein Ringhomomorphismus.

Beweis. Zu zeigen bleibt: Sind $\langle a_n \rangle$ bzw. $\langle b_n \rangle$ konvergent mit $\lim a_n = a$ bzw. $\lim b_n = b$, so ist $\langle a_n \rangle \cdot \langle b_n \rangle$ konvergent mit $\lim (\langle a_n \rangle \cdot \langle b_n \rangle) = a \cdot b$:

$$\langle a_n \rangle \cdot \langle b_n \rangle = \langle a_n \cdot b_n \rangle = \langle (a_n - a) \cdot b_n \rangle + \langle a \cdot b_n \rangle = \langle a_n - a \rangle \cdot \langle b_n \rangle + a \cdot \langle b_n - b \rangle + \langle a \cdot b \rangle \ .$$

Nun ist $\langle a_n - a \rangle \in \mathfrak{N}$, $\langle b_n \rangle \in \mathfrak{B}$, d.h.: $\langle a_n - a \rangle \cdot \langle b_n \rangle \in \mathfrak{N}$. Weiters ist $\langle b_n - b \rangle \in \mathfrak{N}$, d.h. $a \cdot \langle b_n - b \rangle \in \mathfrak{N}$. Daher ist $\lim \langle a_n \rangle \cdot \langle b_n \rangle = \lim \langle ab \rangle = ab$. $\quad \square$

Beispiel.

$$\lim \left\langle \left(1 + \frac{1}{n^2} \right) \cdot \left(3 + \frac{1}{n^2} \right) \right\rangle = \lim \left\langle 1 + \frac{1}{n^2} \right\rangle \cdot \lim \left\langle 3 + \frac{1}{n^2} \right\rangle$$

$$= \left(1 + \lim \left\langle \frac{1}{n^2} \right\rangle \right) \left(3 + \lim \left\langle \frac{1}{n^2} \right\rangle \right) = 1 \cdot 3 = 3 \ .$$

Bemerkung. Alle bisherigen Resultate lassen sich unmittelbar auf Folgen komplexer Zahlen übertragen. $\quad \square$

Auf der Menge $\mathfrak{F}$ aller Folgen reeller Zahlen kann durch

$$\langle a_n \rangle \leqslant \langle b_n \rangle \Leftrightarrow a_n \leqslant b_n \quad \text{für alle} \quad n \in \mathbb{N}$$

eine *Halbordnung* definiert werden (Beweis als Übung).

Wir wollen uns nun dafür interessieren, wie sich Ungleichungen zwischen den Elementen zweier Folgen auf Häufungspunkte bzw. Grenzwerte „vererben":

Satz. Sei $\langle b_n \rangle$ eine Folge, so daß $a \leq b_n \leq c$ für fast alle $n \in \mathbb{N}$ gilt. Dann gilt auch für jeden Häufungspunkt b der Folge $\langle b_n \rangle$: $a \leq b \leq c$.

Beweis. Wir zeigen, daß aus $a \leq b_n$ für fast alle n folgt, daß $a \leq b$. (Die andere Ungleichung wird analog behandelt.)

Ist b Häufungspunkt von $\langle b_n \rangle$, so liegen in jeder Kugelumgebung $K(b, \varepsilon)$ unendlich viele b_n. Angenommen, es wäre nun $b < a$.

Wir wählen dann $\varepsilon = a - b > 0$. In $K(b, \varepsilon)$ liegen unendlich viele b_n. Für jedes dieser b_n gilt dann $b_n < b + \varepsilon = b + (a - b) = a$. Das ist aber ein Widerspruch zu $b_n \geqslant a$ für fast alle n. $\quad \square$

Als **Folgerungen** aus dem Satz erhalten wir sofort:
1) Gilt $a \le b_n \le c$ für fast alle $n \in \mathbb{N}$ und existiert $\lim b_n = b$, so ist $a \le b \le c$.

Achtung. Aus $a < b_n < c$ für fast alle $n \in \mathbb{N}$ kann jedoch *nicht* auf $a < b < c$ geschlossen werden, wenn b Häufungspunkt oder Grenzwert von $\langle b_n \rangle$ ist, z. B. $1/n > 0$ für alle $n \in \mathbb{N}$, aber $\lim 1/n = 0$.

Beim Übergang zu Häufungspunkten oder Grenzwerten kann also aus einer „<"-Beziehung immer nur auf eine „≤"-Beziehung geschlossen werden.

2) Ist $b_n \underset{(-)}{\ge} 0$ für fast alle n, so gilt für jeden Häufungspunkt b der Folge $\langle b_n \rangle$, bzw. im Fall der Konvergenz für $b = \lim b_n$: $b \ge 0$. (Analog für $\underset{(-)}{\le}$)

Achtung. 1) und 2) sind nicht umkehrbar: z. B.: $\lim b_n \ge 0 \nRightarrow b_n \ge 0$ für fast alle n.

Beispiel. Wir wissen bereits: $\lim \dfrac{(-1)^n}{n} = 0$. Es gilt aber nicht $\dfrac{(-1)^n}{n} \ge 0$ für fast alle n.

3) Eine „Umkehrung" der obigen Aussagen gilt jedoch in folgender Form:

Satz. Sei $\langle b_n \rangle$ konvergent gegen $b > 0$. Dann gilt für jede Zahl c mit $0 < c < b$:

$$b_n > c \quad \text{für fast alle } n .$$

Beweis. Sei $\varepsilon = b - c > 0$. Da $b = \lim b_n$, liegen in $K(b, \varepsilon)$ fast alle Elemente der Folge $\langle b_n \rangle$, d. h. insbesondere $b_n > b - \varepsilon = b - (b-c) = c$ für fast alle n. $\square$

Eine Verallgemeinerung der obigen Monotonieeigenschaften ist der folgende

Satz. Seien $\langle a_n \rangle$, $\langle b_n \rangle$, $\langle c_n \rangle$ Folgen mit $a = \lim a_n$, $c = \lim c_n$ und $a_n \le b_n \le c_n$ für fast alle n. Dann gilt für jeden Häufungspunkt b von $\langle b_n \rangle$ (bzw. für $b = \lim b_n$, falls dieser existiert):

$$a \le b \le c .$$

Beweis. Wir nehmen wieder an, es wäre für einen Häufungspunkt b von $\langle b_n \rangle$: $b < a$, d. h. $a - b > 0$.
Nach dem letzten Satz gilt dann für fast alle Elemente der Folge $\langle a_n - b \rangle$:

$$a_n - b > \frac{a-b}{2} , \quad \text{d. h.} \quad a_n > \frac{a+b}{2} .$$

Da b Häufungspunkt von $\langle b_n \rangle$ ist, gibt es andererseits unendlich viele n mit

$$b_n \in K\left(b, \frac{a-b}{2} \right) , \quad \text{d. h. insbesondere} \quad b_n < b + \frac{a-b}{2} = \frac{a+b}{2} .$$

Damit wäre aber für unendlich viele n

$$b_n < \frac{a+b}{2} < a_n ,$$

ein Widerspruch zur Voraussetzung $a_n \le b_n$ für fast alle n. Die 2. Ungleichung wird wieder analog bewiesen. $\square$

Wir haben im ersten Teil dieses Abschnittes den Grenzwert von Summe und Produkt zweier konvergenter Folgen betrachtet. Die obigen Überlegungen gestatten es uns, die entsprechende Fragestellung für den Quotienten zu behandeln:

Satz. Sei $\lim b_n = b \neq 0$. Dann konvergiert die Folge $\left\langle \dfrac{1}{b_n} \right\rangle_{n \in \mathbb{N}}$ (wobei alle Ausdrücke $1/0$ durch beliebige reelle Zahlen ersetzt werden) gegen $1/b$.

Beweis. Sei etwa $b > 0$. Da dann für jedes c mit $0 < c < b$ gilt:

$$b_n > c \quad \text{für fast alle } n \;,$$

können höchstens endlich viele der b_n gleich Null sein. Für diese können wir also $\dfrac{1}{b_n}$ ohne Änderung des Konvergenzverhaltens der Folge beliebig definieren. Weiters ist

$$0 < \frac{1}{b_n} < \frac{1}{c} \quad \text{für fast alle } n \;,$$

d.h. $\left\langle \dfrac{1}{b_n} \right\rangle$ ist beschränkt. Schließlich haben wir

$$\left\langle \frac{1}{b_n} \right\rangle = \left\langle \frac{1}{b} \right\rangle + \left\langle \frac{1}{b_n} - \frac{1}{b} \right\rangle \;,$$

wobei

$$\left\langle \frac{1}{b_n} - \frac{1}{b} \right\rangle = \left\langle \frac{1}{b} \right\rangle \cdot \left\langle \frac{1}{b_n} \right\rangle \cdot \langle b - b_n \rangle$$

als Produkt einer konstanten Folge, einer beschränkten Folge und einer Nullfolge eine Nullfolge bildet, d.h. $\lim \dfrac{1}{b_n} = \dfrac{1}{b}$. $\square$

Wir fassen noch einmal die in diesem Abschnitt gezeigten **„Rechenregeln" für den Grenzwert** zusammen:

a) *Addition* $\qquad \lim (a_n + b_n) = \lim a_n + \lim b_n$.

b) *Multiplikation* $\qquad \lim (a_n \cdot b_n) = \lim a_n \cdot \lim b_n$.

(Speziell für *Linearkombinationen:* $\lim (\lambda a_n + \mu b_n) = \lambda \lim a_n + \mu \lim b_n$.)

c) *Division* $\qquad \lim \dfrac{a_n}{b_n} = \dfrac{\lim a_n}{\lim b_n}$, falls $\lim b_n \neq 0$.

Bemerkung. Diese Regeln gelten auch für Folgen komplexer Zahlen. $\square$

Im weiteren studieren wir einige konkrete Beispiele:

Beispiel 1. Sei
$$\langle x_n \rangle = \left\langle \frac{n^2+3n+2}{n^3+4n+1} \right\rangle ,$$

also $x_n = \dfrac{P(n)}{Q(n)}$, wobei P und Q Polynome sind. Wir dividieren Zähler und Nenner durch die höchste auftretende Potenz n^3 und erhalten:
$$x_n = \frac{1/n+3(1/n)^2+2\cdot(1/n)^3}{1+4\cdot(1/n)^2+(1/n)^3} .$$

Wir wissen bereits $\langle 1/n \rangle \in \mathfrak{N}$, womit auch
$$\left\langle \frac{1}{n^k} \right\rangle \in \mathfrak{N} \quad \text{für alle} \quad k \in \mathbb{N}, \quad k \geq 1 .$$

Nach den obigen Regeln ist daher
$$\lim x_n = \frac{0+0+0}{1+0+0} = 0 .$$

Beispiel 2. Sei nun $P(x)$ ein Polynom vom Grad p, $Q(x)$ ein Polynom vom Grad q und
$$\langle x_n \rangle = \left\langle \frac{P(n)}{Q(n)} \right\rangle .$$

Fall i: $p \leq q$
Wir dividieren Zähler und Nenner durch n^q und erhalten
$$x_n = \frac{\sum_{j=0}^{p} a_j \left(\frac{1}{n}\right)^{q-j}}{\sum_{j=0}^{q} b_j \left(\frac{1}{n}\right)^{q-j}} , \quad \text{wobei } P(x) = \sum_{j=0}^{p} a_j x^j , \quad Q(x) = \sum_{j=0}^{q} b_j x^j .$$

Wegen $\lim \dfrac{1}{n^k} = 0$ für $k \in \mathbb{N}$, $k > 0$, sowie $\lim \dfrac{1}{n^0} = \lim 1 = 1$, konvergiert der Nenner gegen $b_q (\neq 0)$.
Sei nun $p < q$.
Dann konvergiert der Zähler gegen 0, d.h.
$$\lim \frac{P(n)}{Q(n)} = 0 .$$

Ist hingegen $p = q$, so konvergiert der Zähler gegen a_p, d.h.
$$\lim \frac{P(n)}{Q(n)} = \frac{a_p}{b_q} .$$

Fall ii: $p > q$

Mit der Begründung aus Fall i haben wir hier

$$x_n = n^{p-q} \cdot y_n \ , \quad \text{wobei} \quad \lim y_n = \frac{a_p}{b_q} \neq 0 \ .$$

Dann ist aber $\langle x_n \rangle$ nicht beschränkt: Wäre nämlich $\langle x_n \rangle$ beschränkt, so auch

$$\langle n^{p-q} \rangle = \langle x_n \rangle \cdot \left\langle \frac{1}{y_n} \right\rangle \ .$$

$$\left(\text{Man beachte} \ \left\langle \frac{1}{y_n} \right\rangle \in \mathfrak{F} \Rightarrow \left\langle \frac{1}{y_n} \right\rangle \in \mathfrak{B} \ . \right)$$

Es ist aber für jedes $C > 0$

$$n^{p-q} > C \quad \text{für alle} \quad n > C^{1/(p-q)} \ ,$$

d.h. $\langle n^{p-q} \rangle$ ist nicht beschränkt.

Damit ist aber

$$\langle x_n \rangle = \left\langle \frac{P(n)}{Q(n)} \right\rangle \quad \text{divergent in } \mathbb{R}.$$

Beispiel 3. $\qquad \langle x_n \rangle = \left\langle \frac{1}{n^a} \right\rangle \ , \quad a \in \mathbb{Q} \ , \quad a > 0 \ .$

Sei $\qquad\qquad\qquad a = \frac{p}{q} \ , \quad p, q \in \mathbb{N}^+ \ .$

Zunächst ist $\langle x_n \rangle$ monoton fallend:

$$n < n+1 \Rightarrow n^p < (n+1)^p \Rightarrow n^{p/q} < (n+1)^{p/q} \Rightarrow \frac{1}{n^{p/q}} > \frac{1}{(n+1)^{p/q}} \ .$$

Weiters ist $x_n > 0$ für alle $n \in \mathbb{N}$, d.h. $\langle x_n \rangle$ nach unten beschränkt. Daher ist $\langle x_n \rangle$ konvergent. Sei $\beta = \lim x_n = \lim \frac{1}{n^{p/q}}$. Dann ist $0 = \lim \frac{1}{n^p} = \left(\lim \frac{1}{n^{p/q}} \right)^q = \beta^q$. Damit haben wir aber

$$\lim x_n = 0 \ .$$

Beispiel 4. $\quad \langle x_n \rangle = \left\langle \sum_{k=1}^{n} \frac{1}{n+k} \right\rangle = \left\langle \frac{1}{n+1} + \frac{1}{n+2} + \ldots + \frac{1}{2n} \right\rangle \ .$

Die Folge ist beschränkt:

$$0 < x_n \leq n \cdot \frac{1}{n+1} < 1$$

$$\left(\frac{1}{n+1} \ \text{ist der größte Summand} \right).$$

Weiters ist

$$x_{n+1}-x_n = \frac{1}{2n+1}+\frac{1}{2n+2}-\frac{1}{n+1} = \frac{1}{2n+1}-\frac{1}{2n+2} > 0 \; ,$$

d. h. $\langle x_n \rangle$ ist monoton wachsend. Daher ist $\langle x_n \rangle$ *konvergent*. (Man kann zeigen, daß $\lim x_n = \ln 2$ gilt.)

Beispiel 5. $\langle x_n \rangle = \left\langle \sum_{k=1}^{n} \frac{1}{k} \right\rangle = \left\langle \frac{1}{1}+\frac{1}{2}+ \ldots +\frac{1}{n} \right\rangle \; .$

(Die $\sum_{k=1}^{n} \frac{1}{k}$ wird manchmal als *n-te Harmonische Zahl* H_n bezeichnet.)

$\langle x_n \rangle$ ist streng monoton wachsend, da

$$x_{n+1}-x_n = \frac{1}{n+1} > 0 \; .$$

$\langle x_n \rangle$ ist jedoch nicht nach oben beschränkt: Wir betrachten dazu x_n mit $n = 2^m$ und fassen die Summanden von x_n geeignet zusammen:

$m = 0 \quad x_1 = 1$

$m = 1 \quad x_2 = 1+\frac{1}{2}$

$m = 2 \quad x_4 = 1+\frac{1}{2}+(\frac{1}{3}+\frac{1}{4}) > 1+\frac{1}{2}+(\frac{1}{4}+\frac{1}{4}) = 1+2\cdot\frac{1}{2}$

$m = 3 \quad x_8 = 1+\frac{1}{2}+(\frac{1}{3}+\frac{1}{4})+(\frac{1}{5}+\frac{1}{6}+\frac{1}{7}+\frac{1}{8}) > 1+2\cdot\frac{1}{2}+4\cdot\frac{1}{8} = 1+3\cdot\frac{1}{2}$

allgemein:

$$x_{2^m} = 1+\frac{1}{2}+\left(\frac{1}{3}+\frac{1}{4}\right)+ \ldots +\frac{1}{2^{m-1}}+\left(\frac{1}{2^{m-1}+1}+ \ldots +\frac{1}{2^m}\right)$$

$$> \underbrace{1+\tfrac{1}{2}+\tfrac{1}{2}+ \ldots +\tfrac{1}{2}}_{m\text{-mal}} = 1+\frac{m}{2} \; .$$

Ist nun $C > 0$ beliebig vorgegeben, so ist für $m \geqslant 2(C-1)$

$$x_{2^m} > C \; ,$$

d. h. $\langle x_{2^m} \rangle$ unbeschränkt und daher $\langle x_n \rangle$ *divergent in* $\mathbb{R}$.

Beispiel 6. $\langle x_n \rangle = \langle q^n \rangle$ mit $q \in \mathbb{R}$ ($q^0 = 1$). (Die *„geometrische" Folge*).

Fall $q = 0$: $\langle x_n \rangle = \langle 1,0,0,0, \ldots \rangle$ d. h. $\lim q^n = 0$.

Fall $q = 1$: $\langle x_n \rangle = \langle 1 \rangle$,   d. h. $\lim q^n = 1$.

Fall $q = -1$: $\langle x_n \rangle = \langle 1, -1, 1, -1, \ldots \rangle$ hat die zwei Häufungspunkte 1 und -1, ist also *divergent*.

Fall $q > 1$:

Sei $q = 1 + p$, $p > 0$. Wegen

$$(1+p)^n = 1 + n \cdot p + \binom{n}{2} p^2 + \ldots + \binom{n}{n} p^n \geq 1 + np$$

(„BERNOULLI[1])sche Ungleichung") ist $x_n \geq 1 + n \cdot p$, d.h. $\langle x_n \rangle$ nicht nach oben beschränkt, $\langle x_n \rangle$ ist also *divergent in* $\mathbb{R}$ (streng monoton wachsend, kein endlicher Häufungspunkt).

Fall $0 < q < 1$:

Wir setzen $\dfrac{1}{q} = 1 + p$, $p > 0$.

Dann ist $\left(\dfrac{1}{q}\right)^n = (1+p)^n \geq 1 + np$, also

$$0 < x_n \leq \frac{1}{1+np} < \frac{1}{p \cdot n} \in \mathfrak{N} \ .$$

Daher ist $\lim q^n = 0$.

Fall $-1 < q < 0$:

Hier ist $\langle |q^n| \rangle = \langle |q|^n \rangle \in \mathfrak{N}$, nach dem vorigen Fall. Damit ist auch $\lim q^n = 0$.

Fall $q < -1$:

Es ist $x_n = (-1)^n \cdot |q|^n$, wobei $|q|^n$ nicht nach oben beschränkt ist. Daher ist $\langle x_n \rangle$ *divergent*.

Zusammenfassung:
$\langle q^n \rangle$ konvergiert genau dann, wenn $-1 < q \leq 1$, wobei

$$\lim q^n = \begin{cases} 0 & \text{für} \quad -1 < q < 1 \\ 1 & \text{für} \quad q = 1 \ . \end{cases}$$

Beispiel 7. $\qquad \langle x_n \rangle = \langle \sqrt[n]{a} \rangle$ für $a \geq 0$.

($\sqrt[n]{}$ bezeichnet den nichtnegativen reellen Wert der Wurzel)

Fall $a = 0 \Rightarrow \lim x_n = \lim \sqrt[n]{a} = 0$.

Fall $a = 1 \Rightarrow \lim \sqrt[n]{a} = 1$.

Fall $a > 1 \Rightarrow x_n = \sqrt[n]{a} > 1$.

Wir setzen $x_n = 1 + y_n$, $y_n > 0$. Dann ist

$$a = (1 + y_n)^n \geq 1 + n \cdot y_n > n \cdot y_n$$

(nach der Bernoullischen Ungleichung), d.h.

$$0 < y_n < \frac{a}{n}$$

und damit $\qquad \lim y_n = 0$, d.h. $\lim \sqrt[n]{a} = 1$.

---

[1]) Jakob (I) BERNOULLI, 1654–1705, eines der Mitglieder der Mathematiker-Familie Bernoulli.

Fall $0 < a < 1 \Rightarrow \dfrac{1}{a} > 1$, d.h.

$$\lim \sqrt[n]{1/a} = 1 \quad \text{(nach dem vorigen Fall)}$$

und daher

$$\lim \sqrt[n]{a} = \frac{1}{\lim \sqrt[n]{1/a}} = 1 .$$

Zusammenfassung: Für alle $a > 0$ gilt

$$\lim \sqrt[n]{a} = 1 .$$

Beispiel 8. $\qquad\qquad \langle x_n \rangle = \langle \sqrt[n]{n} \rangle .$

Wir setzen wieder $x_n = 1 + y_n$, $y_n > 0$. Dann ist

$$n = (1 + y_n)^n = 1 + n y_n + \frac{n(n-1)}{2} y_n^2 + \ldots + \binom{n}{n} y_n^n .$$

Da nun für $n \geq 2$ $\quad \dfrac{n(n-1)}{2} \geq \dfrac{n^2}{4}$, ist

$$n = (1 + y_n)^n \geq \frac{n^2}{4} y_n^2$$

oder

$$0 < y_n \leq \frac{2}{\sqrt{n}} .$$

Wegen $\lim \dfrac{2}{\sqrt{n}} = 0$ ist auch $\lim y_n = 0$, d.h. $\lim \sqrt[n]{n} = 1.$ $\quad\square$

Wir haben in Abschnitt 8.1 bereits die Begriffe „*Limes inferior*" (lim inf oder $\underline{\lim}$) sowie „*Limes superior*" (lim sup oder $\overline{\lim}$) eingeführt. Die in diesem Abschnitt für den Grenzwert bewiesenen „Rechengesetze" sind für lim inf bzw. lim sup nicht unmittelbar zu übernehmen:

Beispiel. Sei $\langle a_n \rangle = \langle (-1)^n \rangle$, $b_n = \langle (-1)^{n+1} \rangle$. Dann ist $\liminf a_n = -1 = \liminf b_n$, jedoch $\langle a_n + b_n \rangle = \langle 0 \rangle$ und daher

$$\liminf (a_n + b_n) = \lim (a_n + b_n) = 0 \neq \liminf a_n + \liminf b_n .$$

(Analog für lim sup). Es gilt jedoch der folgende

Satz. Ist die Folge $\langle a_n \rangle \in \mathfrak{B}$, $\langle b_n \rangle \in \mathfrak{F}$ mit $b = \lim b_n$, so gilt

1) $\liminf (a_n + b_n) = \liminf a_n + b$
$\quad \limsup (a_n + b_n) = \limsup a_n + b$

2) $\liminf (a_n \cdot b_n) = \begin{cases} \liminf a_n \cdot b & \text{falls} \quad b > 0 \\ 0 & \text{falls} \quad b = 0 \\ \limsup a_n \cdot b & \text{falls} \quad b < 0 \end{cases}$

$$\lim \sup (a_n \cdot b_n) = \begin{cases} \lim \sup a_n \cdot b & \text{falls} \quad b > 0 \\ 0 & \text{falls} \quad b = 0 \\ \lim \inf a_n \cdot b & \text{falls} \quad b < 0 \, . \end{cases} \quad \square$$

Der Beweis kann ähnlich wie für die entsprechenden Eigenschaften von lim geführt werden und sei als Übung überlassen.

8.3 Uneigentlich konvergente Folgen

In einigen oben betrachteten Beispielen hatten wir es mit Folgen zu tun, die nach oben bzw. nach unten unbeschränkt waren und keine Häufungspunkte im Endlichen hatten. Obwohl diese Folgen in $\mathbb{R}$ nicht konvergent sind, erweist es sich als zweckmäßig, sie von den übrigen divergenten Folgen zu unterscheiden.

Zu diesem Zweck fügen wir zu $\mathbb{R}$ formal 2 Elemente $-\infty$ bzw. $+\infty$ hinzu und setzen $\mathbb{R}^* = \mathbb{R} \cup \{-\infty, +\infty\}$. Wir beschreiben die „Topologie" auf $\mathbb{R}^*$, indem wir vereinbaren: Umgebungen von $x \in \mathbb{R}$ werden wie bisher gebildet; die Umgebungen von $\pm\infty$ werden erzeugt durch die Umgebungsbasen

$$K(+\infty, A) = \{x \in \mathbb{R}^* \,|\, x > A\}, \quad A \in \mathbb{R},$$

bzw.

$$K(-\infty, A) = \{x \in \mathbb{R}^* \,|\, x < A\}, \quad A \in \mathbb{R},$$

wobei $-\infty < x < +\infty$ für alle $x \in \mathbb{R}$ gelten soll.

Nach dieser Vereinbarung ist $+\infty$ Häufungspunkt einer Folge a_n genau dann, wenn in jeder Umgebung $K(+\infty, A)$ unendlich viele Folgenelemente a_n liegen, d.h. aber: genau dann, wenn a_n nach oben nicht beschränkt ist. Eine analoge Überlegung für $-\infty$ führt zur

Definition. Ist $\langle a_n \rangle$ nach oben nicht beschränkt, so setzen wir $\lim \sup a_n = +\infty$, ist $\langle a_n \rangle$ nach unten nicht beschränkt, so setzen wir $\lim \inf a_n = -\infty$. $\square$

Beispiel. $\lim \sup n = +\infty$. $\square$

Definition. Ist $\langle a_n \rangle$ nach oben (unten) unbeschränkt, jedoch nach unten (oben) beschränkt, und besitzt $\langle a_n \rangle$ keinen Häufungspunkt in $\mathbb{R}$, so setzen wir

$$\lim \inf a_n = +\infty \qquad (\lim \sup a_n = -\infty) \, . \quad \square$$

(Die Definition ergibt sich wiederum unmittelbar aus der Definition der Umgebungen von $\pm\infty$.)

Beispiel. $\lim \inf n = +\infty$. $\square$

Definition. Gilt für eine Folge $\langle a_n \rangle$

$$\lim \inf a_n = \lim \sup a_n = +\infty \, ,$$

so heißt $\langle a_n \rangle$ *„uneigentlich konvergent"* gegen $+\infty$ oder *„bestimmt divergent"* gegen $+\infty$, symbolisch

$$\lim a_n = +\infty \quad \text{in } \mathbb{R}^* .$$

Analog wird $\lim a_n = -\infty$ definiert. $\square$

Zusammenfassung:

$\lim a_n = +\infty$ (in $\mathbb{R}^*$) bedeutet:

$\langle a_n \rangle$ ist nach oben nicht beschränkt, nach unten beschränkt und besitzt keine Häufungspunkte in $\mathbb{R}$.

$\lim a_n = -\infty$ (in $\mathbb{R}^*$) bedeutet:

$\langle a_n \rangle$ ist nach unten nicht beschränkt, nach oben beschränkt und hat keine Häufungspunkte in $\mathbb{R}$.

Beispiel. $\lim n = +\infty$, $\lim q^n = +\infty$ für $q > 1$. $\square$

Wir stellen uns nun die Aufgabe, die Rechenoperationen so auf $\pm\infty$ auszudehnen, daß die Rechenregeln für Grenzwerte konvergenter Folgen möglichst erhalten bleiben:

1) $a + (+\infty) = ?$ ($a \in \mathbb{R}$). Sei dazu $\lim a_n = a$, $\lim b_n = +\infty$. Dann existiert zu jedem $A \in \mathbb{R}$ ein $N \in \mathbb{N}$ mit

$$b_n > A \quad \text{für alle} \quad n > N .$$

Weiters ist $\langle a_n \rangle$ beschränkt, d.h. $C < a_n < D$ für gewisse $C, D \in \mathbb{R}$.

Sei nun $B \in \mathbb{R}$ beliebig und $A = B - C$. Dann existiert ein $N \in \mathbb{N}$, so daß für alle $n > N$

$$b_n > A = B - C , \quad \text{d.h.} \quad a_n + b_n > C + B - C = B ,$$

d.h. $\langle a_n + b_n \rangle$ ist nach oben nicht beschränkt. Da $\langle a_n \rangle$ und $\langle b_n \rangle$ nach unten beschränkt sind, gilt dies auch für $\langle a_n + b_n \rangle$.

Weiters hat $\langle a_n + b_n \rangle$ keine Häufungspunkte im Endlichen, d.h. in $\mathbb{R}$: Wäre nämlich $c \in \mathbb{R}$ Häufungspunkt von $\langle a_n + b_n \rangle$, so wäre, wie man leicht sieht, $c - a \in \mathbb{R}$ Häufungspunkt von $\langle b_n \rangle$, ein Widerspruch zu $\lim b_n = +\infty$.

Daher ist $\lim \langle a_n + b_n \rangle = +\infty$. Wir setzen also

$$a + (+\infty) = +\infty \quad \text{für alle} \quad a \in \mathbb{R} .$$

Analog ergibt sich:

$$a + (-\infty) = -\infty \quad \text{für alle} \quad a \in \mathbb{R} .$$

Ebenso $(+\infty) + (+\infty) = +\infty$ (kurz: $\infty + \infty = \infty$), sowie $(-\infty) + (-\infty) = -\infty$.

Hingegen macht der Ausdruck $(+\infty) + (-\infty)$, kurz $\infty - \infty$, Schwierigkeiten: Sei $a \in \mathbb{R}$ und $a_n = a + n$, $b_n = -n$. Dann ist $\lim a_n = +\infty$, $\lim b_n = -\infty$, aber $\lim(a_n + b_n) = a$.

Der Grenzwert von $\langle a_n + b_n \rangle$ braucht aber gar nicht zu existieren, z.B.: $a_n = n + (-1)^n$, $b_n = -n$, so daß $a_n + b_n = (-1)^n$.

Wir sagen daher: $(+\infty) + (-\infty)$, kurz $\infty - \infty$, ist ein *unbestimmter Ausdruck*.

2) Die Multiplikation: Analog zur Addition kommt man durch Betrachtung der Grenzwerte entsprechender Folgen zu den folgenden Vereinbarungen:
Sei $p > 0$, $q < 0$. Dann ist

$$p \cdot (+\infty) = q \cdot (-\infty) = +\infty ,$$

$$p \cdot (-\infty) = q \cdot (+\infty) = -\infty ,$$

$$(+\infty) \cdot (+\infty) = +\infty ,$$

$$(-\infty) \cdot (-\infty) = +\infty .$$

$$(+\infty) \cdot (-\infty) = (-\infty) \cdot (+\infty) = -\infty .$$

Hingegen ist $0 \cdot (\pm\infty)$ wieder ein *unbestimmter Ausdruck*. Sei z. B.
$a_n = a/n (a \in \mathbb{R})$, $b_n = n$. Dann ist $\lim a_n = 0$, $\lim b_n = +\infty$, $\lim(a_n \cdot b_n) = a$.

3) Für den Quotienten ergibt sich

$$\frac{a}{\pm\infty} = 0 .$$

Begründung: Sei $\lim a_n = a$, $\lim b_n = +\infty$. Dann ist $\langle a_n \rangle$ beschränkt, d. h.

$$\left| \frac{a_n}{b_n} \right| < \frac{C}{|b_n|} .$$

Da $\lim b_n = +\infty$, ist $|b_n| = b_n > \dfrac{C}{\varepsilon}$ für alle genügend großen n, womit aber

$$\left| \frac{a_n}{b_n} \right| < C \cdot \frac{\varepsilon}{C} = \varepsilon ,$$

d. h. $\lim \dfrac{a_n}{b_n} = 0$. $\square$

$\dfrac{\infty}{\infty}$ ist wieder ein *unbestimmter Ausdruck: Sei $a_n = a \cdot n (a \in \mathbb{R}^+)$, $b_n = n$.* Dann
ist $\lim a_n = \lim b_n = +\infty$, $\lim \dfrac{a_n}{b_n} = a$.

Achtung: Gleichungen mit $\pm\infty$ dürfen nicht dazu verwendet werden, unbestimmten Ausdrücken einen Wert zuzuweisen, z. B.

$$\frac{1}{\infty} = 0 \neq 0 \cdot \infty = 1$$

(da nicht für alle Folgen $\langle a_n \rangle$, $\langle b_n \rangle$ mit $\lim a_n = 0$, $\lim b_n = +\infty$, gilt
$\lim a_n \cdot b_n = 1$).
Insbesondere können wir aus $\dfrac{1}{\infty} = 0$ auch nicht $\dfrac{1}{0} = \infty$ „errechnen"!

Sei etwa $a_n = \dfrac{(-1)^n}{n}$. Dann ist $\lim a_n = 0$. Hingegen besitzt $\left\langle \dfrac{1}{a_n} \right\rangle = \langle (-1)^n \cdot n \rangle$
die beiden Häufungspunkte $\pm\infty$.

Um die Situation $\dfrac{a}{0}$ zu klären, zeigen wir zunächst: Ist $\lim b_n = 0$, so kann

$\langle 1/b_n \rangle$ keine Häufungspunkte in $\mathbb{R}$ haben. (Es sei $b_n \neq 0$ für fast alle n.) Sei nämlich $A > 0$. Dann gilt für fast alle n

$$|b_n| < \frac{1}{A} \quad \text{(da } \lim b_n = 0 \text{)} \ .$$

Damit ist aber $\left| \dfrac{1}{b_n} \right| > A$ für fast alle n, d.h. $\lim \left| \dfrac{1}{b_n} \right| = +\infty$.

Die Folge $\langle a/b_n \rangle$ mit $a \neq 0$, $\lim b_n = 0$, kann also die *Häufungspunkte* $\pm\infty$ haben.

Hingegen ist $\dfrac{0}{0}$ ein *unbestimmter Ausdruck*, z.B. $a_n = \dfrac{a}{n}$, $b_n = \dfrac{1}{n}$ ergibt

$\lim a_n = \lim b_n = 0$, $\lim \dfrac{a_n}{b_n} = a$.

Wir haben also die *unbestimmten Ausdrücke* $\infty - \infty$, $0 \cdot \infty$, $\dfrac{\infty}{\infty}$ und $\dfrac{0}{0}$ aufgefunden.

Beispiel. Sei wieder $\langle x_n \rangle = \left\langle \dfrac{P(n)}{Q(n)} \right\rangle$, wobei $P(x)$ und $Q(x)$ Polynome mit Grad $P(x) = p$, Grad $Q(x) = q$ sind. Sei nun $p > q$. Dann ist, mit den Bezeichnungen von früher, $\lim x_n = \lim n^{p-q} \cdot y_n$, wobei $\lim y_n = \dfrac{a_p}{b_q} \neq 0$. Damit ergibt sich nun, wegen $\lim n^{p-q} = +\infty$:

$$\lim \frac{P(n)}{Q(n)} = \left(\operatorname{sgn} \frac{a_p}{b_q} \right) \cdot (+\infty) \quad \text{für} \quad p > q \ ,$$

wobei $P(n) = a_p n^p + \ldots + a_0 n^0$, $Q(n) = b_q n^q + \ldots + b_0 n^0$.

8.4 Unendliche Reihen

Wir betrachten zwei einleitende Beispiele:

Beispiel 1. Es sei $s_n = 1 + q + q^2 + \ldots + q^n$ für alle $n \in \mathbb{N}$, wobei $q \in \mathbb{R}$.

Falls $q = 1$ haben wir $s_n = n+1$, d.h. $\lim s_n = +\infty$. Sei nun $q \neq 1$. Dann ist

$$s_n - q s_n = 1 - q^{n+1} \ ,$$

d.h.

$$s_n = \frac{1 - q^{n+1}}{1 - q} \ .$$

Ist $|q| < 1$, so wissen wir, daß $\lim q^{n+1} = 0$, d.h.

$$\lim s_n = \frac{1}{1 - q} \ .$$

Ist $q = -1$, so besitzt $\langle s_n \rangle$ zwei Häufungspunkte und ist *divergent*.

Ist $q > 1$, so ist $\lim q^{n+1} = +\infty$ und damit auch $\lim s_n = +\infty$.

Ist $q < -1$, so haben wir $\lim s_{2k} = +\infty$, $\lim s_{2k+1} = -\infty$, so daß $\langle s_n \rangle$ divergiert.

Mit anderen Worten: $\left\langle s_n = \sum_{k=0}^{n} q^k \right\rangle$ konvergiert in $\mathbb{R}$ genau dann, wenn

$|q| < 1$, und es gilt dann $\lim s_n = \dfrac{1}{1-q}$.

Es ist naheliegend, in diesem Fall dem Grenzwert symbolisch die unendliche Summe

$$\sum_{k=0}^{\infty} q^k = 1 + q + q^2 + \ldots$$

als Bezeichnung zuzuweisen.

Beispiel 2. Es sei $s_n = \dfrac{1}{0!} + \dfrac{1}{1!} + \ldots + \dfrac{1}{n!}$.

Offensichtlich ist $\langle s_n \rangle$ streng monoton wachsend. Wir zeigen, daß $\langle s_n \rangle$ nach oben beschränkt ist: Für $k \geq 1$ gilt $k! = 1 \cdot 2 \cdot \ldots \cdot k \geq 1 \cdot 2 \ldots 2 = 2^{k-1}$, d.h. $\dfrac{1}{k!} \leq \dfrac{1}{2^{k-1}}$.

Damit ist $s_n \leq 1 + \sum_{k=1}^{n} \dfrac{1}{2^{k-1}} = 1 + \sum_{l=0}^{n-1} \left(\dfrac{1}{2} \right)^l = 1 + \dfrac{1-(1/2)^n}{1-1/2} \leq 1 + \dfrac{1}{1-1/2} = 3$

für alle $n \in \mathbb{N}$.

Wir wissen also, daß $\langle s_n \rangle$ konvergiert mit

$$\lim s_n \leq 3 .$$

Man nennt $e = \lim s_n$ die EULER[1])sche Zahl. Numerische Berechnungen ergeben

$$e = \sum_{„ k=0}^{\infty} \dfrac{1}{k!} \text{``} \approx 2{,}718281828459045 .$$

Bemerkung. Für viele Anwendungen ist auch eine andere Darstellung von e bedeutsam: Es sei $x_n = \left(1 + \dfrac{1}{n} \right)^n$ für $n \geq 1$. Wegen

$$\left(1 + \dfrac{1}{n} \right)^n = \sum_{k=0}^{n} \binom{n}{k} \dfrac{1}{n^k} = \sum_{k=0}^{n} \dfrac{n(n-1)\ldots(n-k+1)}{n^k} \cdot \dfrac{1}{k!} \leq \sum_{k=0}^{n} \dfrac{1}{k!} = s_n$$

ist $0 \leq x_n \leq s_n < e$, d.h. $\langle x_n \rangle$ ist beschränkt.

---

[1]) Leonhard EULER, 4. April 1707–18. September 1783, war maßgeblich am Ausbau der Analysis beteiligt, Professor an den Akademien von St. Petersburg und Berlin.

Weiters gilt

$$\left(1+\frac{1}{n+1}\right)^{n+1} = \sum_{k=0}^{n} \frac{(n+1)\cdot n \ldots (n+1-k+1)}{(n+1)^k} \cdot \frac{1}{k!} + \frac{1}{(n+1)^{n+1}}$$

$$> \sum_{k=0}^{n} \frac{(n+1)\cdot n \ldots (n+1-k+1)}{(n+1)^k} \cdot \frac{1}{k!} = \sum_{k=0}^{n} \left(1-\frac{1}{n+1}\right) \ldots \left(1-\frac{k-1}{n+1}\right) \cdot \frac{1}{k!}$$

$$\geq \sum_{k=0}^{n} \left(1-\frac{1}{n}\right) \ldots \left(1-\frac{k-1}{n}\right) \cdot \frac{1}{k!} = \left(1+\frac{1}{n}\right)^n \ ,$$

d.h. $\langle x_n \rangle$ ist monoton zunehmend.

Wir benützen nun die obige Zerlegung zur Berechnung des Grenzwerts: für $m > n$ ist

$$x_m \geq \sum_{k=0}^{n} \left(1-\frac{1}{m}\right) \ldots \left(1-\frac{k-1}{m}\right) \cdot \frac{1}{k!} = t_{m,n} \ .$$

Bei festem n gilt dann:

$$\lim_{m\to\infty} t_{m,n} = \lim_{m\to\infty} \sum_{k=0}^{n} \left(1-\frac{1}{m}\right) \ldots \left(1-\frac{k-1}{m}\right) \cdot \frac{1}{k!} = \sum_{k=0}^{n} \frac{1}{k!} = s_n \ .$$

Daher ist auch

$$\lim_{m\to\infty} x_m \geqslant s_n \quad \text{für alle} \quad n \in \mathbb{N} \ ,$$

d.h.

$$\lim_{m\to\infty} x_m \geq \lim_{n\to\infty} s_n = e \ .$$

Andererseits ist wegen $x_m < e$ auch $\lim\limits_{m\to\infty} x_m \leq$ e, d.h.

$$\lim \left(1+\frac{1}{n}\right)^n = e \ . \quad \square$$

In beiden Beispielen wurde also ausgehend von einer Folge $\langle a_n \rangle_{n\in\mathbb{N}}$ die Folge $\left\langle \sum\limits_{k=0}^{n} a_k \right\rangle_{n\in\mathbb{N}}$ betrachtet und auf Konvergenz untersucht. Dies führt zur

Definition. Sei $\langle a_n \rangle_{n\in\mathbb{N}}$ eine Folge reeller (komplexer) Zahlen. Dann heißen die Summen $s_n = \sum\limits_{k=0}^{n} a_k$ *Partialsummen* der „*unendlichen Reihe*" $\sum\limits_{k=0}^{\infty} a_k$.

Die unendliche Reihe heißt *konvergent* genau dann, wenn $s = \lim s_n$ (d.h. der Grenzwert der Partialsummenfolge) existiert. In diesem Fall schreibt man

$$s = \sum_{k=0}^{\infty} a_k \ .$$

Ist $\langle s_n \rangle$ divergent in $\mathbb{R}$, aber konvergent in $\mathbb{R}^*$, d.h. uneigentlich konvergent, so heißt auch $\sum\limits_{k=0}^{\infty} a_k$ *uneigentlich konvergent*, symb. $\sum\limits_{k=0}^{\infty} a_k = +\infty$ bzw. $-\infty$. Ist $\langle s_n \rangle$ divergent, so heißt auch $\sum\limits_{k=0}^{\infty} a_k$ *divergent*.

Beispiele. 1) $\sum\limits_{k=0}^{\infty} q^k$ ist konvergent in $\mathbb{R}$ genau dann, wenn $|q| < 1$, und es gilt $\sum\limits_{k=0}^{\infty} q^k = \dfrac{1}{1-q}$. Für $q \geq 1$ ist $\sum\limits_{k=0}^{\infty} q^k = +\infty$. Für $q \leq -1$ ist $\sum\limits_{k=0}^{\infty} q^k$ auch in $\mathbb{R}^*$ divergent.

2) $\sum\limits_{k=0}^{\infty} \dfrac{1}{k!}$ ist konvergent, und es gilt $\sum\limits_{k=0}^{\infty} \dfrac{1}{k!} = e$.

3) (Vgl. 8.2): $\sum\limits_{k=1}^{\infty} \dfrac{1}{k}$ (die *„harmonische Reihe"*) ist in $\mathbb{R}$ divergent, da die Partialsummenfolge $\langle H_n \rangle$ streng monoton wachsend und nach oben nicht beschränkt ist. Es ist also $\sum\limits_{k=1}^{\infty} \dfrac{1}{k} = +\infty$. $\square$

(*Bemerkung:* Da $\sum\limits_{k=1}^{m} a_k = \sum\limits_{k=0}^{m-1} a_{k+1}$, erklärt die obige Definition auch die Konvergenz von Reihen der Form $\sum\limits_{k=1}^{\infty} a_k$ bzw. allgemeiner $\sum\limits_{k=l}^{\infty} a_k$ für $l \in \mathbb{N}$.)

Wir haben also die Konvergenz einer unendlichen Reihe auf diejenige der Partialsummenfolge $\langle s_n \rangle$ zurückgeführt. Wir können nun etwa das Cauchysche Konvergenzkriterium für $\langle s_n \rangle$ in die Sprache der Reihen „übersetzen":

Satz (CAUCHYsches Konvergenzkriterium für Reihen).

Die Reihe $\sum\limits_{k=0}^{\infty} a_k$ ist in $\mathbb{R}$ (in $\mathbb{C}$) genau dann konvergent, wenn es zu jedem $\varepsilon > 0$ ein $N = N(\varepsilon)$ gibt, so daß für alle $m, n \in \mathbb{N}$ mit $n > m > N$ gilt:

$$\left| \sum_{k=m+1}^{n} a_k \right| < \varepsilon .$$

Beweis. Sei $s_n = \sum\limits_{k=0}^{n} a_k$. Nach dem Cauchyschen Konvergenzkriterium für Folgen ist $\langle s_n \rangle$ genau dann konvergent, wenn es zu jedem $\varepsilon > 0$ ein $N = N(\varepsilon)$ gibt, so daß für alle $m, n \in \mathbb{N}$ mit $m, n > N(\varepsilon)$ gilt: $|s_m - s_n| < \varepsilon$.

Für $m = n$ ist $|s_m - s_n| = 0 < \varepsilon$ jedenfalls erfüllt, dieser Fall kann also sicher weggelassen werden.

Ist $m \neq n$, so können wir wegen $|s_m - s_n| = |s_n - s_m|$ ohne Beschränkung der Allgemeinheit annehmen, daß $n > m$ gilt. Dann ist aber

$$s_n - s_m = \sum_{k=m+1}^{n} a_k . \quad \square$$

Als **Folgerungen** erhalten wir:

1) Ist $\sum\limits_{k=0}^{\infty} a_k$ in $\mathbb{R}$ ($\mathbb{C}$) konvergent, so gilt $\lim a_k = 0$.

Beweis. Sei $\varepsilon > 0$. Dann gibt es ein $N = N(\varepsilon)$, so daß für alle $n > m > N$, speziell auch für $n = m+1 > m > N$ gilt:

$$\left| \sum_{k=m+1}^{n} a_k \right| = |a_{m+1}| < \varepsilon \, .$$

Daher ist $\lim a_k = 0$.

Achtung: Die Bedingung $\lim a_k = 0$ ist nur *notwendig* für die Konvergenz von $\sum\limits_{k=0}^{\infty} a_k$ in $\mathbb{R}$ (in $\mathbb{C}$), aber *nicht hinreichend*: $\lim \dfrac{1}{k} = 0$, aber $\sum\limits_{k=0}^{\infty} \dfrac{1}{k}$ ist divergent in $\mathbb{R}$.

2) Die Abänderung endlich vieler Reihenglieder a_k ändert nichts am Konvergenzverhalten von $\sum\limits_{k=0}^{\infty} a_k$, wohl aber eventuell am Grenzwert.

Beweis. Man kann $N = N(\varepsilon)$ im Cauchyschen Konvergenzkriterium so groß wählen, daß für $n > m > N$ in $\sum\limits_{k=m+1}^{n} a_k$ nur mehr Reihenglieder auftreten, die nicht verändert wurden. □

Für viele Untersuchungen ist es zweckmäßig, zu einer Reihe $\sum\limits_{k=0}^{\infty} a_k$ die Reihe der Absolutbeträge der Reihenglieder $\sum\limits_{k=0}^{\infty} |a_k|$ zu betrachten:

Definition. Ist $\sum\limits_{k=0}^{\infty} |a_k|$ konvergent in $\mathbb{R}$, so heißt $\sum\limits_{k=0}^{n} a_k$ *absolut konvergent*. □

Aus der Konvergenz von $\sum\limits_{k=0}^{\infty} a_k$ in $\mathbb{R}$ braucht i. allg. *nicht* die absolute Konvergenz zu folgen: Wir werden später zeigen, daß $\sum\limits_{k=1}^{\infty} \dfrac{(-1)^k}{k}$ konvergent ist, wissen aber bereits, daß $\sum\limits_{k=1}^{\infty} \left| \dfrac{(-1)^k}{k} \right| = \sum\limits_{k=1}^{\infty} \dfrac{1}{k}$ in $\mathbb{R}$ divergent ist.

Wohl aber gilt der folgende

Satz. Jede absolut konvergente Reihe ist auch konvergent.

Beweis. Sei $\sum\limits_{k=0}^{\infty} |a_k|$ konvergent. Nach dem Cauchyschen Konvergenzkriterium gibt es dann zu jedem $\varepsilon > 0$ ein $N = N(\varepsilon)$, so daß für alle $n > m > N$ gilt:

$$\left| \sum_{k=m+1}^{n} |a_k| \right| < \varepsilon \, .$$

Nach der Dreiecksungleichung ist aber

$$\left| \sum_{k=m+1}^{n} a_k \right| \leq \sum_{k=m+1}^{n} |a_k| = \left| \sum_{k=m+1}^{n} |a_k| \right| ,$$

so daß also das Cauchysche Konvergenzkriterium auch für $\sum_{k=0}^{\infty} a_k$ erfüllt ist. $\square$

Für Reihen $\sum_{k=0}^{\infty} a_k$ mit nichtnegativen Gliedern $a_k \geq 0$ ist die Konvergenz in $\mathbb{R}$ äquivalent zur Beschränktheit der Partialsummenfolge $\langle s_n \rangle$ der Reihe, da $\langle s_n \rangle$ offensichtlich monoton wachsend ist. Diese Beobachtung führt zu den *Vergleichskriterien* für die Konvergenz unendlicher Reihen im nächsten Satz:

Definition. Seien $\sum_{k=0}^{\infty} a_k$ und $\sum_{k=0}^{\infty} b_k$ zwei unendliche Reihen.

1) Gilt für fast alle k: $|a_k| \leq b_k$ ($\Rightarrow b_k \geq 0$), so heißt $\sum_{k=0}^{\infty} b_k$ eine *Majorante* von $\sum_{k=0}^{\infty} a_k$.

2) Gilt für fast alle k: $0 \leq a_k \leq b_k$, so heißt $\sum_{k=0}^{\infty} a_k$ eine *Minorante* von $\sum_{k=0}^{\infty} b_k$.

Satz ("Vergleichskriterium" für die Konvergenz unendlicher Reihen).

1) Ist $\sum_{k=0}^{\infty} b_k$ eine konvergente Majorante von $\sum_{k=0}^{\infty} a_k$, so ist $\sum_{k=0}^{\infty} a_k$ absolut konvergent.

2) Ist $\sum_{k=0}^{\infty} a_k$ eine divergente Minorante von $\sum_{k=0}^{\infty} b_k$, so ist $\sum_{k=0}^{\infty} b_k$ divergent.

Beweis. Ad 1) Sei $|a_k| \leq b_k$ für fast alle k und $\sum_{k=0}^{\infty} b_k$ konvergent. Da die Abänderung endlich vieler Reihenglieder nichts am Konvergenzverhalten ändert, können wir annehmen, daß $|a_k| \leq b_k$ für alle $k \in \mathbb{N}$.

Sei nun $s_n = \sum_{k=0}^{n} |a_k|$, $t_n = \sum_{k=0}^{n} b_k$. Dann haben wir: $0 \leq s_n \leq t_n$. (*)

Da Reihen mit nichtnegativen Gliedern vorliegen, gilt nach der obigen Bemerkung: $\langle t_n \rangle$ konvergiert $\Leftrightarrow \langle t_n \rangle$ ist nach oben beschränkt. Ist $\langle t_n \rangle$ nach oben beschränkt, so gilt dies wegen (*) aber auch für $\langle s_n \rangle$, womit $\lim s_n$ existiert.

Ad 2) Wir können wieder ohne Beschränkung der Allgemeinheit annehmen, daß $0 \leq a_k \leq b_k$ für alle $k \in \mathbb{N}$ gilt und $\sum_{k=0}^{\infty} a_k$ divergent ist.

Damit ist aber $\langle s_n \rangle = \left\langle \sum_{k=0}^{n} a_k \right\rangle$ nach oben nicht beschränkt. Wegen $a_k \leq b_k$ gilt das dann auch für $\langle t_n \rangle = \left\langle \sum_{k=0}^{n} b_k \right\rangle$, d.h. $\langle t_n \rangle$ ist divergent. $\square$

Von der geometrischen Reihe $\sum\limits_{k=0}^{\infty} q^k$ wissen wir, daß sie in $\mathbb{R}$ genau dann

konvergiert, wenn $|q| < 1$ gilt. Wir werden die geometrische Reihe nun als Vergleichsreihe benützen, um einige Kriterien für die absolute Konvergenz einer

Reihe $\sum\limits_{k=0}^{\infty} a_k$ zu finden:

Satz („Wurzelkriterium"). Gegeben sei eine Reihe $\sum\limits_{k=0}^{\infty} a_k$.

a) Gibt es ein $q < 1$, so daß $\sqrt[k]{|a_k|} \leq q < 1$ für fast alle k, so ist $\sum\limits_{k=0}^{\infty} a_k$ absolut konvergent.

b) Gibt es ein $q \geq 1$, so daß $\sqrt[k]{|a_k|} \geq q \geq 1$ für unendlich viele k, so ist

$\sum\limits_{k=0}^{\infty} a_k$ divergent.

Beweis. a) Gilt $|a_k| \leq q^k$ für fast alle k, und ist $q < 1$, so ist $\sum\limits_{k=0}^{\infty} q^k$ eine kon-

vergente Majorante zu $\sum\limits_{k=0}^{\infty} a_k$.

b) Gilt $|a_k| \geq 1$ für unendlich viele k, so kann $\langle a_k \rangle$ keine Nullfolge bilden,

d.h. $\sum\limits_{k=0}^{\infty} a_k$ ist divergent. $\square$

Bemerkung. Man beachte, daß die Bedingung in a) *nicht* zu „$\sqrt[k]{|a_k|} < 1$ für fast

alle k" abgeschwächt werden darf: sei etwa $a_k = \dfrac{1}{k}$, dann ist $\sqrt[k]{\dfrac{1}{k}} < 1$,   aber

$\sum\limits_{k=0}^{\infty} \dfrac{1}{k}$ ist divergent!

In ähnlicher Weise erhalten wir:

Satz („Quotientenkriterium"). Gegeben sei eine Reihe $\sum\limits_{k=0}^{\infty} a_k$, wobei $a_k \neq 0$ für fast alle $k \in \mathbb{N}$.

a) Gibt es ein $q < 1$, so daß $\left|\dfrac{a_{k+1}}{a_k}\right| \leq q < 1$ für fast alle k, so ist $\sum\limits_{k=0}^{\infty} a_k$
absolut konvergent.

b) Gibt es ein $q \geq 1$, so daß $\left|\dfrac{a_{k+1}}{a_k}\right| \geq q \geq 1$ für fast alle k, so ist $\sum\limits_{k=0}^{\infty} a_k$
divergent.

(Man beachte, daß die Bedingung in b) nun für fast alle k erfüllt sein muß!)

Beweis. a) Für alle $k \geq k_0$ gilt $|a_{k+1}| \leq q \cdot |a_k|$. Damit ergibt sich durch vollständige Induktion:

$$|a_{k_0+l}| \leq q^l \cdot |a_{k_0}| \quad \text{für alle} \quad l \in \mathbb{N} \ .$$

Somit ist
$$\sum_{k=0}^{\infty} b_k \quad \text{mit} \quad b_k = \begin{cases} |a_k| & \text{für} \quad k < k_0 \\ q^{k-k_0} \cdot |a_{k_0}| & \text{für} \quad k \ge k_0 \end{cases}$$

eine konvergente Majorante (da $\sum_{k \ge k_0} q^{k-k_0} |a_{k_0}|$ konvergent ist für $|q| < 1$).

b) Gilt hingegen $|a_{k+1}| \ge |a_k|$ für alle $k \ge k_0$, so ist $|a_k| \ge |a_{k_0}|$ für alle $k \ge k_0$. Wählen wir k_0 so groß, daß $|a_{k_0}| > 0$, so kann demnach $|a_k|$ keine Nullfolge bilden, d.h. $\sum_{k=0}^{\infty} a_k$ ist divergent. $\square$

Zu beiden Kriterien gibt es auch eine „Limesform":

Satz („Limesform des Wurzelkriteriums").

Gegeben sei die Reihe $\sum_{k=0}^{\infty} a_k$.

a) Gilt $\limsup \sqrt[k]{|a_k|} < 1$, so ist $\sum_{k=0}^{\infty} a_k$ absolut konvergent.

b) Gilt $\limsup \sqrt[k]{|a_k|} > 1$, so ist $\sum_{k=0}^{\infty} a_k$ divergent.

c) Gilt $\limsup \sqrt[k]{|a_k|} = 1$, so ist keine Aussage möglich.

Beweis. Sei $\alpha = \limsup \sqrt[k]{|a_k|}$

a) Gilt $\alpha < 1$, so ist für fast alle k
$$\sqrt[k]{|a_k|} \le q = \alpha + \frac{1-\alpha}{2} < 1$$

und $\sum_{k=0}^{\infty} a_k$ ist nach dem Wurzelkriterium absolut konvergent.

b) Gilt $\alpha > 1$, so ist für unendlich viele k
$$\sqrt[k]{|a_k|} \ge 1,$$

d.h. $\langle a_k \rangle$ keine Nullfolge und $\sum_{k=0}^{\infty} a_k$ divergent.

c) Sei $a_k = \frac{1}{k}$, dann ist $\alpha = 1$ und $\sum_{k=1}^{\infty} a_k$ divergent. Sei $a_k = \frac{(-1)^k}{k}$, dann ist ebenfalls $\alpha = 1$, aber $\sum_{k=0}^{\infty} a_k$ (wie wir später sehen werden) konvergent. $\square$

Satz („Limesform des Quotientenkriteriums").

Gegeben sei eine Reihe $\sum_{k=0}^{\infty} a_k$, wobei $a_k \ne 0$ für fast alle k.

a) Gilt $\limsup \left| \dfrac{a_{k+1}}{a_k} \right| < 1$, so ist $\sum_{k=0}^{\infty} a_k$ absolut konvergent.

b) Gilt $\liminf \left| \dfrac{a_{k+1}}{a_k} \right| > 1$, so ist $\sum\limits_{k=0}^{\infty} a_k$ divergent.

c) Gilt $\liminf \left| \dfrac{a_{k+1}}{a_k} \right| \leq 1 \leq \limsup \left| \dfrac{a_{k+1}}{a_k} \right|$, so ist keine Aussage möglich.

Beweis. Sei $\alpha = \limsup \left| \dfrac{a_{k+1}}{a_k} \right|$, $\beta = \liminf \left| \dfrac{a_{k+1}}{a_k} \right|$.

a) Ist $\alpha < 1$, so gilt für fast alle k: $\left| \dfrac{a_{k+1}}{a_k} \right| \leq q = \alpha + \dfrac{1-\alpha}{2} < 1$.

b) Ist $\beta > 1$, so gilt für fast alle k: $\left| \dfrac{a_{k+1}}{a_k} \right| \geq 1$. In beiden Fällen ergeben sich

die Konvergenzaussagen aus dem gewöhnlichen Quotientenkriterium.

c) Für $\sum\limits_{k=1}^{\infty} \dfrac{1}{k}$ bzw. $\sum\limits_{k=1}^{\infty} \dfrac{(-1)^k}{k}$ ist $\alpha = \beta = 1$. $\square$

Bemerkung. Existieren $\alpha = \lim \sqrt[k]{|a_k|}$ bzw. $\beta = \lim \left| \dfrac{a_{k+1}}{a_k} \right|$, so ergibt sich:

$$\alpha < 1 \quad \text{bzw.} \quad \beta < 1 \Rightarrow \sum\limits_{k=0}^{\infty} a_k \text{ absolut konvergent,}$$

$$\alpha > 1 \quad \text{bzw.} \quad \beta > 1 \Rightarrow \sum\limits_{k=0}^{\infty} a_k \text{ divergent,}$$

$$\alpha = 1 \quad \text{und} \quad \beta = 1 \Rightarrow \text{ keine Aussage möglich .}$$

Beispiele. 1) $\sum\limits_{k=0}^{\infty} \dfrac{a^k}{k!}$ $(a \in \mathbb{R})$.

Für $a = 0$ ist die Reihe $1 + 0 + 0 + \dots$ trivialerweise konvergent.
Sei nun $a \neq 0$. Wir wenden das Quotientenkriterium an:

$$\left| \frac{a^{k+1}/(k+1)!}{a^k/k!} \right| = \left| \frac{a}{k+1} \right| = \frac{|a|}{k+1} \to 0 \quad (k \to \infty) .$$

Damit ist die Reihe *absolut konvergent für alle* $a \in \mathbb{R}$.

2) $\sum\limits_{k=1}^{\infty} \dfrac{1}{k^\alpha}$ $(\alpha \in \mathbb{R})$.

Für diese Reihen gestatten weder Wurzel- noch Quotientenkriterium eine Konvergenzaussage:

$$\lim \sqrt[k]{\frac{1}{k^\alpha}} = \frac{1}{(\lim \sqrt[k]{k})^\alpha} = \frac{1}{1^\alpha} = 1 ,$$

$$\lim \frac{k^\alpha}{(k+1)^\alpha} = \left(\lim \frac{k}{k+1} \right)^\alpha = 1^\alpha = 1 .$$

Wir wissen aber schon, daß für $\alpha = 1$ die „*harmonische Reihe*" $\sum\limits_{k=1}^{\infty} \dfrac{1}{k}$ *divergiert in* $\mathbb{R}$. Sie ist aber zugleich Minorante der Reihen $\sum\limits_{k=1}^{\infty} \dfrac{1}{k^{\alpha}}$ mit $\alpha < 1$, daher sind auch diese Reihen *divergent in* $\mathbb{R}$. Sie heißen „*hypoharmonische Reihen*".

Sei nun $\alpha > 1$: Wir wollen zeigen, daß in diesem Fall $\sum\limits_{k=0}^{\infty} \dfrac{1}{k^{\alpha}}$ („*hyperharmonische Reihe*") *konvergiert*:

Die Partialsummenfolge ist monoton wachsend, es genügt also zu zeigen, daß sie beschränkt ist: Dazu beachten wir, daß

$$\frac{1}{(2^l)^{\alpha}} + \cdots + \frac{1}{(2^{l+1}-1)^{\alpha}} \leq \frac{1}{(2^l)^{\alpha}} + \cdots + \frac{1}{(2^l)^{\alpha}} = \frac{2^l}{(2^l)^{\alpha}} = \frac{1}{(2^{\alpha-1})^l} .$$

(Es treten 2^l Summanden auf.)

Damit ist aber

$$1 + \left(\frac{1}{2^{\alpha}} + \frac{1}{3^{\alpha}} \right) + \left(\frac{1}{4^{\alpha}} + \frac{1}{5^{\alpha}} + \frac{1}{6^{\alpha}} + \frac{1}{7^{\alpha}} \right) + \cdots + \left(\frac{1}{(2^l)^{\alpha}} + \cdots + \frac{1}{(2^{l+1}-1)^{\alpha}} \right)$$

$$\leq 1 + \frac{1}{2^{\alpha-1}} + \frac{1}{(2^{\alpha-1})^2} + \cdots + \frac{1}{(2^{\alpha-1})^l} .$$

Die letzte Summe ist nun Partialsumme der geometrischen Reihe $\sum\limits_{l=0}^{\infty} q^l$ mit $q = \dfrac{1}{2^{\alpha-1}}$. Für $\alpha > 1$ ist $q < 1$, d.h. $\sum\limits_{k=0}^{\infty} q^l$ konvergent und daher ihre Partialsummenfolge beschränkt. Damit sind auch die von uns abgeschätzten Partialsummen der hyperharmonischen Reihe beschränkt. Da diese für $l = 0, 1, 2, \ldots$ eine unendliche Teilfolge der monoton wachsenden Partialsummenfolge bilden, ist diese insgesamt nach oben beschränkt.

Bemerkungen. 1) Durch Vergleich mit hypo- bzw. hyperharmonischen Reihen ergeben sich analoge „Konvergenzkriterien" wie Wurzel- und Quotientenkriterium durch Vergleich mit der geometrischen Reihe.

2) Es gibt divergente Reihen, für die *keine* hypoharmonische Reihe divergente Minorante ist.

3) Es gibt weder eine konvergente Reihe, die Majorante für alle konvergenten Reihen wäre, noch eine divergente Reihe, die Minorante für alle divergenten Reihen wäre.

4) Die Bezeichnungen „geometrische Reihe" bzw. „harmonische Reihe" haben folgenden Ursprung: Das „*geometrische Mittel*" von $x, y \in \mathbb{R}^+$ ist

$$m_0(x,y) = \sqrt{x \cdot y}$$

(positive reelle Wurzel).

Ist nun $x = q^{k-1}$, $y = q^{k+1}$, so ist

$$m_0(x,y) = \sqrt{q^{2k}} = q^k ,$$

m.a.W.: jedes Reihenglied der geometrischen Reihe ist das geometrische Mittel seines Vorgängers und Nachfolgers.

Das „*harmonische Mittel*" von x, y ist

$$m_{-1}(x, y) = \left(\frac{1/x + 1/y}{2} \right)^{-1} = \frac{2xy}{x+y} .$$

Ist nun $x = \dfrac{1}{k-1}$, $y = \dfrac{1}{k+1}$, so ergibt sich

$$m_{-1}(x, y) = \frac{1}{k} .$$

Beide „Mittel" sind, ebenso wie das „*arithmetische Mittel*" $m_1(x, y) = \dfrac{x+y}{2}$, Sonderfälle von

$$m_p(x, y) = \left(\frac{x^p + y^p}{2} \right)^{1/p} .$$

(Der Grenzfall $p = 0$ kann mit in Abschnitt 12.4 diskutierten Verfahren als $\sqrt{xy}$ identifiziert werden.)

Wie man leicht nachweist, ergibt sich für die Grenzfälle $p \to +\infty$ bzw. $p \to -\infty$:

$$m_{+\infty}(x, y) = \max(x, y)$$

$$m_{-\infty}(x, y) = \min(x, y) .$$

Ohne Beweis halten wir noch fest, daß für

$$p < q \quad \text{stets} \quad m_p(x, y) \leq m_q(x, y)$$

gilt, mit Gleichheit genau dann, wenn $x = y$.

Die Mittel m_p lassen sich auch für mehr als zwei Veränderliche definieren, wobei die obige Ungleichung erhalten bleibt:
Seien $x_1, \ldots, x_n \in \mathbb{R}^+$, $p \in \mathbb{R}$. Dann setzt man

$$m_p(x_1, \ldots, x_n) = \left(\frac{1}{n} \cdot \sum_{i=1}^{n} x_i^p \right)^{1/p} \quad \text{für} \quad p \neq 0$$

bzw. $m_0(x_1, \ldots, x_n) = \sqrt[n]{x_1 \cdot x_2 \ldots x_n}.$ □

Wir wenden uns nun Reihen der Form

$$\sum_{k=0}^{\infty} a_k \quad \text{mit} \quad a_k = (-1)^k b_k , \quad b_k \geq 0$$

zu. Diese heißen *alternierende Reihen*.

Beispiel. $\displaystyle\sum_{k=1}^{\infty} \frac{(-1)^k}{k}.$ □

Der folgende Satz identifiziert eine große Zahl konvergenter alternierender Reihen:

Satz (**LEIBNIZ**[1])**sches Konvergenzkriterium** *für alternierende Reihen*).

Eine alternierende Reihe $\sum\limits_{k=0}^{\infty} (-1)^k b_k$ $(b_k \geq 0)$, bei der die Folge $\langle b_k \rangle$ eine monoton fallende Nullfolge bildet (d. h. $b_0 \geq b_1 \geq \ldots \geq 0$ und $\lim b_k = 0$), ist konvergent.

Beweis. Wir betrachten die Partialsummen mit geradem bzw. ungeradem Index und erhalten:

$$s_1 \leq \ldots \leq s_{2k-1} \leq s_{2k+1} \leq \ldots \leq s_{2k} \leq s_{2k-2} \leq \ldots \leq s_0 ,$$

da nämlich

$$s_{2k+1} = s_{2k-1} + b_{2k} - b_{2k+1} \quad (\text{mit } b_{2k} - b_{2k+1} \geq 0) ,$$

$$s_{2k} = s_{2k-2} - b_{2k-1} + b_{2k} \quad (\text{mit } -b_{2k-1} + b_{2k} \leq 0) ,$$

sowie $\qquad s_{2k+1} = s_{2k} - b_{2k+1} \quad (\text{mit } b_{2k+1} \geq 0) .$

Damit sind die Folgen $\langle s_{2k+1} \rangle$ bzw. $\langle s_{2k} \rangle$ konvergent. Sei $a = \lim s_{2k+1}$, $b = \lim s_{2k}$. Aus der obigen Ungleichung über die s_n folgt dann

$$s_{2k+1} \leq a \leq b \leq s_{2k} \quad \text{für alle } k ,$$

d. h. $\qquad 0 \leq b - a \leq s_{2k} - s_{2k+1} = b_{2k+1}.$

Da nun $\lim b_{2k+1} = 0$, ist auch $b - a = 0$, d. h. $a = b$, d. h. die Reihe ist konvergent. $\square$

Beispiel. $\sum\limits_{k=1}^{\infty} \dfrac{(-1)^k}{k}$ ist konvergent, da $\left\langle \dfrac{1}{k} \right\rangle$ eine monoton fallende Nullfolge ist.

Bemerkungen. 1) Das „Kriterium" von Leibniz liefert eine hinreichende Bedingung für die Konvergenz von $\sum\limits_{k=0}^{\infty} (-1)^k b_k$, $b_k \geq 0$, die aber *nicht notwendig* ist. M. a. W.: Es gibt alternierende Reihen der obigen Form, die konvergieren, obwohl die Folge $\langle b_k \rangle$ nicht monoton fallend ist und zwar nicht einmal ab einem gewissen Index k_0. (Natürlich muß im Fall der Konvergenz der Reihe $\langle b_k \rangle$ eine Nullfolge bilden.)

Beispiel. In der Reihe $\sum\limits_{k=1}^{\infty} \dfrac{(-1)^k}{k}$ vertausche man je zwei aufeinanderfolgende Reihenglieder a_{2k}, a_{2k+1} oder je zwei Reihenglieder a_{4k+1}, a_{4k+3}. Man sieht leicht, daß die Partialsummenfolgen der so gewonnenen Reihen sich von derjenigen von $\sum\limits_{k=1}^{\infty} \dfrac{(-1)^k}{k}$ nur um eine Nullfolge unterscheiden, d. h. daß die Reihen konvergent sind, obwohl die Absolutbeträge ihrer Reihenglieder nicht mehr monoton fallen.

---

[1] Gottfried Wilhelm LEIBNIZ, 21. Juni 1646 – 14. November 1716, neben Newton Begründer der Differentialrechnung.

2) Die Konvergenz einer Reihe ist mit dem Leibnizkriterium auch nachgewiesen, wenn die Reihenglieder schließlich (d. h. ab einem gewissen Index k_0) die Bauform $(-1)^k \cdot b_k$ mit $b_k \geq 0$ bzw. $(-1)^{k+1} b_k$ mit $b_k \geq 0$ haben und die Folge b_k schließlich monoton gegen 0 fällt (da endlich viele Reihenglieder nichts am Konvergenzverhalten ändern).

3) Erfüllt $\sum\limits_{k=0}^{\infty} (-1)^k b_k$ die Bedingungen des Leibnizkriteriums, so kann der „Reihenrest", d. h. die Differenz zwischen Grenzwert und Partialsummen, einfach abgeschätzt werden. Sei $s = \sum\limits_{k=0}^{\infty} (-1)^k b_k$ ($b_k \geq 0$ und $\langle b_k \rangle$) eine monoton fallende Nullfolge).

Sei weiters $r_n = s - s_n = \sum\limits_{k=n+1}^{\infty} (-1)^k b_k$.

Wir wissen aus dem Beweis des Leibnizkriteriums, daß

$$s_{2k+1} \leqslant s \leqslant s_{2k} \quad \text{für alle} \quad k \in \mathbb{N} \, .$$

Daher ist
$$s_{2k+1} - s_{2k} \leqslant r_{2k} = s - s_{2k} \leqslant 0 \, ,$$

und damit
$$|r_{2k}| \leqslant |s_{2k+1} - s_{2k}| = b_{2k+1} \, .$$

Analog wegen $s_{2k+1} \leqslant s \leqslant s_{2k+2}$:

$$0 \leqslant r_{2k+1} = s - s_{2k+1} \leqslant s_{2k+2} - s_{2k+1} = b_{2k+2} \, ,$$

d. h.
$$|r_{2k+1}| \leqslant b_{2k+2} \, .$$

Insgesamt also:
$$|r_n| \leqslant b_{n+1} .$$

Beispiel. $\sum\limits_{k=1}^{\infty} \dfrac{(-1)^{k+1}}{k} = 1 - \dfrac{1}{2} + \dfrac{1}{3} - \dfrac{1}{4} \pm \dots$ konvergiert nach dem Leibnizkriterium. Wir werden später sehen, daß der Grenzwert $\ln 2$ ist.

Damit ergibt sich:

$$\left| \ln 2 - \sum\limits_{k=1}^{\infty} \frac{(-1)^{k+1}}{k} \right| < \frac{1}{n+1} \quad \text{für alle } n \in \mathbb{N} \, . \quad \square$$

Ausgehend vom letzten Beispiel wollen wir untersuchen, ob man bei einer konvergenten Reihe die Reihenglieder beliebig umordnen kann, ohne etwas am Konvergenzverhalten bzw. am Grenzwert zu ändern:

Es sei $s = 1 - \dfrac{1}{2} + \dfrac{1}{3} - \dfrac{1}{4} \pm \dots \, (= \ln 2)$.

Dann ist offensichtlich

$$\frac{1}{2} - \frac{1}{4} + \frac{1}{6} - \frac{1}{8} \pm \dots = \frac{s}{2} \, .$$

Wir betrachten nun die Reihe

$$1+\left(-\frac{1}{2}+\frac{1}{2}\right)+\frac{1}{3}+\left(-\frac{1}{4}-\frac{1}{4}\right)+\frac{1}{5}+\left(-\frac{1}{6}+\frac{1}{6}\right)+\frac{1}{7}+\left(-\frac{1}{8}-\frac{1}{8}\right)+\dots$$

$$=1+0+\frac{1}{3}-\frac{1}{2}+\frac{1}{5}+0+\frac{1}{7}-\frac{1}{4}+\dots$$

Durch Betrachtung der Partialsummen ergibt sich als Grenzwert $s+\frac{s}{2}=\frac{3s}{2}$, andererseits ist die sich ergebende Reihe aber eine Umordnung der ursprünglichen Reihe, deren Grenzwert $s=\ln 2>0$ war. Wir müssen daher feststellen, daß für die Reihenglieder unendlicher Reihen i. allg. also kein „unendliches Kommutativgesetz" gilt, d.h. sie können i. allg. nicht beliebig umgeordnet werden, ohne den Grenzwert bzw. das Konvergenzverhalten zu ändern.

Definition. Die Reihe $\sum_{k=0}^{\infty} a_k$ heißt *unbedingt konvergent*, wenn jede Reihe, die durch Umordnung der Reihenglieder von $\sum_{k=0}^{\infty} a_k$ entsteht, ebenfalls konvergent ist mit demselben Grenzwert. Ist $\sum_{k=0}^{\infty} a_k$ konvergent, aber nicht unbedingt konvergent, so heißt die Reihe *bedingt konvergent*.

Beispiel. $\sum_{k=1}^{\infty} \frac{(-1)^{k+1}}{k}$ ist bedingt konvergent. $\square$

Ohne Beweis führen wir die folgenden beiden Resultate an:

Satz. Eine unendliche Reihe ist genau dann unbedingt konvergent, wenn sie absolut konvergent ist. $\square$

Satz (RIEMANN[1]scher Umordnungssatz).

Ist $\sum_{k=0}^{\infty} a_k$, $a_k \in \mathbb{R}$, bedingt konvergent, so existiert zu jedem $\alpha \in \mathbb{R}^* = \mathbb{R} \cup \{\pm\infty\}$ eine Umordnung der gegebenen Reihe, die gegen α konvergiert (in $\mathbb{R}^*$). $\square$

Absolut konvergente Reihen erfüllen also ein „unendliches Kommutativgesetz" bezüglich ihrer Reihenglieder, bedingt konvergente Reihen nicht. Daß im allgemeinen das Konvergenzverhalten einer Reihe sich beim Zusammenfassen einzelner Reihenglieder ändern kann, also auch kein „unendliches Assoziativgesetz"

---

[1]) Bernhard RIEMANN, 11. September 1826–20. Juli 1866, Nachfolger Dirichlets in Göttingen, wichtige Beiträge zur Analysis, Primzahltheorie und Geometrie.

gilt, zeigt das folgende Beispiel: $\sum_{k=0}^{\infty} (-1)^k$ ist divergent, da die Reihenglieder keine Nullfolge bilden.

Hingegen ist

$$(+1-1)+(+1-1)+(+1-1)+ \ldots = 0+0+ \ldots = 0 \;,$$

$$1+(-1+1)+(-1+1)+ \ldots = 1+0+0+ \ldots = 1 \;.$$

Erklärung: Durch das Zusammenfassen einzelner Reihenglieder entsteht eine Reihe, deren Partialsummenfolge eine Teilfolge der Partialsummenfolge der ursprünglichen Reihe bildet. Aus der Konvergenz dieser Teilfolge folgt natürlich i. allg. nicht die Konvergenz der Folge überhaupt. Umgekehrt ist aber bei Konvergenz der ursprünglich gegebenen Reihe auch jede Reihe konvergent, die dadurch entsteht, daß jeweils endlich viele aufeinanderfolgende Reihenglieder zusammengefaßt werden!

Wir wollen nun *algebraische Operationen mit Reihen* studieren:

Aus der Definition der Konvergenz einer unendlichen Reihe durch die ihrer Partialsummenfolge und den algebraischen Eigenschaften des Grenzwerts von Folgen ergibt sich sofort:

Satz. Die Reihen $\sum_{k=0}^{\infty} a_k$ und $\sum_{k=0}^{\infty} b_k$ seien (absolut) konvergent.

Dann sind auch die Reihen $\sum_{k=0}^{\infty} (a_k + b_k)$ sowie $\sum_{k=0}^{\infty} (\lambda a_k + \mu b_k)$ für alle $\lambda, \mu \in \mathbb{R}(\mathbb{C})$ (absolut) konvergent, und es gilt:

$$\sum_{k=0}^{\infty} (a_k + b_k) = \sum_{k=0}^{\infty} a_k + \sum_{k=0}^{\infty} b_k \;,$$

$$\sum_{k=0}^{\infty} (\lambda a_k + \mu b_k) = \lambda \sum_{k=0}^{\infty} a_k + \mu \sum_{k=0}^{\infty} b_k \;. \quad \square$$

Mit anderen Worten: Definiert man auf der Menge aller Reihen mit Gliedern aus $\mathbb{R}$ (aus $\mathbb{C}$) eine Addition durch

$$\sum_{k=0}^{\infty} a_k + \sum_{k=0}^{\infty} b_k = \sum_{k=0}^{\infty} (a_k + b_k)$$

und ein Skalarprodukt durch

$$\lambda \cdot \sum_{k=0}^{\infty} a_k = \sum_{k=0}^{\infty} (\lambda a_k) \;,$$

so entsteht ein *Vektorraum über* $\mathbb{R}$ ($\mathbb{C}$), wobei die konvergenten bzw. absolut konvergenten Reihen Teilräume bilden.

Die Abbildung einer konvergenten Reihe auf ihren Grenzwert ist linear.

Nun wollen wir eine *Multiplikation* für Reihen definieren, die ebenfalls mit der Bildung des Grenzwertes (allerdings im Fall der absoluten Konvergenz) verträglich ist.

Wie man leicht sieht, ist i. allg.

$$\sum_{k=0}^{\infty} a_k \cdot \sum_{k=0}^{\infty} b_k \neq \sum_{k=0}^{\infty} a_k \cdot b_k \, .$$

(Beispiel:

$$a_k = b_k = \frac{1}{k+1} \Rightarrow \sum_{k=0}^{\infty} a_k = \sum_{k=0}^{\infty} b_k = +\infty, \text{ hingegen ist } \sum_{k=0}^{\infty} a_k \cdot b_k = \sum_{k=0}^{\infty} \frac{1}{(k+1)^2}$$

konvergent in $\mathbb{R}$.)

Das Produkt muß also komplizierter gebildet werden. Wir denken uns dazu $\sum_{k=0}^{\infty} a_k$ und $\sum_{k=0}^{\infty} b_k$ „ausmultipliziert":

$$(a_0 + a_1 + a_2 + \ldots) \cdot (b_0 + b_1 + b_2 + \ldots) = \begin{array}{l} a_0 b_0 + a_0 b_1 + a_0 b_2 + \ldots \\ + a_1 b_0 + a_1 b_1 + a_1 b_2 + \ldots \\ + a_2 b_0 + a_2 b_1 + a_2 b_2 + \ldots \\ + \ldots \end{array}$$

Wir durchlaufen nun die Summanden längs der von rechts oben nach links unten verlaufenden Diagonalen und fassen jeweils alle Glieder einer Diagonale (das sind genau die Glieder mit derselben Indexsumme!) zusammen:

$$\begin{array}{l} a_0 b_0 + \\ + (a_0 b_1 + a_1 b_0) + \\ + (a_0 b_2 + a_1 b_1 + a_2 b_0) + \\ + \ldots \end{array}$$

Das allgemeine Glied lautet dann

$$\sum_{l=0}^{k} a_l b_{k-l} = \sum_{l+m=k} a_l b_m \, .$$

Es gilt nun der folgende

Satz. Seien $\sum_{k=0}^{\infty} a_k$ und $\sum_{k=0}^{\infty} b_k$ *absolut* konvergent. Dann ist auch die Reihe

$$\sum_{k=0}^{\infty} \left(\sum_{l=0}^{k} a_l b_{k-l} \right) = \sum_{k=0}^{\infty} \left(\sum_{l+m=k} a_l b_m \right)$$

absolut konvergent mit dem Grenzwert

$$\left(\sum_{k=0}^{\infty} a_k \right) \cdot \left(\sum_{k=0}^{\infty} b_k \right) \, .$$

Beweis. Es sei $\langle c_k \rangle_{k \in \mathbb{N}}$ eine Folge, die jedes Element der unendlichen Matrix

$$\begin{array}{llll} a_0 b_0 & a_0 b_1 & a_0 b_2 & \ldots \\ a_1 b_0 & a_1 b_1 & a_1 b_2 & \ldots \\ a_2 b_0 & a_2 b_1 & a_2 b_2 & \ldots \\ \ldots \end{array}$$

genau einmal enthält. Wir behaupten, daß dann $\sum\limits_{k=0}^{\infty} c_k$ absolut konvergent ist:

Zu jedem $n \in \mathbb{N}$ existiert ein $m \in \mathbb{N}$, so daß $\langle c_0, c_1, \ldots, c_n \rangle$ in der Matrix

$$\begin{matrix} a_0 b_0 & a_0 b_1 & \ldots & a_0 b_m \\ \vdots & & & \vdots \\ a_m b_0 & a_m b_1 & \ldots & a_m b_m \end{matrix}$$

enthalten ist.

Dann ist aber $\sum\limits_{k=0}^{n} |c_k| \leqslant \sum\limits_{i,j=0}^{m} |a_i b_j| = \sum\limits_{k=0}^{m} |a_k| \cdot \sum\limits_{k=0}^{m} |b_k|$.

Wegen der absoluten Konvergenz von $\sum\limits_{k=0}^{\infty} a_k$ und $\sum\limits_{k=0}^{\infty} b_k$ sind die rechts

auftretenden Partialsummen beschränkt, daher auch $\sum\limits_{k=0}^{n} |c_k|$. Da aber

$\left\langle \sum\limits_{k=0}^{n} |c_k| \right\rangle_{n \in \mathbb{N}}$ klarerweise monoton wachsend ist, folgt daraus die Konvergenz

von $\sum\limits_{k=0}^{\infty} |c_k|$. Da eine absolut konvergente Reihe auch unbedingt konvergent ist,

besitzt jede der Reihen $\sum\limits_{k=0}^{\infty} c_k$ (die alle durch Umordung auseinander hervor-

gehen) auch denselben Grenzwert c.

Wir betrachten nun zwei spezielle „Durchlaufsarten" der unendlichen Matrix, nämlich

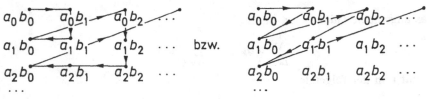

Abb. 51

d. h. einmal längs zunehmender Quadratausschnitte, das andere Mal längs aufeinanderfolgender Diagonalen.

Es ist also

$$s = a_0 b_0 + a_0 b_1 + a_1 b_1 + a_1 b_0 + a_0 b_2 + a_1 b_2 + a_2 b_2 + a_2 b_1 + a_2 b_0 + \ldots$$

$$= a_0 b_0 + a_0 b_1 + a_1 b_0 + a_0 b_2 + a_1 b_1 + a_2 b_0 + \ldots .$$

Wie wir wissen, darf man im Fall der Konvergenz je endlich viele Glieder einer Reihe zusammenfassen, ohne den Grenzwert zu ändern, d. h.

$$s = a_0 b_0 + (a_0 b_1 + a_1 b_1 + a_1 b_0) + (a_0 b_2 + a_1 b_2 + a_2 b_2 + a_2 b_1 + a_2 b_0) + \ldots$$

$$= a_0 b_0 + (a_0 b_1 + a_1 b_0) + (a_0 b_2 + a_1 b_1 + a_2 b_0) + \ldots$$

Die Partialsummen der ersten Reihe sind nun gerade

$$\left(\sum_{k=0}^{n} a_k\right) \cdot \left(\sum_{k=0}^{n} b_k\right).$$

Damit ist

$$s = \left(\sum_{k=0}^{\infty} a_k\right) \cdot \left(\sum_{k=0}^{\infty} b_k\right).$$

Die Partialsummen der zweiten Reihe sind gerade $\sum_{k=0}^{n} \left(\sum_{l=0}^{k} a_l b_{k-l}\right)$, und ihr Grenzwert ist ebenfalls s. $\square$

Definition. Die Reihe $\sum_{k=0}^{\infty} \left(\sum_{l=0}^{k} a_l b_{k-l}\right) = \sum_{k=0}^{\infty} \left(\sum_{l+m=k} a_l b_m\right)$ heißt das

Cauchy-Produkt der Reihen $\sum_{k=0}^{\infty} a_k$ und $\sum_{k=0}^{\infty} b_k$. $\square$

Das Cauchy-Produkt zweier absolut konvergenter Reihen ist also wieder absolut konvergent, und der Grenzwert ist das Produkt der einzelnen Limiten. Mit der früher definierten Addition und dem Cauchy-Produkt bilden die *unendlichen Reihen* einen *kommutativen Ring mit Einselement* $\left(\sum_{k=0}^{\infty} \delta_{k,0} = 1+0+0+\ldots\right)$, die *absolut konvergenten* Reihen bilden einen *Unterring*. Die Abbildung der absolut konvergenten Reihen auf ihren Grenzwert ist ein Ringhomomorphismus.

Bemerkung. Das Cauchy-Produkt zweier bedingt konvergenter Reihen braucht nicht konvergent zu sein: Sei

$$\sum_{k=0}^{\infty} a_k = \sum_{k=0}^{\infty} b_k = \sum_{k=0}^{\infty} \frac{(-1)^k}{(k+1)^{1/3}}.$$

Nach dem Leibnizkriterium ist die Reihe konvergent.

Weiters ist $\quad c_k = \sum_{l=0}^{k} a_l b_{k-l} = (-1)^k \sum_{l=0}^{k} ((l+1)(k-l+1))^{-1/3}$.

Wegen $\quad ((l+1)(k-l+1))^{1/2} = m_0(l+1, k-l+1)$

$$\leq m_1(l+1, k-l+1) = \frac{k+2}{2} \quad \text{für alle} \quad 0 \leq l \leq k,$$

(vgl. S. 32) ist $\quad ((l+1)(k-l+1))^{-1/3} \geq \left(\frac{k+2}{2}\right)^{-2/3}$

und damit $\quad |c_k| \geq 2^{2/3} \cdot (k+1) \cdot (k+2)^{-2/3}$

$$= 2^{2/3}(k+2)^{1/3} - 2^{2/3}(k+2)^{-2/3}.$$

Also ist $\lim |c_k| = +\infty$, d.h. $\langle c_k \rangle$ keine Nullfolge, d.h. $\sum_{k=0}^{\infty} c_k$ divergent.

8.5 Unendliche Produkte

In Analogie zur Definition der Konvergenz einer unendlichen Reihe setzen wir fest:

Definition. Ein *unendliches Produkt* $\prod\limits_{k=0}^{\infty} a_k$, $a_k \in \mathbb{R}(\mathbb{C})$, heißt *konvergent*, wenn die Folge der „Partialprodukte" $\left\langle p_n = \prod\limits_{k=0}^{n} a_k \right\rangle$ konvergiert. $\square$

Offensichtlich ist $p_n = 0$ für alle $n \geq k$, wenn $a_k = 0$ für ein k gilt. Es ist daher sinnvoll zu verlangen, daß $a_k \neq 0$ für alle $k \in \mathbb{N}$ sein soll.

Zur weiteren Betrachtung unendlicher Produkte ist es zweckmäßig, $\prod\limits_{k=0}^{\infty} a_k$ in der Form $\prod\limits_{k=0}^{\infty} (1+b_k)$ zu schreiben.

Definition. $\prod\limits_{k=0}^{\infty} (1+b_k)$ heißt *absolut konvergent*, wenn $\prod\limits_{k=0}^{\infty} (1+|b_k|)$ konvergent ist. $\square$

Es gilt dann der folgende

Satz. Sei $\prod\limits_{k=0}^{\infty} (1+b_k)$ absolut konvergent. Dann gilt:

1) $\prod\limits_{k=0}^{\infty} (1+b_k)$ ist konvergent.

2) $\prod\limits_{k=0}^{\infty} (1+b_k) = 0 \Leftrightarrow 1+b_k = 0$ für wenigstens ein k.

Beweis. 1) Es sei $\alpha_n = \prod\limits_{k=0}^{n} (1+b_k)$, $\beta_n = \prod\limits_{k=0}^{n} (1+|b_k|)$.

Dann haben wir für alle $m \in \mathbb{N}$

$$|\alpha_{n+m} - \alpha_n| = \left| \left(\prod_{k=0}^{n} (1+b_k) \right) \cdot \left(\prod_{k=n+1}^{n+m} (1+b_k) - 1 \right) \right|$$

$$= \left(\prod_{k=0}^{n} |1+b_k| \right) \cdot \left| \prod_{k=n+1}^{n+m} (1+b_k) - 1 \right|$$

$$\leq \left(\prod_{k=0}^{n} (1+|b_k|) \right)$$

$$\cdot |b_{n+1} + b_{n+2} + \ldots + b_{n+m} + b_{n+1} b_{n+2} + \ldots + b_{n+1} \cdot \ldots \cdot b_{n+m}|$$

$$\leq \left(\prod_{k=0}^{n} (1+|b_k|) \right)$$

$$\cdot (|b_{n+1}| + |b_{n+2}| + \ldots + |b_{n+m}| + |b_{n+1}| |b_{n+2}| + \ldots + |b_{n+1}| \cdot \ldots \cdot |b_{n+m}|)$$

$$= \left(\prod_{k=0}^{n} (1+|b_k|) \right) \cdot \left(\prod_{k=n+1}^{n+m} (1+|b_k|) - 1 \right) = \beta_{n+m} - \beta_n .$$

Ist nun $\prod\limits_{k=0}^{\infty} (1+b_k)$ absolut konvergent, so ist $\langle \beta_n \rangle$ eine Cauchy-Folge. Nach der obigen Abschätzung ist dann auch $\langle \alpha_n \rangle$ eine Cauchy-Folge, d.h. $\prod\limits_{k=0}^{\infty} (1+b_k)$ konvergent.

2) Wegen $\sum\limits_{k=0}^{n} |b_k| \leq \prod\limits_{k=0}^{n} (1+|b_k|)$ ist $\sum\limits_{k=0}^{\infty} b_k$ absolut konvergent. Sei

$b = \sum\limits_{k=0}^{\infty} |b_k|. \; (b \geq 0).$

Damit ist $\langle b_k \rangle$ eine Nullfolge, insbesondere $|b_k| < \frac{1}{2}$ für alle $k \geq k_0$. Sei nun $1+b_k \neq 0$ für alle $k \in \mathbb{N}$. Dann ist

$$\prod_{k=0}^{\infty} (1+b_k) = 0 \Leftrightarrow \prod_{k=k_0}^{\infty} (1+b_k) = 0 \; .$$

Wir können also ohne Beschränkung der Allgemeinheit annehmen, daß $|b_k| < \frac{1}{2}$ für alle $k \in \mathbb{N}$ gilt. Insbesondere ist also $|1+b_k| > \frac{1}{2} > 0$.

Aus der Ungleichung über das geometrische und arithmetische Mittel

$$m_0 \left(\frac{1}{|1+b_0|}, \frac{1}{|1+b_1|}, \ldots, \frac{1}{|1+b_n|} \right) \leq m_1 \left(\frac{1}{|1+b_0|}, \frac{1}{|1+b_1|}, \ldots, \frac{1}{|1+b_n|} \right)$$

ergibt sich

$$\left(\prod_{k=0}^{n} \frac{1}{|1+b_k|} \right)^{1/(n+1)} \leq \frac{1}{n+1} \sum_{k=0}^{n} \frac{1}{|1+b_k|} \; .$$

Nun ist

$$\frac{1}{1+b_k} = 1 - \frac{b_k}{1+b_k}$$

und daher

$$\left| \frac{1}{1+b_k} \right| \leq 1 + \frac{|b_k|}{|1+b_k|} < 1 + 2 \cdot |b_k| \; .$$

Damit haben wir:

$$\left| \prod_{k=0}^{n} \frac{1}{1+b_k} \right| \leq \left(\frac{1}{n+1} \sum_{k=0}^{n} (1+2|b_k|) \right)^{n+1} \leq \left(1 + \frac{2b}{n+1} \right)^{n+1}$$

$$= \sum_{l=0}^{n+1} \binom{n+1}{l} \frac{(2b)^l}{(n+1)^l} = \sum_{l=0}^{n+1} \frac{(n+1) \ldots (n+1-l+1)}{(n+1)^l} \cdot \frac{(2b)^l}{l!}$$

$$\leq \sum_{l=0}^{n+1} \frac{(2b)^l}{l!} \leq \sum_{l=0}^{\infty} \frac{(2b)^l}{l!} \text{ (konvergent!)}$$

oder

$$\left| \prod_{k=0}^{\infty} (1+b_k) \right| \geq \left(\sum_{l=0}^{\infty} \frac{(2b)^l}{l!} \right)^{-1} > 0 \; . \quad \square$$

Im letzten Beweis haben wir u.a. gezeigt, daß aus der absoluten Konvergenz von $\prod\limits_{k=0}^{\infty} (1+b_k)$ diejenige von $\sum\limits_{k=0}^{\infty} b_k$ folgt. Die Umkehrung liefert eine wichtige hinreichende Bedingung für die Konvergenz eines unendlichen Produkts:

Satz. Sei $\displaystyle\sum_{k=0}^{\infty} b_k$ absolut konvergent. Dann ist auch $\displaystyle\prod_{k=0}^{\infty} (1+b_k)$ absolut konvergent (und damit konvergent).

Beweis. Wir verwenden wieder die Ungleichung über das geometrische und arithmetrische Mittel:

$$\left(\prod_{k=0}^{n} (1+|b_k|) \right)^{1/(n+1)} \leqslant \frac{1}{n+1} \left(\sum_{k=0}^{n} (1+|b_k|) \right) \leq 1 + \frac{\displaystyle\sum_{k=0}^{\infty} |b_k|}{n+1} \; .$$

Analog wie im letzten Beweis ergibt sich daraus:

$$\prod_{k=0}^{n} (1+|b_k|) \leq \sum_{l=0}^{\infty} \frac{b^l}{l!} \quad \text{mit} \quad b = \sum_{k=0}^{\infty} |b_k| \; .$$

Damit ist die Folge der Partialprodukte von $\displaystyle\prod_{k=0}^{\infty} (1+|b_k|)$ beschränkt und daher (weil monoton wachsend) konvergent. $\square$

Beispiel. Sei $\alpha > 1$. Dann ist das Produkt

$$\prod_{k=1}^{\infty} \left(1 + \frac{1}{k^\alpha} \right)$$

(absolut) konvergent, da $\displaystyle\sum_{k=1}^{\infty} \frac{1}{k^\alpha}$ absolut konvergiert.

8.6 Asymptotischer Vergleich von Folgen

Zum Abschluß des Kapitels wollen wir in einem kurzen Abschnitt einige wichtige Notationen besprechen, deren Ziel es ist, die „Größenordnung" zweier vorgegebener Folgen $\langle a_n \rangle$ bzw. $\langle b_n \rangle$ für „große Werte von n" zu vergleichen und das Ergebnis in einer Kurzschreibweise auszudrücken. Viele Abschätzungen lassen sich mit Hilfe dieser Notationen in sehr übersichtlicher Weise anschreiben:
Im weiteren seien $\langle a_n \rangle$ und $\langle b_n \rangle$ Folgen reeller Zahlen.

Definition (O-Notation von LANDAU[1]) und BACHMANN[2]).

$a_n = O(b_n)$ (für $n \to \infty$), sprich: „*groß O*", genau dann, wenn es Konstanten $C > 0$ und $N \in \mathbb{N}$ gibt, so daß $|a_n| \leq C \cdot b_n$ für alle $n \geq N$ gilt.
Anstelle von $a_n = O(b_n)$ wird gelegentlich auch $a_n \underset{\sim}{\leq} b_n$ geschrieben.

Beispiel. Sei $\displaystyle a_n = \sum_{k=1}^{n} k^2 = \frac{n(n+1)(2n+1)}{6} = \frac{n^3}{3} + \frac{n^2}{2} + \frac{n}{6} \; .$

---

[1]) Edmund LANDAU, 14. Februar 1877–19. Februar 1938.
[2]) Paul BACHMANN, 22. Juni 1837–31. März 1920.

Ist man nur an einer Abschätzung der „Größenordnung" von a_n interessiert, so kann man schreiben: $a_n = O(n^3)$.

Beweis. Für alle n ist $\dfrac{n^2}{2} + \dfrac{n}{6} \le n^3$ und daher

$$a_n = |a_n| \le \frac{4}{3} \cdot n^3 .$$

Will man den „Hauptterm" von a_n (für $n \to \infty$) charakterisieren und den Rest abschätzen, so wird man schreiben:

$$a_n = \frac{n^3}{3} + O(n^2) .$$

Beweis. $\dfrac{n^2}{2} + \dfrac{n}{6} \le \left(\dfrac{1}{2} + \dfrac{1}{6} \right) \cdot n^2 = \dfrac{2}{3} \, n^2 .$

Noch „genauer" wäre schließlich

$$a_n = \frac{n^3}{3} + \frac{n^2}{2} + O(n) .$$

Obwohl alle diese Ausdrücke Abschwächungen der expliziten Formel für a_n sind, ist es in vielen Fällen vorteilhafter und einfacher, mit ihnen zu rechnen. $\square$

Einige weitere wichtige Notationen:

Definition. 1) $a_n = \Omega(b_n)$ (oder auch $a_n \gtrsim b_n$) genau dann, wenn es $C > 0$ und $N \in \mathbb{N}$ gibt, so daß

$$|a_n| \ge C \cdot b_n \ge 0 \quad \text{für alle} \quad n \ge N .$$

2) $a_n = \Theta(b_n)$ (oder auch $a_n > < b_n$) genau dann, wenn $a_n = O(b_n)$ und $a_n = \Omega(b_n)$, d.h. wenn es C_1, $C_2 > 0$ und $N \in \mathbb{N}$ gibt, so daß

$$0 \le C_1 \cdot b_n \le |a_n| \le C_2 \cdot b_n \quad \text{für alle} \quad n \ge N .$$

3) $a_n = o(b_n)$, sprich „klein o", (oder auch $a_n \prec b_n$), genau dann, wenn $\lim \dfrac{a_n}{b_n} = 0$.

4) $a_n \sim b_n$, sprich *„asymptotisch gleich"*, genau dann, wenn $\lim \dfrac{a_n}{b_n} = 1$.

Bemerkungen. 1) Die Relationen $a_n = \Theta(b_n)$ sowie $a_n \sim b_n$ sind reflexiv, symmetrisch und transitiv. Dies gilt aber *nicht* für die anderen Beziehungen, z.B.: $n^2 = O(n^3)$, aber $n^3 \ne O(n^2)$!
2) Anstelle von $a_n \sim b_n$ wird in manchen Publikationen $a_n \approx b_n$ geschrieben; $a_n \sim b_n$ bedeutet dann nur $\lim \dfrac{a_n}{b_n} = C \ne 0$.

3) $a_n \sim b_n$ kann auch mit der o-Notation beschrieben werden:

$$a_n \sim b_n \Leftrightarrow \lim \frac{a_n}{b_n} = 1 \Leftrightarrow \lim \frac{a_n}{b_n} - 1 = 0 \Leftrightarrow \lim \frac{a_n - b_n}{b_n} = 0 \Leftrightarrow a_n = b_n + o(b_n) .$$

Beispiel. Sei $a_n = \sum\limits_{k=1}^{n} k^2$. Dann ist

$$a_n \sim \frac{n^3}{3}, \; a_n + \sin n = \Theta(n^3), \; a_n = o(n^{7/2}), \; a_n = \Omega(n^2) .$$

(Die Beweise seien als Übung überlassen). □

Ohne Beweis führen wir das folgende wichtige Resultat über das asymptotische Verhalten von $n!$ an:

Satz (STIRLING[1]sche Approximationsformel).

$$n! \sim \left(\frac{n}{e}\right)^n \cdot \sqrt{2\pi n} . \quad □$$

---

[1] James STIRLING, 1692–1770.

9 Stetige Funktionen

In diesem Kapitel beginnen wir die Untersuchung von Funktionen $\mathbb{R}^p \to \mathbb{R}^q$ mit einer wichtigen Teilklasse, nämlich den stetigen Funktionen. Wir werden im ersten Abschnitt die grundlegenden Definitionen für den allgemeineren Fall von Abbildungen zwischen metrischen Räumen angeben und in den weiteren Abschnitten genauer auf die Abbildungen $\mathbb{R}^p \to \mathbb{R}^q$ bzw. den Spezialfall $\mathbb{R} \to \mathbb{R}$ eingehen.

9.1 Stetige Funktionen in metrischen Räumen

Im weiteren schreiben wir für den Definitionsbereich einer Funktion f oft D_f.

Definition. Seien $\langle X, d_1 \rangle$ und $\langle Y, d_2 \rangle$ metrische Räume. Eine Abbildung (Funktion) $f \colon D_f \subseteq X \to Y$ heißt an der Stelle $x_0 \in D_f$ *stetig* (*umgebungsstetig*), wenn zu jeder Umgebung V von $f(x_0)$ in Y eine Umgebung U von x_0 in X existiert, so daß für alle $x \in U \cap D_f$ gilt: $f(x) \in V$ (d.h. kurz: $f(U \cap D_f) \subseteq V$). □

Da in metrischen Räumen die Kugelumgebungen eine Umgebungsbasis bilden, ist die Definition äquivalent zur folgenden:

Definition. Seien $\langle X, d_1 \rangle$ und $\langle Y, d_2 \rangle$ metrische Räume. $f \colon D_f \subseteq X \to Y$ heißt in $x_0 \in D_f$ *stetig* (*umgebungsstetig*), wenn es zu jeder Kugelumgebung $K(f(x_0), \varepsilon) \subseteq Y$ eine Kugelumgebung $K(x_0, \delta = \delta(\varepsilon)) \subseteq X$ gibt, so daß für alle $x \in K(x_0, \delta) \cap D_f$ gilt $f(x) \in K(f(x_0), \varepsilon)$. □

Zur Veranschaulichung:

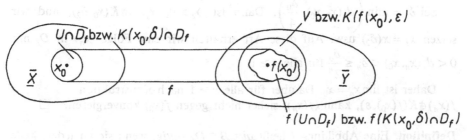

$$\text{Abb. 52}$$

Wir geben nun eine weitere Definition der Stetigkeit, von der wir anschließend zeigen werden, daß sie zu den ersten äquivalent ist:

Definition. Seien $\langle X, d_1 \rangle$ und $\langle Y, d_2 \rangle$ metrische Räume. $f: D_f \subseteq X \rightarrow Y$ heißt an der Stelle $x_0 \in D_f$ *stetig (folgenstetig)*, wenn für jede Folge $\langle x_n \rangle$ mit $x_n \in D_f$ und $\lim x_n = x_0$ gilt: $\lim f(x_n) = f(x_0)$ □.

Satz. Eine Abbildung f ist an der Stelle $x_0 \in D_f$ genau dann umgebungsstetig, wenn sie dort folgenstetig ist.

Beweis. 1) Angenommen f ist in x_0 umgebungsstetig, d.h. für alle $\varepsilon > 0$ existiert ein $\delta = \delta(\varepsilon) > 0$, so daß für $x \in K(x_0, \delta) \cap D_f$ gilt $f(x) \in K(f(x_0), \varepsilon)$.

Sei nun $\langle x_n \rangle$ eine Folge in D_f mit $\lim x_n = x_0$ und $\varepsilon > 0$ vorgegeben. Wir wählen nun $\delta = \delta(\varepsilon)$ so, daß es die obige Eigenschaft hat.

Wegen $\lim x_n = x_0$ gibt es dann ein $N = N(\delta)$, so daß $x_n \in K(x_0, \delta)$ für alle $n > N$ gilt.

Wegen der Umgebungsstetigkeit ist dann

$$f(x_n) \in K(f(x_0), \varepsilon) \quad \text{für alle} \quad n > N .$$

Also: Für alle $\varepsilon > 0$ gibt es ein N, so daß

$$f(x_n) \in K(f(x_0), \varepsilon) \quad \text{für alle} \quad n > N ,$$

d.h.: $\lim f(x_n) = f(x_0)$. f ist also auch folgenstetig.

2) Wir zeigen: Ist f in x_0 *nicht* umgebungsstetig, so ist f in x_0 auch *nicht* folgenstetig.

Ist f in x_0 nicht umgebungsstetig, so gibt es ein $\varepsilon > 0$, so daß es zu jedem $\delta > 0$ ein $x = x(\delta) \in K(x_0, \delta) \cap D_f$ gibt mit $f(x) \notin K(f(x_0), \varepsilon)$, d.h. $d_2(f(x_0), f(x)) \geq \varepsilon$.

Wir wollen nun unter dieser Voraussetzung eine Folge $\langle x_n \rangle$ in D_f konstruieren mit $\lim x_n = x_0$, für die $\langle f(x_n) \rangle$ nicht gegen $f(x_0)$ konvergiert: $\varepsilon > 0$ sei wie oben gewählt.

Sei $\delta_0 > 0$ beliebig und $x_1 = x(\delta_0) \in K(x_0, \delta_0) \cap D_f$ mit $f(x_1) \notin K(f(x_0), \varepsilon)$. Dann ist sicher $x_1 \neq x_0$, d.h. $d_1(x_1, x_0) > 0$.

Sei nun $\delta_1 = \min \left(d_1(x_1, x_0), \dfrac{\delta_0}{2} \right)$. Dann ist $\delta_1 > 0$ und $x_1 \notin K(x_0, \delta_1)$. Sei $x_2 = x(\delta_1) \in K(x_0, \delta_1) \cap D_f$ mit $f(x_2) \notin K(f(x_0), \varepsilon)$. Dann ist $x_2 \neq x_0, x_1$.

Sei $\delta_2 = \min \left(d_1(x_2, x_0), \dfrac{\delta_0}{4} \right)$. Dann ist $\delta_2 > 0$, $x_1, x_2 \notin K(x_0, \delta_2)$, und wir setzen $x_3 = x(\delta_2)$ usw. Auf diese Art erhalten wir eine Folge $\langle x_n \rangle$ in D_f mit

$$0 < d_1(x_n, x_0) < \delta_n \leq \frac{\delta_0}{2^n} \text{ für alle } n \geq 1.$$

Daher ist $\lim x_n = x_0$. Da aber für alle $n \geq 1$ nach Konstruktion $f(x_n) \notin K(f(x_0), \varepsilon)$, kann $\langle f(x_n) \rangle$ sicher nicht gegen $f(x_0)$ konvergieren.   □

Definition. Eine Abbildung f heißt *auf $B \subseteq D_f$ stetig*, wenn sie an jeder Stelle $x_0 \in B$ stetig ist.   □

Beispiel. Im nächsten Abschnitt werden wir zahlreiche Beispiele stetiger Funktionen kennenlernen. Wir wollen hier an einem Beispiel zeigen, daß sich *konvergente Folgen auch als stetige Funktionen auffassen lassen*:

Sei dazu $\mathbb{N}^* = \mathbb{N} \cup \{+\infty\}$ (wobei $+\infty > n$ für alle $n \in \mathbb{N}$ gelten soll).

Durch $d_1(x,y) = \left| \dfrac{1}{x+1} - \dfrac{1}{y+1} \right|$ wird auf $\mathbb{N}^*$ eine Metrik definiert, wenn

wir $\dfrac{1}{+\infty} = 0$ setzen (Beweis als Übung). Für genügend kleines $r > 0$ ist dann für $n \in \mathbb{N}$:

$$K(n,r) = \{n\} .$$

Hingegen ist $K(+\infty, r) = \left\{ m \in \mathbb{N} \mid m > \dfrac{1}{r} - 1 \right\} \cup \{+\infty\}$. Jede Umgebung von $+\infty$ enthält also fast alle Elemente von $\mathbb{N}$.

d_2 sei die euklidische Metrik auf $\mathbb{R}$.

Wir wollen nun untersuchen, *wann eine Abbildung f: $\langle \mathbb{N}^*, d_1 \rangle \to \langle \mathbb{R}, d_2 \rangle$ stetig ist*:

Zunächst ist f sicher für alle $n \in \mathbb{N}$ an der Stelle n stetig: sei nämlich $\varepsilon > 0$ beliebig vorgegeben und δ so klein gewählt, daß $K(n, \delta) = \{n\}$. Ist dann $x \in K(n, \delta)$, d.h. $x = n$, so ist natürlich $f(x) = f(n) \in K(f(n), \varepsilon)$.

Interessant ist also nur die Frage, wann f auch an der Stelle $+\infty$ stetig ist: nach der Definition der Folgenstetigkeit ist dies genau dann der Fall, wenn für jede Folge $\langle x_n \rangle$ in $\mathbb{N}^*$ mit $\lim x_n = +\infty$ gilt: $\lim f(x_n) = f(+\infty)$.

Ist also f stetig in $+\infty$, so muß insbesondere für die Folge $\langle x_n \rangle = \langle n \rangle$ gelten:

$$\lim f(x_n) = \lim f(n) = f(+\infty) .$$

M.a.W.: Die Folge $\langle f(n) \rangle$ muß konvergieren und $f(+\infty)$ muß gleich $\lim f(n)$ sein.

Umgekehrt folgt aber aus der Konvergenz von $\langle f(n) \rangle$ gegen $f(+\infty)$ auch $\lim f(x_n) = f(+\infty)$ für jede Folge $\langle x_n \rangle$ in $\mathbb{N}^*$ mit $\lim x_n = +\infty$:

Sei $\varepsilon > 0$ vorgegeben. Wegen $\lim f(n) = f(+\infty)$ gibt es ein $N = N(\varepsilon)$ mit $|f(n) - f(+\infty)| < \varepsilon$ für alle $n > N$. Wegen $\lim x_n = +\infty$ ist $x_n > N = N(\varepsilon)$ für alle $n > N_1 = N_1(N(\varepsilon))$. Dann ist aber auch

$$|f(x_n) - f(+\infty)| < \varepsilon \quad \text{für alle} \quad n > N_1 .$$

Wir haben also insgesamt gezeigt: f: $\langle \mathbb{N}^*, d_1 \rangle \to \langle \mathbb{R}, d_2 \rangle$ ist stetig genau dann, wenn die Folge $\langle f(n) \rangle_{n \in \mathbb{N}}$ konvergiert mit $\lim f(n) = f(+\infty)$. Da jede Folge $\langle a_n \rangle_{n \in \mathbb{N}}$ in $\mathbb{R}$ eine Abbildung f: $\mathbb{N} \to \mathbb{R}$ darstellt (mit $f(n) = a_n$), ist damit die Konvergenz einer reellen Folge äquivalent zur Möglichkeit f: $\mathbb{N} \to \mathbb{R}$ „stetig in $+\infty$ fortzusetzen":

Definition. Eine Abbildung f heißt in die Stelle $x_0 \notin D_f$, x_0 Häufungspunkt von D_f, *stetig fortsetzbar*, wenn $f(x_0)$ so definiert werden kann, daß damit f an der Stelle x_0 stetig ist. $\square$

Zum Abschluß dieses Abschnittes wollen wir noch eine Kurzschreibweise vereinbaren:

Definition. Sei x_0 Häufungspunkt von D_f. Wir setzen $\lim\limits_{x \to x_0} f(x) = a$ genau dann, wenn für jede Folge $\langle x_n \rangle$ in $D_f \setminus \{x_0\}$ mit $\lim x_n = x_0$ gilt: $\lim f(x_n) = a$. $\square$

Folgerungen. 1) $f(x)$ ist an der Stelle x_0 stetig genau dann, wenn $\lim\limits_{x \to x_0} f(x) = f(x_0)$.

2) $f(x)$ ist in die Stelle x_0 stetig fortsetzbar genau dann, wenn $\lim\limits_{x \to x_0} f(x)$ existiert. $\square$

Bemerkung. Die Definition der Stetigkeit einer Funktion als Umgebungsstetigkeit läßt sich auf Funktionen zwischen beliebigen topologischen Räumen ausdehnen.

9.2 Stetige Funktionen aus $\mathbb{R}^p$ in $\mathbb{R}^q$

Im folgenden verstehen wir unter einer *Abbildung* (Funktion) *aus $\mathbb{R}^p$ in $\mathbb{R}^q$* eine Abbildung

$$\mathfrak{f}: D_{\mathfrak{f}} \subseteq \mathbb{R}^p \to \mathbb{R}^q .$$

Wir werden zur Unterscheidung von reellwertigen Funktionen, d.h. Abbildungen f mit Werten in $\mathbb{R}^1 = \mathbb{R}$, die obigen Abbildungen meist mit Frakturbuchstaben bezeichnen, wie wir sie bereits früher für Vektoren verwendet haben.

Ist $\mathfrak{f}$ eine Abbildung aus $\mathbb{R}^p$ in $\mathbb{R}^q$, so wird also jedem $\mathfrak{x} = \begin{pmatrix} x_1 \\ \vdots \\ x_p \end{pmatrix} \in D_{\mathfrak{f}}$ ein

$\mathfrak{y} = \begin{pmatrix} y_1 \\ \vdots \\ y_q \end{pmatrix}$ zugeordnet.

Wir können auch schreiben:

$$\mathfrak{y} = \mathfrak{f}(\mathfrak{x}) = \begin{pmatrix} y_1 \\ \vdots \\ y_q \end{pmatrix} = \begin{pmatrix} f_1(\mathfrak{x}) \\ \vdots \\ f_q(\mathfrak{x}) \end{pmatrix} ,$$

wobei nun die $f_i(\mathfrak{x})$ Abbildungen aus $\mathbb{R}^p$ in $\mathbb{R}^1$ sind, d.h. reellwertige Funktionen. $f_i(\mathfrak{x})$ heißt die *i-te Koordinatenfunktion* der Abbildung $\mathfrak{f}$.

Wir wollen uns kurz mit der **graphischen Veranschaulichung** *von Abbildungen aus $\mathbb{R}^p$ in $\mathbb{R}^q$* für einige Spezialfälle von p und q beschäftigen:

1) Sei zunächst $p = q = 1$, also $f: D_f \subseteq \mathbb{R} \to \mathbb{R}$. Dann nennt man die Punktmenge

$$\{(x,y) \mid x \in D_f \ \text{ und } \ y = f(x)\}$$

den *Graph* oder das *Schaubild* der Funktion f. (Wir schreiben im weiteren Vektoren aus Gründen der Platzersparnis oft als Zeilenvektoren).

Beispiel. $f(x) = x + 1$

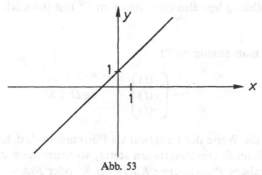

Abb. 53 □

Der Funktion wird also eine „Kurve" in $\mathbb{R}^2$ zugeordnet. Umgekehrt entspricht einer „Kurve", d.h. Punktmenge, in $\mathbb{R}^2$ genau dann eine Funktion f, die diese „Kurve" als Schaubild besitzt, wenn jede Parallele zur y-Achse („Ordinatenparallele") die „Kurve" in höchstens einem Punkt schneidet:

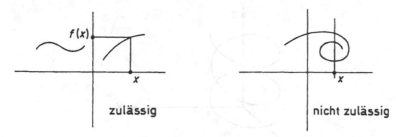

zulässig   nicht zulässig

Abb. 54

Begründung: Jedem $x \in D_f$ muß genau ein Wert $f(x)$ zugeordnet werden.

2) $p = 1$, $q = 2$, d.h. $\mathfrak{y} = \mathfrak{f}(x) = \begin{pmatrix} f_1(x) \\ f_2(x) \end{pmatrix}$, $x \in D_\mathfrak{f} \subseteq \mathbb{R}^1$.

Hier verwendet man oft die Schreibweise

(∗) $\qquad\qquad\qquad t \mapsto \begin{pmatrix} x(t) \\ y(t) \end{pmatrix}$, $\quad t \in D \subseteq \mathbb{R}^1$.

Man nennt $\left\{ \begin{pmatrix} x(t) \\ y(t) \end{pmatrix} \middle| t \in D \right\}$ eine *Kurve im $\mathbb{R}^2$ mit Parameterdarstellung* (∗), wenn die Abbildungen $t \to x(t)$ und $t \to y(t)$ stetig sind.

Beispiel. $t \to \begin{pmatrix} \cos t \\ \sin t \end{pmatrix}$, $t \in [0, 2\pi[$.

Durchläuft t das angegebene Intervall, so durchläuft $\begin{pmatrix} \cos t \\ \sin t \end{pmatrix}$ den *Einheitskreis*.

Wir werden später sehen, daß $\cos t$ und $\sin t$ stetige Funktionen auf $\mathbb{R}$ sind. Die obige Abbildung legt also eine Kurve im $\mathbb{R}^2$ fest (nämlich den Einheitskreis).

□

3) $p = 1$, $q = 3$.
Hier kann man analog zu 2)

$$t \rightarrow \begin{pmatrix} x(t) \\ y(t) \\ z(t) \end{pmatrix}, \quad t \in D \subseteq \mathbb{R}$$

schreiben und die Werte der Funktion als Punkte im $\mathbb{R}^3$, d.h. im Raum, darstellen. Sind die Koordinatenfunktionen stetig, so nennt man die durch die Funktionswerte gegebene Punktmenge *Kurve im* $\mathbb{R}^3$ oder *Raumkurve*.

Beispiel. $t \rightarrow \begin{pmatrix} \cos t \\ \sin t \\ t \end{pmatrix}, \quad t \in \mathbb{R}$ beschreibt eine *„Schraublinie"* im $\mathbb{R}^3$:

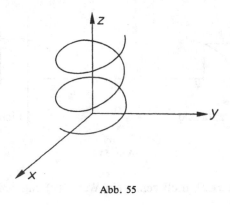

Abb. 55   □

4) $p = 1$, q *beliebig* ist analog zu 2) und 3): Sind die Koordinatenabbildungen von

(∗) $$\mathfrak{y} = \begin{pmatrix} f_1(x) \\ \vdots \\ f_q(x) \end{pmatrix}, \quad x \in D$$

stetig, so nennt man die Wertemenge Kurve im $\mathbb{R}^q$.

5) $p = 2$, $q = 1$, also $y = f(\mathfrak{x}) = f(x_1, x_2)$, $(x_1, x_2) \in D_f$. Man schreibt oft $z = f(x, y)$, $(x, y) \in D_f$ und veranschaulicht f, indem man die „Fläche"

$$\{(x, y, z) \,|\, (x, y) \in D_f \quad \text{und} \quad z = f(x, y)\}$$

im $\mathbb{R}^3$ darstellt:

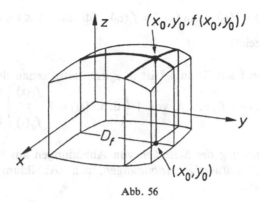

Abb. 56

Setzt man $x = x_0$ konstant, so ergibt sich eine Funktion $f(x_0, y) = \varphi(y)$.
$\{(x_0, y, \varphi(y)) \mid (x_0, y) \in D_f\}$ ist dann die „Schnittkurve" der obigen „Fläche" mit der Ebene $x = x_0$.

Analog entsteht, wenn man $y = y_0$ konstant hält, eine Funktion $f(x, y_0) = \psi(x)$, deren Veranschaulichung man im obigen Bild als Schnitt der „Fläche" mit der Ebene $y = y_0$ gewinnt.

Bemerkung. Eine Abbildung f aus $\mathbb{R}^2$ in $\mathbb{R}^1$ kann auch als Abbildung aus $\mathbb{C}$ in $\mathbb{R}^1 = \mathbb{R}$ aufgefaßt werden,·nämlich in der Form

$$f(x, y) = f(\operatorname{Re} z, \operatorname{Im} z) \ , \quad z \in D_f \subseteq \mathbb{C} \ .$$

Analog: f aus $\mathbb{R}^2$ in $\mathbb{R}^2$ kann aufgefaßt werden als Abbildung aus $\mathbb{C}$ in $\mathbb{C}$:

$$z = x + i \cdot y \to f_1(x, y) + i \cdot f_2(x, y) \ ,$$

wobei

$$f(z) = \begin{pmatrix} f_1(z) \\ f_2(z) \end{pmatrix} .$$

Wir erfassen also mit dem Studium von Funktionen aus $\mathbb{R}^p$ in $\mathbb{R}^q$ auch die komplexwertigen Funktionen bzw. Funktionen in komplexen Veränderlichen. Es sei aber auch darauf hingewiesen, daß für Funktionen aus $\mathbb{C}$ in $\mathbb{C}$ viele spezielle Resultate gelten, mit denen sich ein umfangreiches Teilgebiet der Mathematik, nämlich die (komplexe) „Funktionentheorie" oder „komplexe Analysis", beschäftigt. Wir werden im Rahmen dieser Einführung aber nur einige wenige dieser Resultate streifen können. □

Im weiteren wollen wir uns mit der *Stetigkeit von Funktionen aus $\mathbb{R}^p$ in $\mathbb{R}^q$* beschäftigen, wobei wir stets die Euklidische Metrik zugrunde legen: Nach der „Folgenstetigkeit" ist $\mathfrak{y} = f(\mathfrak{x})$ genau dann stetig, wenn für jede Folge $\langle \mathfrak{x}_n \rangle$ in D_f mit $\lim \mathfrak{x}_n = \mathfrak{x}_0$ gilt: $\lim f(\mathfrak{x}_n) = f(\mathfrak{x}_0)$.

Sei nun $f(\mathfrak{x}) = \begin{pmatrix} f_1(\mathfrak{x}) \\ \vdots \\ f_q(\mathfrak{x}) \end{pmatrix}$. Wir wissen von früher, daß eine Folge in $\mathbb{R}^q$ genau dann konvergiert, wenn alle ihre Koordinatenfolgen konvergieren, d.h.

$$\lim f(\mathfrak{x}_n) = f(\mathfrak{x}_0) \Leftrightarrow \lim f_i(\mathfrak{x}_n) = f_i(\mathfrak{x}_0) \quad \text{für alle} \quad 1 \le i \le q \ .$$

Wir haben also gezeigt:

Satz. Eine Funktion f aus $\mathbb{R}^p$ in $\mathbb{R}^q$ ist in $\mathfrak{x}_0 \in D_f$ stetig genau dann, wenn alle Koordinatenfunktionen $f_1, \ldots, f_q$ von f $\left(\text{d.h. } f(\mathfrak{x}) = \begin{pmatrix} f_1(\mathfrak{x}) \\ \vdots \\ f_q(\mathfrak{x}) \end{pmatrix} \right)$, stetig in $\mathfrak{x}_0$ sind. $\square$

Für die Untersuchung der Stetigkeit von Abbildungen aus $\mathbb{R}^p$ in $\mathbb{R}^q$ kann man sich also *auf reellwertige Abbildungen*, d.h. Abbildungen aus $\mathbb{R}^p$ in $\mathbb{R}^1 = \mathbb{R}$, *beschränken*.

Ehe wir auf konkrete Beispiele eingehen, wollen wir uns noch die *geometrische Bedeutung der „Umgebungsstetigkeit"* für Funktionen f von $\mathbb{R}^p$ in $\mathbb{R}^1$ überlegen:

Sei zunächst $p = 1$ und $f \colon \mathbb{R}^p \to \mathbb{R}^1$. f ist stetig an der Stelle x_0 genau dann, wenn es zu jedem $\varepsilon > 0$ ein $\delta = \delta(\varepsilon) > 0$ gibt, so daß für alle $x \in D_f$ mit $|x - x_0| < \delta$ gilt: $|f(x) - f(x_0)| < \varepsilon$.

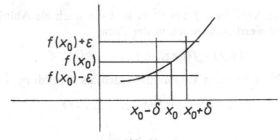

Abb. 57

Wir entnehmen der Zeichnung: f ist in x_0 stetig genau dann, wenn es zu jedem $\varepsilon > 0$ ein $\delta = \delta(\varepsilon)$ gibt, so daß der Graph von f das Rechteck $\{(x, y) \mid |x - x_0| < \delta$ und $|y - f(x_0)| < \varepsilon\}$ nicht längs der horizontalen Seiten durchstößt.

Analog erhält man für *beliebiges* p und $f \colon \mathbb{R}^p \to \mathbb{R}^1$: Der „Graph" von f in $\mathbb{R}^{p+1}$ ist die Punktmenge

$$\{(\mathfrak{x}, y) \mid \mathfrak{x} \in \mathbb{R}^p, \ y = f(\mathfrak{x})\} \ .$$

Dann bedeutet die Bedingung: zu jedem $\varepsilon > 0$ existiert ein $\delta > 0$ mit: $|\mathfrak{x} - \mathfrak{x}_0| < \delta$ $\Rightarrow |f(\mathfrak{x}) - f(\mathfrak{x}_0)| < \varepsilon$, daß man zu jedem $\varepsilon > 0$ ein $\delta = \delta(\varepsilon)$ so angeben kann, daß der Graph von f den „Zylinder"

$$Z = \{(\mathfrak{x}, y) \mid |\mathfrak{x} - \mathfrak{x}_0| < \delta, \quad |y - f(\mathfrak{x}_0)| < \varepsilon\}$$

nicht durch die „Deckflächen" durchstößt.

Wir betrachten nun einige **Beispiele stetiger Funktionen** $\mathbb{R}^p \to \mathbb{R}^1$:

1) Die „*konstanten Funktionen*" $f(\mathfrak{x}) = f(x_1, \ldots, x_p) = c \in \mathbb{R}$ für alle $\mathfrak{x} \in \mathbb{R}^p$. f ist trivialerweise stetig: Sei $\varepsilon > 0$. Dann gilt für jedes $\delta > 0$ (wir können also ein beliebiges wählen):

$$|\mathfrak{x} - \mathfrak{x}_0| < \delta \Rightarrow |f(\mathfrak{x}) - f(\mathfrak{x}_0)| = 0 < \varepsilon .$$

2) Die „*Projektionen*": $f(\mathfrak{x}) = f(x_1, \ldots, x_p) = x_i$ heißt Projektion auf die i-te Koordinatenachse. f ist auf $\mathbb{R}^p$ stetig: Sei nämlich $\mathfrak{x}_0 \in \mathbb{R}^p$, $\mathfrak{x}_0 = \begin{pmatrix} a_1 \\ \vdots \\ a_p \end{pmatrix}$. Dann ist $f(\mathfrak{x}_0) = a_i$. Sei nun $\varepsilon > 0$ beliebig vorgegeben. Wir wählen $\delta = \delta(\varepsilon) = \varepsilon$. Dann gilt für alle $\mathfrak{x} = \begin{pmatrix} x_1 \\ \vdots \\ x_p \end{pmatrix} \in K(\mathfrak{x}_0, \delta)$

$$\left(\sum_{j=1}^{p} (x_j - a_j)^2 \right)^{1/2} < \delta \quad (\text{da } \mathfrak{x} \in K(\mathfrak{x}_0, \delta))$$

und damit

$$|f(\mathfrak{x}) - f(\mathfrak{x}_0)| = |x_i - a_i| \leq \left(\sum_{j=1}^{p} (x_j - a_j)^2 \right)^{1/2} < \delta = \varepsilon .$$

f ist also stetig an der Stelle $\mathfrak{x}_0 \in \mathbb{R}^p$.

Bemerkung. Nach unserer früheren Definition ist eine Abbildung $\mathfrak{f}$ aus $\mathbb{R}^p$ in $\mathbb{R}^q$ in einem Bereich $B \subseteq \mathbb{R}^p$ stetig, wenn sie in jedem $\mathfrak{x}_0 \in B$ stetig ist, d. h.: Für alle $\mathfrak{x}_0 \in B$ und für alle $\varepsilon > 0$ existiert ein $\delta = \delta(\varepsilon, \mathfrak{x}_0)$, so daß für alle $\mathfrak{x} \in B$ mit $\mathfrak{x} \in K(\mathfrak{x}_0, \delta)$ gilt: $\mathfrak{f}(\mathfrak{x}) \in K(\mathfrak{f}(\mathfrak{x}_0), \varepsilon)$.

In beiden obigen Beispielen konnten wir δ unabhängig von $\mathfrak{x}_0$ wählen. Wir werden diesen Spezialfall von auf einem Bereich stetigen Funktionen später genauer studieren. $\square$

Um weitere Beispiele stetiger Funktionen zu finden, geben wir *Operationen für stetige Funktionen* an, die diese wieder in stetige Funktionen überführen; die Beweise ergeben sich unmittelbar aus der Definition der Folgenstetigkeit und den Rechenregeln für konvergente Folgen:

1) Sind $\mathfrak{f}$ und $\mathfrak{g}$ (aus $\mathbb{R}^p$ in $\mathbb{R}^q$) stetig an der Stelle $\mathfrak{x}_0$, so ist auch die *Summe* $\mathfrak{f} + \mathfrak{g}$ stetig in $\mathfrak{x}_0$.

2) Ist $\mathfrak{f}$ stetig in $\mathfrak{x}_0$ und ist $\lambda \in \mathbb{R}$, so ist auch das *Skalarprodukt* $\lambda \cdot \mathfrak{f}$ stetig in $\mathfrak{x}_0$.

Folgerung. Die an der Stelle $\mathfrak{x}_0$ (in einem Bereich $B \subseteq \mathbb{R}^p$) stetigen Funktionen aus $\mathbb{R}^p$ in $\mathbb{R}^q$ bilden einen Vektorraum über $\mathbb{R}$.

3) Mit $\mathfrak{f}$ und $\mathfrak{g}$ ist auch das *innere Produkt* $\mathfrak{f} \cdot \mathfrak{g}$ stetig an der Stelle $\mathfrak{x}_0$.

Spezialfall $q = 1$: Mit zwei reellwertigen Funktionen f und g ist auch deren *Produkt* stetig.

4) Ist $q = 3$, d. h. $\mathfrak{f}$ und $\mathfrak{g}$ Abbildungen aus $\mathbb{R}^p$ in $\mathbb{R}^3$, so ist mit $\mathfrak{f}$ und $\mathfrak{g}$ auch das *vektorielle Produkt* $\mathfrak{f} \times \mathfrak{g}$ stetig an der Stelle $\mathfrak{x}_0$.

5) Sind $\mathfrak{f}_1, \ldots, \mathfrak{f}_q$ Abbildungen aus $\mathbb{R}^p$ in $\mathbb{R}^q$, stetig in $\mathfrak{x}_0$, so ist auch $\det(\mathfrak{f}_1, \ldots, \mathfrak{f}_q)$ stetig in $\mathfrak{x}_0$ (als Linearkombination von Produkten der Koordinatenfunktionen).

6) Die *Division*: Hier müssen wir uns auf reellwertige Abbildungen, d. h. Abbildungen *aus* $\mathbb{R}^p$ *in* $\mathbb{R}^1$ beschränken. Weiters ist der Quotient $\dfrac{f(\mathfrak{x})}{g(\mathfrak{x})}$ an der Stelle $\mathfrak{x}_0$ nur definiert, wenn $g(\mathfrak{x}_0) \neq 0$ ist. Mit diesen Voraussetzungen ergibt sich die Stetigkeit von $\dfrac{f(\mathfrak{x})}{g(\mathfrak{x})}$ an der Stelle $\mathfrak{x}_0$ wieder aus der Regel für den Grenzwert des Quotienten zweier konvergenter Folgen. Der folgende Satz zeigt, daß unter den obigen Voraussetzungen $\dfrac{f(\mathfrak{x})}{g(\mathfrak{x})}$ sogar in einer Umgebung von $\mathfrak{x}_0$ definiert ist:

Satz (von der **Vorzeichenbeständigkeit stetiger reellwertiger Funktionen**). Sei f eine Funktion aus $\mathbb{R}^p$ in $\mathbb{R}^1$ und f stetig an der Stelle $\mathfrak{x}_0$. Gilt $f(\mathfrak{x}_0) \neq 0$, so existiert eine Umgebung $K(\mathfrak{x}_0, \delta)$, $\delta > 0$, von $\mathfrak{x}_0$, so daß $f(\mathfrak{x}) \neq 0$ für alle $\mathfrak{x} \in K(\mathfrak{x}_0, \delta) \cap D_f$, ja sogar $\operatorname{sgn} f(\mathfrak{x}) = \operatorname{sgn} f(\mathfrak{x}_0)$ für alle derartigen $\mathfrak{x}$.

Beweis. Es sei o. B. d. A. $f(\mathfrak{x}_0) > 0$. Wir setzen $\varepsilon = f(\mathfrak{x}_0)$. Wegen der Stetigkeit von f in $\mathfrak{x}_0$ existiert dann ein $\delta > 0$, so daß für alle $\mathfrak{x} \in K(\mathfrak{x}_0, \delta) \cap D_f$ gilt:

$$f(\mathfrak{x}) \in K(f(\mathfrak{x}_0), \varepsilon) = K(f(\mathfrak{x}_0), f(\mathfrak{x}_0)) .$$

Damit ist aber $f(\mathfrak{x}) > f(\mathfrak{x}_0) - f(\mathfrak{x}_0) = 0$. $\square$

Aus den obigen Beispielen stetiger Funktionen lassen sich nun mit Hilfe der obigen Konstruktionen zwei wichtige *Klassen von stetigen Funktionen* identifizieren:

1) Die *Polynomfunktionen*

$$f(x_1, \ldots, x_p) = \sum_{j_1, \ldots, j_p \geq 0} a_{j_1, \ldots, j_p} x_1^{j_1} x_2^{j_2} \ldots x_p^{j_p} , \quad (a_{j_1, \ldots, j_p} \in \mathbb{R}) ,$$

wobei nur endlich viele $a_{j_1, \ldots, j_p}$ ungleich 0 sind.

Die Stetigkeit auf ganz $\mathbb{R}^p$ ergibt sich daraus, daß f eine Linearkombination von Produkten von Projektionen ist.

2) Die „*rationalen Funktionen*"

$$f(x_1, \ldots, x_p) = \frac{P(x_1, \ldots, x_p)}{Q(x_1, \ldots, x_p)} ,$$

wobei P und Q Polynomfunktionen sind.

f ist stetig an allen Stellen $\mathfrak{x}_0 \in \mathbb{R}^p$ für die $Q(\mathfrak{x}_0) \neq 0$ ist. $\square$

Im nächsten Schritt untersuchen wir die *Zusammensetzung* (Hintereinander-ausführung) *von Funktionen* auf Stetigkeit.

Es sei $\mathfrak{f}$ eine Funktion aus $\mathbb{R}^p$ in $\mathbb{R}^q$ und $\mathfrak{g}$ eine Funktion aus $\mathbb{R}^q$ in $\mathbb{R}^s$. Sei weiters der „*Wertebereich*" von $\mathfrak{f}$

$$W_{\mathfrak{f}} = \{\mathfrak{y} \in \mathbb{R}^q \mid \text{ es gibt ein } \mathfrak{x} \in D_{\mathfrak{f}} \text{ mit } \mathfrak{f}(\mathfrak{x}) = \mathfrak{y}\}.$$

Setzen wir nun voraus, daß $W_{\mathfrak{f}} \subseteq D_{\mathfrak{g}}$, so ist die Funktion $\mathfrak{h} = \mathfrak{g} \circ \mathfrak{f}$ mit $\mathfrak{h}(\mathfrak{x}) = \mathfrak{g}(\mathfrak{f}(\mathfrak{x}))$ als Abbildung $D_{\mathfrak{f}} \subseteq \mathbb{R}^p \to \mathbb{R}^s$ wohldefiniert.

Wir nennen $\mathfrak{h}$ die *Zusammensetzung* der Funktionen $\mathfrak{f}$ und $\mathfrak{g}$, oder auch „*Schachtelfunktion*" mit *äußerer Funktion* $\mathfrak{g}$ und *innerer Funktion* $\mathfrak{f}$.

Dann gilt der folgende

Satz. Sei $\mathfrak{f}$ eine Abbildung aus $\mathbb{R}^p$ in $\mathbb{R}^q$, $\mathfrak{g}$ eine Abbildung aus $\mathbb{R}^q$ in $\mathbb{R}^s$ und $W_{\mathfrak{f}} \subseteq D_{\mathfrak{g}}$.

Sei weiters $\mathfrak{f}$ stetig in $\mathfrak{x}_0$, $\mathfrak{g}$ stetig in $\mathfrak{f}(\mathfrak{x}_0)$. Dann ist $\mathfrak{h} = \mathfrak{g} \circ \mathfrak{f}$ stetig in $\mathfrak{x}_0$.

Ist insbesondere $\mathfrak{f}$ stetig in $D_{\mathfrak{f}}$, $\mathfrak{g}$ stetig in $W_{\mathfrak{f}} (\subseteq D_{\mathfrak{g}})$, so ist $\mathfrak{h} = \mathfrak{g} \circ \mathfrak{f}$ stetig in $D_{\mathfrak{h}} = D_{\mathfrak{f}}$.

Beweis. Sei $\langle \mathfrak{x}_n \rangle$ eine Folge in $D_{\mathfrak{f}}$ mit $\lim \mathfrak{x}_n = \mathfrak{x}_0$. Ist $\mathfrak{f}$ stetig in $\mathfrak{x}_0$, so gilt dann $\lim \mathfrak{f}(\mathfrak{x}_n) = \mathfrak{f}(\mathfrak{x}_0)$. Wegen $W_{\mathfrak{f}} \subseteq D_{\mathfrak{g}}$ ist $\langle \mathfrak{f}(\mathfrak{x}_n) \rangle$ eine Folge in $D_{\mathfrak{g}}$. Ist $\mathfrak{g}$ stetig in $\mathfrak{f}(\mathfrak{x}_0) \in D_{\mathfrak{g}}$, so gilt $\lim \mathfrak{g}(\mathfrak{f}(\mathfrak{x}_n)) = \mathfrak{g}(\mathfrak{f}(\mathfrak{x}_0))$, d.h. die Folge $\langle \mathfrak{h}(\mathfrak{x}_n) \rangle$ ist konvergent mit $\lim \mathfrak{h}(\mathfrak{x}_n) = \mathfrak{h}(\mathfrak{x}_0)$, d.h. $\mathfrak{h}$ ist stetig in $\mathfrak{x}_0$. $\square$

Wir wollen nun eine weitere Klasse stetiger Funktionen identifizieren:

Beispiele. 1) Es sei $y = f(x) = \sin x$, $f\colon \mathbb{R} \to \mathbb{R}$.

Wir zeigen, daß $\sin x$ *stetig in* $\mathbb{R}$ ist. Dazu müssen wir zu jedem $x_0 \in \mathbb{R}$ und zu jedem $\varepsilon > 0$ ein $\delta = \delta(\varepsilon, x_0) > 0$ finden können, so daß

$$|x - x_0| < \delta \Rightarrow |\sin x - \sin x_0| < \varepsilon .$$

Zur Abschätzung der Differenz $\sin x - \sin x_0$ verwenden wir das „2. Additions-theorem":

$$\sin \alpha - \sin \beta = 2 \cdot \sin \frac{\alpha - \beta}{2} \cdot \cos \frac{\alpha + \beta}{2} , \quad \text{für alle } \alpha, \beta \in \mathbb{R} .$$

Es ist also

$$|\sin x - \sin x_0| = 2 \left| \sin \frac{x - x_0}{2} \right| \cdot \left| \cos \frac{x + x_0}{2} \right| \leqslant 2 \cdot \left| \sin \frac{x - x_0}{2} \right| .$$

Weiters gilt $|\sin \alpha| \leqslant |\alpha|$ für alle $\alpha \in \mathbb{R}$:

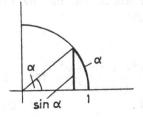

Abb. 58

Damit ergibt sich

$$|\sin x - \sin x_0| \leq 2 \cdot \left| \frac{x - x_0}{2} \right| = |x - x_0| \ .$$

Wir können also $\delta = \varepsilon$ wählen.

2) $y = \cos x$ ist ebenfalls auf ganz $\mathbb{R}$ stetig. Der Cosinus ist der Sinus des Komplementärwinkels:

$$\cos x = \sin\left(\tfrac{\pi}{2} - x\right) ,$$

und damit als Schachtelfunktion mit innerer Funktion $\tfrac{\pi}{2} - x$ (stetig als Polynomfunktion) und äußerer Funktion $\sin x$ (stetig nach 1) ebenfalls stetig.

3) $y = \mathrm{tg}\, x (= \tan x) = \dfrac{\sin x}{\cos x}$ ist stetig für alle x mit $\cos x \neq 0$, d.h. für

$$x \in \mathbb{R} - \{(2k+1) \cdot \tfrac{\pi}{2} \mid k \in \mathbb{Z}\} \ .$$

Analog für $\sec x = \dfrac{1}{\cos x}$ („Secans").

4) $y = \mathrm{ctg}\, x (= \cot x) = \dfrac{\cos x}{\sin x}$ ist stetig für $\sin x \neq 0$, d.h.

$$x \in \mathbb{R} - \{k\pi \mid k \in \mathbb{Z}\} \ .$$

Analog für $\operatorname{cosec} x = \dfrac{1}{\sin x}$ („Cosecans"). $\square$

Zum Abschluß dieses Abschnittes wollen wir uns noch einmal der Stetigkeit allgemeiner Funktionen aus $\mathbb{R}^p$ in $\mathbb{R}^q$ zuwenden. Wir haben gezeigt, daß

$$\mathfrak{f}(\mathfrak{x}) = \begin{pmatrix} f_1(\mathfrak{x}) \\ \vdots \\ f_q(\mathfrak{x}) \end{pmatrix}$$ genau dann stetig ist in $\mathfrak{x}_0$, wenn es die Koordinatenfunktionen

$f_1, \ldots, f_q$ sind. Damit wurde die Stetigkeitsuntersuchung auf reellwertige Funktionen, d.h. f aus $\mathbb{R}^p$ in $\mathbb{R}$ reduziert. Wir wollen nun noch die Frage untersuchen, ob $f(x_1, \ldots, x_p)$ bereits dann an der Stelle $(a_1, \ldots, a_p)$ stetig ist, wenn dies für die p „Ersatzfunktionen"

$$f_{(i)}(x_1, \ldots, x_p) = f(a_1, \ldots, a_{i-1}, x_i, a_{i+1}, \ldots, a_p) \qquad (1 \leq i \leq p)$$

gilt. Jede dieser Funktionen ist eine Abbildung aus $\mathbb{R}$ in $\mathbb{R}$, man hätte also das Problem der Stetigkeitsuntersuchung auf derartige Funktionen reduziert.

Das folgende Beispiel zeigt jedoch, daß *aus der Stetigkeit der Funktionen $f_{(i)}$ nicht die Stetigkeit von f folgt:*

Beispiel. $p = 2$. Sei

$$z = f(x, y) = \begin{cases} \dfrac{x^4 - 6x^2 y^2 + y^4}{(x^2 + y^2)^2} & \text{für} \quad (x, y) \neq (0, 0) \\ 1 & \text{für} \quad (x, y) = (0, 0) \ . \end{cases}$$

Wir betrachten an der Stelle $(0,0)$ die Ersatzfunktionen:

$$f_{(1)}(x,y) = f(x,0) = 1 \quad \text{für alle} \quad x \in \mathbb{R} ,$$

$$f_{(2)}(x,y) = f(0,y) = 1 \quad \text{für alle} \quad y \in \mathbb{R} .$$

Beide Ersatzfunktionen sind stetig auf ganz $\mathbb{R}$ und insbesondere in $(0,0)$. Hingegen ist f nicht stetig in $(0,0)$: Sei nämlich $\langle(x_n, x_n)\rangle$ eine Folge, die längs der Geraden $y = x$ gegen $(0,0)$ konvergiert, d.h. $\lim x_n = 0$, aber $x_n \neq 0$ für alle $n \in \mathbb{N}$. Dann ist $f(x_n, x_n) = -1$ für alle $n \in \mathbb{N}$, d.h. auch

$$\lim f(x_n, x_n) = -1 .$$

Damit kann aber $\lim_{(x,y) \to (0,0)} f(x,y)$ nicht existieren, da sich bei Annäherung an $(0,0)$ längs der Koordinatenachsen nach der obigen Überlegung $\lim_{x \to 0} f(x,0) = \lim_{y \to 0} f(0,y) = 1$ ergibt.

Um die Funktion f besser zu verstehen, können wir sie als Funktion $\mathbb{C} \to \mathbb{R}$ deuten, nämlich

$$z = f(x+iy) = \begin{cases} \operatorname{Re} \dfrac{(x+iy)^4}{|x+iy|^4} & \text{für} \quad x+iy \neq 0 \\ 1 & \text{für} \quad x+iy = 0 , \end{cases}$$

da

$$\operatorname{Re}(x+iy)^4 = \operatorname{Re}(x^4 + 4x^3 iy + 6x^2 i^2 y^2 + 4x i^3 y^3 + y^4) = x^4 - 6x^2 y^2 + y^4 ,$$

$$|x+iy| = (x^2 + y^2)^{1/2} .$$

Führen wir in der Beschreibung von f Polarkoordinaten ein: $x = r\cos\varphi$, $y = r\sin\varphi$, so ergibt sich

$$z = f(x+iy) = f[r;\varphi] = \operatorname{Re} \frac{r^4 \cdot (\cos\varphi + i\sin\varphi)^4}{r^4}$$

$$= \operatorname{Re} (\cos 4\varphi + i\sin 4\varphi) = \cos 4\varphi \quad \text{für} \quad r \neq 0 ,$$

d.h.

$$f[r;\varphi] = \begin{cases} \cos 4\varphi & \text{für} \quad r \neq 0 \\ 1 & \text{für} \quad r = 0 . \end{cases}$$

Aus dieser Beschreibung von f ersieht man nun, daß f auf allen durch $(0,0)$ verlaufenden Geraden konstant ist, außer in $(0,0)$, der Funktionswert aber vom Winkel φ abhängt, den die Gerade mit der positiven reellen Achse einschließt. $\square$

9.3 Gleichmäßige Stetigkeit, der Satz vom Maximum

Definition. Eine Funktion $\mathfrak{f}$ aus $\mathbb{R}^p$ in $\mathbb{R}^q$ heißt auf $B \subseteq D_\mathfrak{f}$ *gleichmäßig stetig*, wenn zu jedem $\varepsilon > 0$ ein $\delta = \delta(\varepsilon)$ existiert, so daß für alle $\mathfrak{x}_0 \in B$ gilt: $\mathfrak{x} \in B \cap K(\mathfrak{x}_0, \delta) \Rightarrow \mathfrak{f}(\mathfrak{x}) \in K(\mathfrak{f}(\mathfrak{x}_0), \varepsilon)$. $\square$

Mit anderen Worten: Das δ in der Definition der Umgebungsstetigkeit an der Stelle $\mathfrak{x}_0$ muß unabhängig von $\mathfrak{x}_0$ gewählt werden können, solange nur $\mathfrak{x}_0 \in B$ ist. Die obige Definition läßt sich, wie man sofort sieht, auch so formulieren.

Definition. $\mathfrak{f}$ aus $\mathbb{R}^p$ in $\mathbb{R}^q$ ist auf $B \subseteq D_\mathfrak{f}$ gleichmäßig stetig, wenn zu jedem $\varepsilon > 0$ ein $\delta = \delta(\varepsilon)$ existiert, so daß für alle $\mathfrak{x}, \mathfrak{y} \in B$ mit $|\mathfrak{x} - \mathfrak{y}| < \delta$ gilt: $|\mathfrak{f}(\mathfrak{x}) - \mathfrak{f}(\mathfrak{y})| < \varepsilon$.

Beispiele. 1) Nach unseren früheren Untersuchungen sind $f(x) = x$ und $f(x) = \sin x$ auf $\mathbb{R}$ gleichmäßig stetig.

2) $f(x) = x^2$ ist auf $\mathbb{R}$ als Polynomfunktion stetig. Sie ist aber auf $\mathbb{R}$ nicht gleichmäßig stetig: Sei $\varepsilon = 1$ und $\delta > 0$ beliebig. Dann gilt mit $x = \dfrac{1}{\delta}, y = \dfrac{1}{\delta} + \dfrac{\delta}{2}$:

$$|x - y| = \frac{\delta}{2} < \delta \ , \quad \text{aber} \quad |f(x) - f(y)| = |x^2 - y^2| = 1 + \frac{\delta^2}{4} > 1 = \varepsilon \ .$$

Wir werden aber im übernächsten Satz zeigen, daß $f(x)$ etwa auf jedem abgeschlossenen Intervall $[a, b] \subseteq \mathbb{R}$ gleichmäßig stetig ist. Als Vorarbeit führen wir den folgenden Begriff ein:

Definition. $B \subseteq \mathbb{R}^p$ heißt *folgenkompakt*, wenn jede unendliche Folge in B mindestens einen Häufungspunkt in B besitzt. □

Es gilt dann der

Satz von Bolzano-Weierstrass. $B \subseteq \mathbb{R}^p$ ist genau dann folgenkompakt, wenn B beschränkt und abgeschlossen in $\mathbb{R}^p$ ist.

Beweis. Sei B folgenkompakt.

Wäre B nicht beschränkt, so gäbe es für jedes $r \geqslant 0$ ein $\mathfrak{x} \in B$ mit $\mathfrak{x} \notin K(\mathfrak{o}, r)$; insbesondere zu jedem $\mathfrak{x}_n \in B$ ein $\mathfrak{x}_{n+1} \in B$ mit $\mathfrak{x}_{n+1} \notin K(\mathfrak{o}, |\mathfrak{x}_n| + 1)$. Die Folge $\langle \mathfrak{x}_n \rangle$ in B hätte dann sicher keinen Häufungspunkt in B, da $|\mathfrak{x}_n - \mathfrak{x}_m| \geq 1$ für alle $n \neq m$. Wäre B nicht abgeschlossen, d.h. $\mathrm{Rd}\, B \nsubseteq B$, so gäbe es ein $\mathfrak{b} \in \mathrm{Rd}\, B$, mit $\mathfrak{b} \notin B$. Da $\mathfrak{b} \in \mathrm{Rd}\, B$ enthält jede $K\left(\mathfrak{b}, \dfrac{1}{2^n}\right)$ ein Element $\mathfrak{x}_n \in B$. Damit wäre $\lim \mathfrak{x}_n = \mathfrak{b}$, d.h. $\langle \mathfrak{x}_n \rangle$ hätte keinen Häufungspunkt in B.

Sei nun umgekehrt B beschränkt und abgeschlossen und $\langle \mathfrak{x}_n \rangle$ eine Folge in B. Dann ist $\langle \mathfrak{x}_n \rangle$ beschränkt und nach dem Häufungsstellenprinzip von Bolzano-Weierstrass besitzt $\langle \mathfrak{x}_n \rangle$ einen Häufungspunkt $\mathfrak{b} \in \mathbb{R}^p$. Da jede Umgebung $K(\mathfrak{b}, r)$ unendlich viele Elemente der Folge $\langle \mathfrak{x}_n \rangle$, und damit mindestens ein Element von B enthält, ist $\mathfrak{b} \in B \cup \mathrm{Rd}\, B$. Da B abgeschlossen ist, ist aber $\mathrm{Rd}\, B \subseteq B$, d.h. $\mathfrak{b} \in B$. □

Beispiele. 1) Jedes abgeschlossene Intervall $[a, b] \subseteq \mathbb{R}$ ist beschränkt und abgeschlossen in $\mathbb{R}$ und daher folgenkompakt.

2) $\mathbb{R}$ selbst ist nicht folgenkompakt, da etwa die Folge $\langle n \rangle$ keinen Häufungspunkt in $\mathbb{R}$ besitzt.

Nun zeigen wir:

Satz. Sei $B \subseteq \mathbb{R}^p$ beschränkt und abgeschlossen in $\mathbb{R}^p$. Dann ist jede auf B stetige Funktion $\mathfrak{f}\colon B \to \mathbb{R}^q$ auf B auch gleichmäßig stetig.

Beweis. Angenommen $\mathfrak{f}$ wäre nicht gleichmäßig stetig. Dann gibt es ein $\varepsilon > 0$, so daß für alle $\delta > 0$ $\mathfrak{x} = \mathfrak{x}(\delta)$ und $\mathfrak{y}(\delta)$ existieren, mit

$$|\mathfrak{x} - \mathfrak{y}| < \delta \ , \quad \text{aber} \quad |\mathfrak{f}(\mathfrak{x}) - \mathfrak{f}(\mathfrak{y})| > \varepsilon \ .$$

Wir wählen nun eine Nullfolge $\langle \delta_n \rangle$ und zugehörige $\langle \mathfrak{x}_n = \mathfrak{x}(\delta_n) \rangle$ bzw. $\langle \mathfrak{y}_n = \mathfrak{y}(\delta_n) \rangle$, d.h.

$$|\mathfrak{x}_n - \mathfrak{y}_n| < \delta_n \ , \quad \text{aber} \quad |\mathfrak{f}(\mathfrak{x}_n) - \mathfrak{f}(\mathfrak{y}_n)| > \varepsilon > 0 \ .$$

Da $\lim \delta_n = 0$, gilt $\lim(\mathfrak{x}_n - \mathfrak{y}_n) = \mathfrak{o}$.

Die Folge $\langle \mathfrak{x}_n \rangle$ besitzt in der folgenkompakten Menge B einen Häufungspunkt $\mathfrak{a}$. Sei $\langle \mathfrak{x}_{n_k} \rangle$ eine Teilfolge von $\langle \mathfrak{x}_n \rangle$, die gegen $\mathfrak{a}$ konvergiert.

Wegen $\lim\limits_{k \to \infty} (\mathfrak{x}_{n_k} - \mathfrak{y}_{n_k}) = \mathfrak{o}$, gilt dann auch: $\lim\limits_{k \to \infty} \mathfrak{y}_{n_k} = \mathfrak{a}$. Da $\mathfrak{f}$ stetig in $\mathfrak{a} \in B$ ist, haben wir

$$\lim \mathfrak{f}(\mathfrak{x}_{n_k}) = \lim \mathfrak{f}(\mathfrak{y}_{n_k}) = \mathfrak{f}(\mathfrak{a}) \ ,$$

d.h. $\lim(\mathfrak{f}(\mathfrak{x}_{n_k}) - \mathfrak{f}(\mathfrak{y}_{n_k})) = \mathfrak{o}$.

Dies ist aber ein Widerspruch zu $|\mathfrak{f}(\mathfrak{x}_{n_k}) - \mathfrak{f}(\mathfrak{y}_{n_k})| > \varepsilon > 0$ für alle $k \in \mathbb{N}$. $\square$

Für stetige Funktionen auf folgenkompakten Mengen gilt auch der

Satz vom Maximum stetiger Funktionen. Sei die reellwertige Funktion $f(\mathfrak{x})$ auf einer beschränkten und abgeschlossenen Teilmenge $B \subseteq \mathbb{R}^p$ stetig. Dann nimmt f auf B das Maximum an, d.h. es existiert $\mathfrak{b} \in B$ mit $f(\mathfrak{b}) = \sup\{f(\mathfrak{x}) \,|\, \mathfrak{x} \in B\}$.

Eine analoge Aussage gilt auch für das Minimum.

Beweis. Sei $W_f = \{f(\mathfrak{x}) \,|\, \mathfrak{x} \in B\}$ und $M = \sup W_f$, wobei wir $M = +\infty$ setzen, wenn die Menge nach oben nicht beschränkt ist.

Da M die kleinste obere Schranke von W_f ist, gibt es zu jedem $n \in \mathbb{N}$ ein $y_n \in W_f$ mit $y_n \in K\left(M, \dfrac{1}{n}\right)$, d.h. eine Folge $\langle y_n \rangle$ in W_f mit $\lim y_n = M$. Sei nun $y_n = f(\mathfrak{x}_n)$. Die Folge $\langle \mathfrak{x}_n \rangle$ besitzt in der beschränkten und abgeschlossenen Menge B einen Häufungspunkt $\mathfrak{b} \in B$, d.h. es existiert eine Teilfolge $\langle \mathfrak{x}_{n_k} \rangle$ mit $\lim \mathfrak{x}_{n_k} = \mathfrak{b}$.

Da f stetig ist, gilt $\lim y_{n_k} = \lim f(\mathfrak{x}_{n_k}) = f(\mathfrak{b})$. Es ist aber $\lim y_{n_k} = \lim y_n = M$, d.h. $M = f(\mathfrak{b})$. $\square$

Bemerkung. 1) Mit einem analogen Beweis zeigt man: Ist $\mathfrak{f}$ aus $\mathbb{R}^p$ in $\mathbb{R}^q$ auf einer folgenkompakten Teilmenge $B \subseteq \mathbb{R}^p$ stetig, so ist $\{\mathfrak{f}(\mathfrak{x}) \,|\, \mathfrak{x} \in B\}$ ebenfalls folgenkompakt.

2) Insbesondere ist eine stetige Funktion auf einer beschränkten, abgeschlossenen Teilmenge des $\mathbb{R}^p$ beschränkt.

9.4 Unstetigkeitsstellen

In diesem Abschnitt wollen wir eine Klassifikation der Unstetigkeitsstellen von Funktionen aus $\mathbb{R}^p$ in $\mathbb{R}^q$ vornehmen. Im weiteren sei die betrachtete Stelle x_0 stets ein Häufungspunkt von D_f.

1) „*Hebbare Unstetigkeiten*"

Definition. $x_0 \in D_f$ heißt *hebbare Unstetigkeit* von f, wenn $\lim\limits_{\substack{x \to x_0 \\ x \neq x_0}} f(x)$ existiert, jedoch ungleich $f(x_0)$ ist. $\square$

Die Unstetigkeit kann also mittels geeigneter Neudefinition von f in x_0 behoben werden:

$$\hat{f}(x) = \begin{cases} f(x) & \text{für} \quad x \neq x_0, x \in D_f \\ \lim\limits_{\substack{x \to x_0 \\ x \neq x_0}} f(x) & \text{für} \quad x = x_0 \end{cases}$$

ist in x_0 stetig!

Beispiele. a) $f \colon \mathbb{R} \to \mathbb{R}$ mit $f(x) = \delta_{0,x} = \begin{cases} 0 & \text{für} \quad x \neq 0 \\ 1 & \text{für} \quad x = 0 \end{cases}$ hat in $x_0 = 0$ eine hebbare Unstetigkeit.

b) $f \colon \mathbb{R} \to \mathbb{R}$ mit $f(x) = \begin{cases} \dfrac{\sin x}{x} & \text{für} \quad x \neq 0 \\ 2 & \text{für} \quad x = 0 \end{cases}$

hat in $x_0 = 0$ eine hebbare Unstetigkeit, da

$$\lim_{\substack{x \to 0 \\ x \neq 0}} \frac{\sin x}{x} = 1:$$

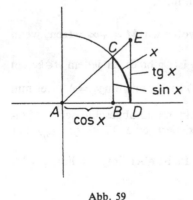

Abb. 59

Aus der nebenstehenden Zeichnung entnehmen wir für $0 < x < \frac{\pi}{2}$:

Fläche $\triangle ABC \leq$ Fläche Sektor $ADC \leq$ Fläche $\triangle ADE$,

d. h.

$$\frac{1}{2} \sin x \cdot \cos x \leqslant \frac{x}{2} \leqslant \frac{1}{2} \cdot \operatorname{tg} x$$

oder

$$\cos x \leqslant \frac{x}{\sin x} \leqslant \frac{1}{\cos x}$$

bzw.

$$\cos x \leqslant \frac{\sin x}{x} \leqslant \frac{1}{\cos x} \quad (*) \ .$$

Für $-\frac{\pi}{2} < x < 0$ setzen wir in $(*)$ $-x$ anstelle von x: Wegen $\sin(-x) = -\sin x$ und $\cos(-x) = \cos x$ ändert sich die Ungleichung nicht.

Sie gilt also für $-\frac{\pi}{2} < x < \frac{\pi}{2}$, $x \neq 0$.

Da nun $\lim\limits_{\substack{x\to 0\\x\neq 0}}\dfrac{1}{\cos x} = \lim\limits_{\substack{x\to 0\\x\neq 0}}\cos x = 1$, ergibt sich die Behauptung. $\square$

2) „*Stellen der Unbeschränktheit*".

Definition. x_0 heißt *Stelle der Unbeschränktheit* von f, wenn f in keiner Umgebung $K(x_0,r)\cap D_f$ von x_0 beschränkt ist. (x_0 ist Häufungspunkt von D_f, es kann aber $x_0\notin D_f$ gelten!)

Beispiele. a) $f\colon (0,1]\to\mathbb{R}$ mit $f(x)=\dfrac{1}{x}$ hat in $x_0=0$ eine Stelle der Unbeschränktheit, da $\lim\limits_{x\to 0}|f(x)| = +\infty$.

b) $f\colon \mathbb{R}^p\to\mathbb{R}^2$ mit $f(x)=\begin{pmatrix}\dfrac{1}{|x|}\\[4pt]1\end{pmatrix}$ für $x\neq o$, $f(o)=\begin{pmatrix}0\\1\end{pmatrix}$ hat in $x_0=o$ eine

Stelle der Unbeschränktheit. $\square$

3) *Stellen, in denen die Funktion mehrere Häufungspunkte hat.*

M.a.W.: Es gibt Folgen $\langle a_n\rangle$ und $\langle b_n\rangle$ in D_f mit $\lim a_n = \lim b_n = x_0$, aber $\lim f(a_n) \neq \lim f(b_n)$.

Beispiele. a) $f(x) = \sin\dfrac{1}{x}$ ($f\colon \mathbb{R}-\{0\}\to\mathbb{R}$) .

Sei $a_n = \dfrac{1}{n\pi}$, $b_n = \dfrac{1}{(2n+\frac{1}{2})\pi}$ für alle $n\in\mathbb{N}$.

Dann ist $\lim a_n = \lim b_n = 0$, aber

$$\lim f(a_n) = \lim \sin n\pi = 0$$

$$\lim f(b_n) = \lim \sin (2n+\tfrac{1}{2})\cdot\pi = 1 .$$

Durch Betrachtung der Funktion $\sin x$ sieht man, daß $f(x)$ auf jedem Intervall $I_n = \left[\dfrac{1}{n\pi}, \dfrac{1}{(n+2)\pi}\right]$, $n\in\mathbb{N}$, alle Werte zwischen -1 und 1 annimmt. Da jede Umgebung $K(0,r)$ von 0 fast alle Intervalle I_n enthält, ist sogar jedes Element von $[-1,1]$ Häufungspunkt von $f(x) = \sin\dfrac{1}{x}$ für $x\to 0$.

Man beachte, daß jedoch $g\colon \mathbb{R}\to\mathbb{R}$ mit

$$g(x) = \begin{cases} x\cdot\sin\dfrac{1}{x} & \text{für } x\neq 0\\[6pt] 0 & \text{für } x=0\end{cases}$$

stetig auf ganz $\mathbb{R}$ ist! Wegen

$$|g(x)| = |x|\cdot\left|\sin\dfrac{1}{x}\right| \leq |x| \quad \text{für } x\neq 0 ,$$

gilt nämlich $\lim\limits_{\substack{x\to 0 \\ x\neq 0}} g(x) = 0$.

b) $f\colon \mathbb{R}^2 \to \mathbb{R}$ mit $f(x,y) = \begin{cases} \dfrac{x^4 - 6x^2 y^2 + y^4}{(x^2+y^2)^2} & \text{für} \quad (x,y) \neq (0,0) \\ 1 & \text{für} \quad (x,y) = (0,0) \end{cases}$.

Wir haben in 9.2 gezeigt, daß in Polarkoordinaten gilt:

$$f[r;\varphi] = \begin{cases} \cos 4\varphi & \text{für} \quad r \neq 0 \\ 1 & \text{für} \quad r = 0 \end{cases}.$$

$\cos 4\varphi$ nimmt alle Werte aus $[-1,1]$ an, wenn φ das Intervall $[0,2\pi]$ durchläuft, daher nimmt auch f in jeder Umgebung $K(\mathfrak{o};r)$ von $\mathfrak{o}$ alle Werte aus $[-1,1]$ an. Jeder Punkt aus $[-1,1]$ ist also Häufungspunkt von f für $(x,y) \to (0,0)$. $\square$

Als Spezialfall der letzten Art von Unstetigkeitsstellen betrachtet man für Funktionen f aus $\mathbb{R}$ in $\mathbb{R}$ die

3') „*Sprungstellen*":

Im folgenden sei $f\colon D_f \subseteq \mathbb{R} \to \mathbb{R}$. Wir führen zunächst die sogenannten „einseitigen Limiten" von f an einer Stelle x_0 ein:

Definition. Wir setzen $\lim\limits_{x\to x_0+0} f(x) = a$ genau dann, wenn für jede Folge $\langle a_n \rangle$ in D_f mit $a_n > x_0$ und $\lim a_n = x_0$ gilt: $\lim f(a_n) = a$.

Analog $\lim\limits_{x\to x_0-0} f(x) = a$, wenn für jede Folge $\langle a_n \rangle$ in D_f mit $a_n < x_0$ und $\lim a_n = x_0$ gilt: $\lim f(a_n) = a$. $\square$

(Anstelle von $\lim\limits_{x\to x_0+0} f(x)$ wird auch geschrieben:

$$\lim\limits_{x\to x_0+} f(x) \quad \text{bzw.} \quad f(x_0+0) \quad \text{bzw.} \quad f(x_0+).$$

Analog für $\lim\limits_{x\to x_0-0} f(x)$.)

Folgerung. f ist in x_0 stetig genau dann, wenn

$$\lim\limits_{x\to x_0+0} f(x) = \lim\limits_{x\to x_0-0} f(x) = f(x_0).$$

Nun kommen wir zur angekündigten

Definition. $f\colon D_f \subseteq \mathbb{R} \to \mathbb{R}$ hat in x_0 eine Sprungstelle, wenn die Limiten $\lim\limits_{x\to x_0+0} f(x)$ bzw. $\lim\limits_{x\to x_0-0} f(x)$ existieren, aber verschieden sind. (Wieder kann $x_0 \notin D_f$ gelten!)

Beispiele. a) $f(x) = \begin{cases} 0 & \text{für} \quad x \leq 0 \\ 1 & \text{für} \quad x > 0 \end{cases}$.

Hier ist $f(0-0) = 0 = f(0)$, $f(0+0) = 1$. $x_0 = 0$ ist also eine Sprungstelle von f.

b) $f(x) = \begin{cases} 0 & \text{für} \quad x < 0 \\ 1 & \text{für} \quad x > 0 \ . \end{cases}$

Hier ist $f(0-0) = 0 \neq f(0+0) = 1$. Wieder ist $x_0 = 0$ Sprungstelle.

c) $f(x) = [x]$ (die größte ganze Zahl $\leq x$) hat in allen $x_0 \in \mathbb{Z}$ Sprungstellen.

9.5 Der Zwischenwertsatz

Wir beginnen mit dem

Nullstellensatz von Bolzano. Sei $I = [a,b] \subseteq \mathbb{R}$ und $f: I \to \mathbb{R}$ stetig.
Gilt α) $f(a) \leq 0$ und $f(b) \geq 0$ *oder* β) $f(a) \geq 0$ und $f(b) \leq 0$, so besitzt f auf I (mindestens) eine Nullstelle.

Beweis. Wir betrachten zunächst den *Fall* α) und konstruieren eine Nullstelle durch Angabe einer Intervallschachtelung. Dazu definieren wir induktiv Folgen $\langle a_n \rangle$ und $\langle b_n \rangle$ mit folgenden Eigenschaften:

$$(*) \begin{cases} f(a_n) \leq 0 \ , \quad f(b_n) \geq 0 \ , \\ \text{für} \quad I_n = [a_n, b_n] \quad \text{gilt} \quad |I_n| = b_n - a_n = 2^{-n} \cdot (b-a) \\ \text{und} \quad I = I_0 \supseteq I_1 \supseteq I_2 \supseteq \dots \supseteq I_n \ . \end{cases}$$

Wir setzen $I_0 = I$, d.h. $a_0 = a$, $b_0 = b$. ($(*)$ ist für $n = 0$ erfüllt.)
Ist I_n schon definiert, so daß $(*)$ gilt, betrachten wir den Mittelpunkt $m_n = \frac{1}{2}(a_n + b_n)$ von I_n:

Fall 1: $f(m_n) \geq 0$. Dann setzen wir $a_{n+1} = a_n$, $b_{n+1} = m_n$.
Es gilt dann $f(a_{n+1}) = f(a_n) \leq 0$, $f(b_{n+1}) = f(m_n) \geq 0$,

$$|I_{n+1}| = \frac{1}{2} \cdot |I_n| = \frac{1}{2} \cdot 2^{-n}(b-a) = 2^{-(n+1)}(b-a)$$

und $I_n \supseteq I_{n+1}$, d.h. $(*)$ ist erfüllt.

Fall 2: $f(m_n) \leq 0$. Dann setzen wir $a_{n+1} = m_n$, $b_{n+1} = b_n$.
Wie in Fall 1 sieht man, daß $(*)$ erfüllt ist.
Die Folge $\langle I_n \rangle$ entsteht also durch Bisektion. Wegen $|I_n| = 2^{-n} \cdot (b-a)$ ist $\lim |I_n| = 0$ und nach dem Axiom von Cantor-Dedekind

$$\bigcap_{n \in \mathbb{N}} I_n = \{x\} \ .$$

Da $x \in I_n = [a_n, b_n]$ für alle $n \in \mathbb{N}$ und $\lim |I_n| = \lim(b_n - a_n) = 0$, gilt $\lim a_n = \lim b_n = x$. Da f stetig ist, gilt $\lim f(a_n) = \lim f(b_n) = f(x)$. Wegen $f(a_n) \leq 0$ für alle $n \in \mathbb{N}$, ist dann auch $f(x) \leq 0$, wegen $f(b_n) \geq 0$ für alle $n \in \mathbb{N}$, ist auch $f(x) \geq 0$, d.h. aber $f(x) = 0$, d.h. $x \in [a,b]$ ist Nullstelle von f.

Im *Fall β)* betrachte man anstelle von f die Funktion $(-f)$:

$$f(a) \geq 0 \ , \quad f(b) \leq 0 \Rightarrow (-f)(a) = -f(a) \leqslant 0 \ ,$$

$$(-f)(b) = -f(b) \leq 0 \ . \quad \square$$

Bemerkung. 1) Das im Beweis angegebene Verfahren der *Bisektion* kann auch zur praktischen Bestimmung einer Nullstelle verwendet werden. Anstelle der Halbierung der Intervalle kann man aber etwa auch dezimale Unterteilungen verwenden: Sind a_n und b_n bekannt mit $f(a_n) \leq 0$, $f(b_n) \geq 0$, so gibt es unter den Intervallen $[a_{n,i}, a_{n,i+1}]$ mit

$$a_{n,i} = a + i \cdot \frac{b-a}{10} \ , \quad 0 \leq i \leq 10 \ ,$$

mindestens eines mit $f(a_{n,i}) \leq 0$, $f(a_{n,i+1}) \geq 0$, usw.

2) Aus dem Nullstellensatz folgt insbesondere: Ist $f\colon [a,b] \to \mathbb{R}$ stetig mit $f(a) < 0$ und $f(b) > 0$, so gibt es ein $\xi \in (a,b)$ mit $f(\xi) = 0$. $\square$

Die wichtigste Folgerung ist aber der

Zwischenwertsatz von Bolzano.

Sei $I = [a,b] \subseteq \mathbb{R}$, $f\colon I \to \mathbb{R}$ stetig, $m = \min\{f(x) \mid x \in I\}$, $M = \max\{f(x) \mid x \in I\}$. Dann nimmt f auf I alle Werte aus $[m, M]$ (mindestens) einmal an, d.h. zu jedem $y \in [m, M]$ existiert ein $x \in I$ mit $f(x) = y$; kurz: $f(I) = [m, M]$.

Beweis. Aus dem Satz vom Maximum bzw. Minimum wissen wir:
Es existieren $a', b' \in I$, so daß $f(a') = m$, $f(b') = M$. Sei o.B.d.A. $a' \leq b'$. Weiters sei $y \in [m, M]$ vorgegeben. Wir betrachten nun $g(x) = f(x) - y$.

g ist stetig auf $[a', b']$, $g(a') = f(a') - y = m - y \leq 0$,

$$g(b') = f(b') - y = M - y \geq 0 \ .$$

Nach dem Nullstellensatz besitzt also g eine Nullstelle $x \in I' = [a', b'] \subseteq I$. Dann ist aber

$$f(x) = g(x) + y = 0 + y = y \ . \quad \square$$

Wir haben unter den Voraussetzungen des Nullstellensatzes bereits das Verfahren der Bisektion zur praktischen Nullstellenbestimmung kennengelernt. Ein anderes Verfahren ist die

„Regula falsi" (Methode des „falschen" Ansatzes). Sei $f\colon [a,b] \to \mathbb{R}$ stetig mit $f(a) \neq 0$, $f(b) \neq 0$, $\operatorname{sgn} f(a) \neq \operatorname{sgn} f(b)$. Da die Nullstelle ξ einer linearen Funktion $y = kx + d$ (k, d konstant, $k \neq 0$) sehr leicht zu berechnen ist, nämlich

$$\xi = -\frac{d}{k} \ ,$$

ersetzt man die Funktion f durch die lineare Funktion $g(x)$ mit $g(a) = f(a)$ und $g(b) = f(b)$:

$$g(x) = f(a) + \frac{f(b) - f(a)}{b - a} (x - a) \tag{$*$}$$

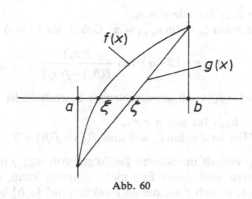

Abb. 60

und faßt deren Nullstelle ζ als Näherung einer Nullstelle ξ von f in $[a,b]$ auf.
Genauer: Man definiert eine Folge von Intervallen $I_n = [a_n, b_n]$ durch:

1) $a_0 = a$, $b_0 = b$;

2) Ist $[a_n, b_n]$ bereits gefunden mit $0 \neq \operatorname{sgn} f(a_n) \neq \operatorname{sgn} f(b_n) \neq 0$, so schneidet man die lineare Funktion durch die Punkte $(a_n, f(a_n))$ und $(b_n, f(b_n))$ mit der x-Achse und erhält (vgl. ∗):

$$\xi_n = a_n - f(a_n) \cdot \frac{b_n - a_n}{f(b_n) - f(a_n)} \ . \tag{∗∗}$$

Fall 1: $f(\xi_n) = 0$: Es wurde eine Nullstelle gefunden.

Fall 2: $f(\xi_n) \neq 0$ mit $\operatorname{sgn} f(\xi_n) = \operatorname{sgn} f(a_n)$: Man setzt $a_{n+1} = \xi_n$, $b_{n+1} = b_n$.

Fall 3: $f(\xi_n) \neq 0$ mit $\operatorname{sgn} f(\xi_n) = \operatorname{sgn} f(b_n)$: Man setzt $a_{n+1} = a_n$, $b_{n+1} = \xi_n$.

Auf diese Art wird entweder nach endlich vielen Schritten eine Nullstelle gefunden oder es gilt:

$$\xi = \lim \xi_n$$

ist eine Nullstelle: Wir zeigen den zweiten Teil der Aussage: $\langle a_n \rangle$ und $\langle b_n \rangle$ sind monoton und beschränkt, daher konvergent. Sei $\alpha = \lim a_n$, $\beta = \lim b_n$. Sei weiters o. B. d. A. $f(a) < 0$, $f(b) > 0$.
Nach der obigen Konstruktion ist dann

$$f(a_n) < 0 \ , \quad f(b_n) > 0 \quad \text{für alle} \quad n \in \mathbb{N} \ ,$$

und wegen der Stetigkeit von f daher:

$$f(\alpha) \leq 0 \ , \quad f(\beta) \geq 0 \ .$$

Fall I: $\alpha = \beta$. Dann ist $f(\alpha) = f(\beta) = 0$.
Wegen $a_{n+1} \leq \xi_n \leq b_{n+1}$ für alle $n \in \mathbb{N}$, existiert dann aber auch

$$\xi = \lim \xi_n = \alpha = \beta$$

und es gilt $\qquad\qquad f(\xi) = f(\alpha) = f(\beta) = 0 \ .$

Fall II: $\alpha \neq \beta$, $\xi_n = a_{n+1}$ für alle $n \geq n_0$.

Dann existiert $\xi = \lim \xi_n = \lim a_{n+1} = \alpha$. Gehen wir in (**) mit n gegen ∞, so ergibt sich

$$\alpha = \alpha - (\beta - \alpha) \cdot \lim \frac{f(a_n)}{f(b_n) - f(a_n)}$$

also $\lim f(a_n) = f(\alpha) = f(\xi) = 0$, da der Nenner beschränkt ist.

Fall III: $\alpha \neq \beta$, $\xi_n = b_{n+1}$ für alle $n \geq n_0$.

Analog zu II: Hier ist $\xi = \lim \xi_n = \beta$ und $f(\xi) = f(\beta) = 0$.

Fall IV: $\alpha \neq \beta$, $\langle \xi_n \rangle$ *enthält unendliche Teilfolgen von* $\langle a_{n+1} \rangle$ *und von* $\langle b_{n+1} \rangle$.

Wir werden zeigen, daß dieser Fall nicht eintreten kann, da $\langle f(\xi_n) \rangle$ unbeschränkt sein müßte, jedoch f als stetige Funktion auf $[a, b]$ beschränkt ist:

Unter der Voraussetzung IV und mit o.B.d.A. $\xi_0 = a_1$ ist $\langle \xi_n \rangle$ von der Gestalt:

$$\langle a_1, \ldots, a_{n_0}, b_{n_0+1}, \ldots, b_{n_1}, a_{n_1+1}, \ldots, a_{n_2}, b_{n_2+1}, \ldots, b_{n_3}, \ldots \rangle .$$

Wir betrachten nun die Teilfolge

$$\langle a_{n_1}, b_{n_1}, a_{n_2}, b_{n_3}, \ldots \rangle = \langle \eta_k \rangle \text{ von } \langle \xi_n \rangle.$$

Es ist

$$\xi_{n_{2k+1}} = a_{n_{2k+1}} - f(a_{n_{2k+1}}) \frac{b_{n_{2k+1}} - a_{n_{2k+1}}}{f(b_{n_{2k+1}}) - f(a_{n_{2k+1}})} .$$

Nach der obigen Konstruktion ist aber

d.h. $\quad \xi_{n_{2k+1}} = a_{n_{2k+1}+1} < \alpha , \quad a_{n_{2k+1}} = a_{n_{2k}} = \eta_{2k} , \quad b_{n_{2k+1}} = \eta_{2k+1} ,$

$$\alpha > \eta_{2k} + |f(\eta_{2k})| \cdot \frac{\eta_{2k+1} - \eta_{2k}}{|f(\eta_{2k+1})| + |f(\eta_{2k})|} = \eta_{2k} + \frac{\eta_{2k+1} - \eta_{2k}}{\left| \frac{f(\eta_{2k+1})}{f(\eta_{2k})} \right| + 1}$$

oder

$$\left| \frac{f(\eta_{2k+1})}{f(\eta_{2k})} \right| > \frac{\eta_{2k+1} - \alpha}{\alpha - \eta_{2k}} > \frac{\beta - \alpha}{\alpha - \eta_{2k}} .$$

Analog zeigt man

$$\left| \frac{f(\eta_{2k+2})}{f(\eta_{2k+1})} \right| > \frac{\beta - \alpha}{\eta_{2k+1} - \beta} .$$

Für genügend großes k sind nun wegen $\lim \eta_{2k} = \alpha$, $\lim \eta_{2k+1} = \beta$ beide Quotienten etwa ≥ 2, d.h.

oder $\quad |f(\eta_{n+1})| \geq 2 |f(\eta_n)| \quad$ für alle $\quad n \geq n_0$,

$$\lim |f(\eta_n)| = +\infty .$$

f könnte also auf $[a, b]$ nicht beschränkt sein. $\quad \square$

Zum Abschluß dieses Kapitels erwähnen wir noch eine *Folgerung* aus dem Nullstellensatz *für stetige Funktionen f aus* $\mathbb{R}^n$ *in* $\mathbb{R}$:

Seien $\mathfrak{a}, \mathfrak{b} \in D_f$ mit $f(\mathfrak{a}) < 0 < f(\mathfrak{b})$.

Weiters nehmen wir an, es gäbe eine stetige Kurve in D_f, die $\mathfrak{a}$ mit $\mathfrak{b}$ verbindet. Sei $t \to \mathfrak{x}(t)$, $t \in [c, d]$ ihre Parameterdarstellung,

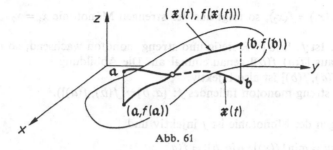

Abb. 61

d. h. $$x(c) = a \ , \qquad x(d) = b \ .$$

Da auch die Schachtelfunktion $f \circ x$ stetig ist, ist $t \to (x(t), f(x(t)))$, $t \in [c, d]$ ebenfalls Parameterdarstellung einer Kurve, die Teil des „Graphen" von f im $\mathbb{R}^{n+1}$ ist. Nun ist

$$f(x(c)) = f(a) < 0 \ , \qquad f(x(d)) = f(b) > 0 \ .$$

Nach dem Nullstellensatz gibt es also ein $\tau \in (c, d)$ mit $f(x(\tau)) = 0$: die Kurve auf dem Graphen schneidet also die Ebene $x_{n+1} = 0$ (in der Zeichnung für $n = 2$ die (x, y)-Ebene). Die Menge aller derartigen Punkte auf dem Graphen nennen wir die „Niveaulinie" im Niveau $x_{n+1} = 0$. Sie hat also die Gleichung $f(x) = 0$, d. h. sie besteht aus allen Punkten $(x, f(x))$ mit $f(x) = 0$.

Die Punkte $(x, f(x))$ mit $f(x) = c$ heißen *Niveaulinie im Niveau c*, ihre Projektion in die Ebene $x_{n+1} = 0$ heißt die zugehörige „Schichtenlinie", die Zahl c ihre „Höhenkote". Im Fall $n = 2$ wird diese Art der ebenen Darstellung räumlicher Flächen (z. B. Geländeformen) praktisch verwendet. Sie heißt *kotierte Projektion*.

9.6 Monotone Funktionen

Im weiteren sei $f \colon D_f \subseteq \mathbb{R} \to \mathbb{R}$. Wir verallgemeinern zunächst die für Folgen eingeführten Monotoniebegriffe:

Definition. Die Funktion f heißt

> *schwach monoton wachsend,* wenn $\quad x_1 < x_2 \Rightarrow f(x_1) \leq f(x_2)$,
> *stark (streng) monoton wachsend,* wenn $\quad x_1 < x_2 \Rightarrow f(x_1) < f(x_2)$,
> *schwach monoton fallend,* wenn $\quad x_1 < x_2 \Rightarrow f(x_1) \geq f(x_2)$,
> *stark (streng) monoton fallend,* wenn $\quad x_1 < x_2 \Rightarrow f(x_1) > f(x_2)$.

Beispiel. $f(x) = x$ ist auf ganz $\mathbb{R}$ streng monoton wachsend. $\square$

Eine einfache Folgerung aus der Definition ist der

Satz. Ist f streng monoton (wachsend oder fallend), so ist f injektiv; f nimmt also jeden Funktionswert genau einmal an.

Beweis. Ist $f(x_1) = f(x_2)$, so folgt aus der strengen Monotonie $x_1 = x_2$. □

Folgerung 1. Ist $f: [a,b] \to \mathbb{R}$ stetig und streng monoton wachsend, so nimmt f jeden Wert aus $[f(a), f(b)]$ genau einmal an. Die Abbildung $f: [a,b] \to [f(a), f(b)]$ ist also bijektiv.
(Analog für streng monoton fallendes $f: [a,b] \to [f(b), f(a)]$).

Beweis. Wegen der Monotonie ist f injektiv und

$$m = \min\{f(x) \mid x \in [a,b]\} = f(a) \; ,$$

$$M = \max\{f(x) \mid x \in [a,b]\} = f(b) \; , \quad \text{(für wachsendes } f\text{)}.$$

Nach dem Zwischenwertsatz ist dann $f: [a,b] \to [f(a), f(b)]$ auch surjektiv. □

Sei $W_f = \{y \in \mathbb{R} \mid$ es existiert ein $x \in D_f$ mit $f(x) = y\}$ der Wertebereich der Funktion f. Aus dem obigen Satz ergibt sich dann:

Folgerung 2. Ist f streng monoton, so ist $f: D_f \to W_f$ eine bijektive Abbildung. □

Zu jeder streng monotonen Abbildung f, existiert also eine (eindeutig bestimmte) *Umkehrabbildung* oder *inverse Abbildung* f^{-1} $\Big($ zu unterscheiden von der Abbildung $\dfrac{1}{f}$! $\Big)$, $f^{-1}: W_f \to D_f$, mit

und
$$f^{-1}(f(x)) = x \quad \text{für alle} \quad x \in D_f$$
$$f(f^{-1}(y)) = y \quad \text{für alle} \quad y \in W_f \; .$$

Beispiel. Sei $f(x) = x$. Dann ist $f^{-1}(y) = y$, also ist auch f^{-1} die identische Abbildung. Hingegen ist $\dfrac{1}{f}(x) = \dfrac{1}{f(x)} = \dfrac{1}{x}$! □

Ehe wir weitere Beispiele betrachten, beweisen wir noch die folgende Verschärfung der Folgerung 1:

Satz. Jede stetige, streng monotone Funktion $f: [a,b] \subseteq \mathbb{R} \to \mathbb{R}$ besitzt eine (eindeutig bestimmte) Umkehrfunktion f^{-1} mit $D_{f^{-1}} = [f(a), f(b)]$ bzw. $[f(b), f(a)]$. Diese ist ebenfalls stetig und streng monoton.

Beweis. Sei o. B. d. A. f streng monoton wachsend. Dann wissen wir bereits, daß $f: [a,b] \to [f(a), f(b)]$ bijektiv ist. Wir zeigen weiters, daß f^{-1} stetig ist:
Sei $y_0 \in [f(a), f(b)]$. Dann existiert genau ein $x_0 \in [a,b]$ mit $y_0 = f(x_0)$ bzw. $x_0 = f^{-1}(y_0)$.
Sei weiters $\varepsilon > 0$ beliebig vorgegeben.
Wir wählen dann $\delta = \min\{\delta_1, \delta_2\}$, wobei

$$\delta_1 = f(x_0) - f(x_0 - \varepsilon) \; , \qquad \delta_2 = f(x_0 + \varepsilon) - f(x_0) \; .$$

(Falls $x_0 - \varepsilon < a$ oder $x_0 + \varepsilon > b$, wähle man die Intervallgrenze als Argument).
Dann ist

d.h.
$$f(x_0) - \delta < f(x) < f(x_0) + \delta \, ,$$
$$f(x_0 - \varepsilon) < f(x) < f(x_0 + \varepsilon) \, ,$$

wegen der Monotonie von f äquivalent zu

$$x_0 - \varepsilon < x < x_0 + \varepsilon \, .$$

Setzen wir $y = f(x)$, so gilt also

$$|y - y_0| < \delta \Rightarrow |x - x_0| = |f^{-1}(y) - f^{-1}(y_0)| < \varepsilon \, ,$$

d.h. auch f^{-1} ist stetig.

Schließlich ist f^{-1} auch streng monoton wachsend: Seien $y_1, y_2 \in [f(a), f(b)]$, $y_1 = f(x_1) < y_2 = f(x_2)$.

Angenommen es wäre $f^{-1}(y_1) \geq f^{-1}(y_2)$. Dann wäre, wegen der Monotonie von f, auch

$$f(f^{-1}(y_1)) = y_1 \geq f(f^{-1}(y_2)) = y_2 \, ,$$

Widerspruch. $\square$

Beispiele. 1) $f(x) = x^2$, $D_f = \mathbb{R}$.

f ist nicht auf ganz $\mathbb{R}$ streng monoton, jedoch auf $\mathbb{R}^- \cup \{0\}$, sowie auf $\mathbb{R}^+ \cup \{0\}$.

Für jede dieser Einschränkungen von D_f gibt es eine Umkehrfunktion, nämlich zu

$$f \colon \mathbb{R}^- \cup \{0\} \to \mathbb{R} \colon \quad f^{-1}(x) = \underset{-}{\sqrt{x}} = -\underset{+}{\sqrt{x}}$$

bzw. zu

$$f \colon \mathbb{R}^+ \cup \{0\} \to \mathbb{R} \colon \quad f^{-1}(x) = \underset{+}{\sqrt{x}}$$

($\underset{+}{\sqrt{}}$ bezeichnet den nichtnegativen reellen Wert der Wurzel).

Man sagt auch: Die Umkehrfunktion zu f besitzt *die beiden Äste* $f^{-1}(x) = \pm \underset{+}{\sqrt{x}}$.

Graphisch ergibt sich das Schaubild von f^{-1} durch Spiegelung des Schaubilds von f an der 1. Mediane ($y = x$):

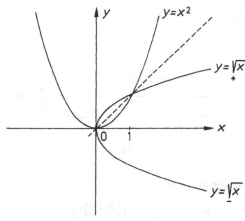

Abb. 62

2) $f(x) = x^n$, n *gerade.*

Wie in 1) gilt $f(x) = f(-x)$, d.h. das Schaubild ist symmetrisch zur y-Achse. (Eine derartige Funktion heißt *„gerade Funktion".*)

Wie in 1) ist f auf $\mathbb{R}^- \cup \{0\}$ bzw. $\mathbb{R}^+ \cup \{0\}$ streng monoton. Es gibt entsprechend wieder *2 Äste der Umkehrfunktion:*

$$f^{-1}(x) = \pm\sqrt[n]{x} \; .$$

3) $f(x) = x^n$, n *ungerade.*

Hier ist $f(-x) = -f(x)$, das Schaubild ist zentrisch symmetrisch mit dem Ursprung $(0,0)$ als Symmetriezentrum. (Eine derartige Funktion heißt *„ungerade Funktion"*).

f ist auf ganz $\mathbb{R}$ streng monoton wachsend und besitzt daher eine streng monoton wachsende Umkehrfunktion

$$f^{-1}(x) = \sqrt[n]{x}$$

($\sqrt[n]{x}$ bezeichnet den reellen Wert der n-ten Wurzel).

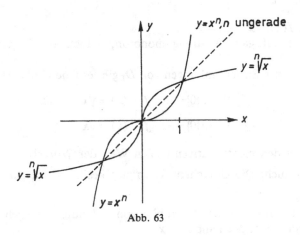

Abb. 63

4) $f(x) = \sin x$.

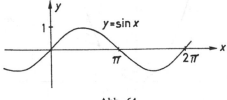

Abb. 64

$f(x)$ ist auf jedem der Intervalle

$$[(2k-1)\cdot\tfrac{\pi}{2} \; , \quad (2k+1)\cdot\tfrac{\pi}{2}] \; , \quad k\in\mathbb{Z}$$

streng monoton.

Es gibt also *unendlich viele Äste der Umkehrfunktion.* Der Wertebereich der Funktion für jedes Monotonieintervall von oben ist $[-1, 1]$.

Wählt man das spezielle Monotonieintervall $[-\frac{\pi}{2}, \frac{\pi}{2}]$, so heißt der zugehörige Ast der Umkehrfunktion der *Hauptast* oder *Hauptwert.* Die Umkehrfunktion, genauer die Gesamtheit ihrer Äste, wird als „Arcus sinus", abgekürzt *arcsin* bezeichnet, der Hauptast mit *Arcsin* oder $(arcsin)_0$.

Es ist also

$$x = \text{Arcsin } y \iff \sin x = y \quad \text{und} \quad x \in [-\tfrac{\pi}{2}, \tfrac{\pi}{2}] \;.$$

(Der Name „Arcus sinus" leitet sich daraus her, daß zu vorgegebenem Sinus ein Bogen gesucht ist, der diesen Sinus besitzt.)

5) $f(x) = \cos x$.

Hier gibt es zu jedem Monotonieintervall

$$[k\pi, (k+1)\cdot\pi] \;, \quad k \in \mathbb{Z}$$

einen Ast der Umkehrfunktion *arccos.*

Der zum Monotonieintervall $[0, \pi]$ gehörige Ast heißt der *Hauptwert Arccos* oder $(arccos)_0$.

Also:

$$x = \text{Arccos } y \iff \cos x = y \quad \text{und} \quad x \in [0, \pi] \;.$$

6) $f(x) = \text{tg } x$.

Hier ist $D_f = \mathbb{R} - \{(2k+1)\cdot\frac{\pi}{2} \mid k \in \mathbb{Z}\}$ und $f(x)$ ist auf jedem offenen Intervall

$$](2k-1)\tfrac{\pi}{2} \;, \quad (2k+1)\tfrac{\pi}{2}[\;, \quad k \in \mathbb{Z}$$

streng monoton wachsend.

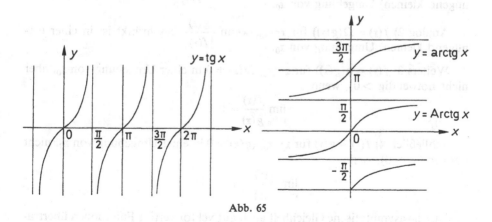

Abb. 65

Die Umkehrfunktion *arctg* x besitzt wieder unendlich viele Äste, derjenige zum Monotonieintervall $]-\frac{\pi}{2}, \frac{\pi}{2}[$ des tangens heißt Hauptwert *Arctg* oder $(arctg)_0$, also

$$x = \text{Arctg } y \iff \text{tg } x = y \quad \text{und} \quad x \in]-\tfrac{\pi}{2}, \tfrac{\pi}{2}[\;.$$

Da der tangens auf $]-\frac{\pi}{2}, \frac{\pi}{2}[$ jeden Wert aus $\mathbb{R}$ annimmt, ist der Definitionsbereich von Arctg x gleich $\mathbb{R}$.

Weiters haben wir

$$\lim_{x \to +\infty} \operatorname{Arctg} x = \tfrac{\pi}{2} \ , \quad \lim_{x \to -\infty} \operatorname{Arctg} x = -\tfrac{\pi}{2} \ .$$

Die Geraden $y = \tfrac{\pi}{2}$ bzw. $y = -\tfrac{\pi}{2}$ heißen daher *Asymptoten* von $\operatorname{Arctg} x$ für $x \to +\infty$ bzw. $x \to -\infty$. (Wir werden uns mit dem asymptotischen Vergleich von Funktionen im nächsten Abschnitt beschäftigen.)

Bemerkungen. 1) In analoger Weise können die Umkehrfunktionen von $\operatorname{ctg} x$, $\sec x$ bzw. $\operatorname{cosec} x$ studiert werden.

2) Die Umkehrfunktionen der trigonometrischen Funktionen heißen „*zyklometrische Funktionen*", da sie zu vorgegebenem Winkelfunktionswert den zugehörigen Bogen am Einheitskreis, also einen Kreisteil, messen.

3) Der Hauptwert der zyklometrischen Funktionen wird in der Literatur oft ebenfalls mit kleinem Anfangsbuchstaben bezeichnet, es steht also etwa oft $\operatorname{arctg} x$ statt $\operatorname{Arctg} x$.

9.7 Asymptotischer Vergleich von Funktionen

Wir übertragen hier einige für Folgen (d. h. Abbildungen $\mathbb{N} \to \mathbb{R}$) eingeführte Begriffe zunächst auf Funktionen aus $\mathbb{R}^p$ in $\mathbb{R}^1$:

Definition. Seien f und g Funktionen aus $\mathbb{R}^p$ in $\mathbb{R}^1$, x_0 ein Häufungspunkt von $D_f \cap D_g \subseteq \mathbb{R}^p$, $g(x) > 0$ in einer Umgebung von $x_0 (\cap D_g)$.

Dann ist 1) $f(x) = O(g(x))$ für $x \to x_0$, wenn $\dfrac{|f(x)|}{g(x)}$ beschränkt ist in einer (genügend kleinen) Umgebung von x_0.

Analog 2) $f(x) = \Omega(g(x))$ für $x \to x_0$, wenn $\dfrac{g(x)}{|f(x)|}$ beschränkt ist in einer (genügend kleinen) Umgebung von x_0.

Weiters 3) $f(x) = o(g(x))$ für $x \to x_0$, $(g(x) \neq 0$ in einer Umgebung von x_0, aber nicht notwendig $> 0)$, wenn

$$\lim_{x \to x_0} \frac{f(x)}{g(x)} = 0 \ .$$

Schließlich 4) $f(x) \sim g(x)$ für $x \to x_0$, $(g(x) \neq 0$ in einer Umgebung von x_0, nicht notwendig $> 0)$, wenn

$$\lim_{x \to x_0} \frac{f(x)}{g(x)} = 1 \ . \quad \square$$

Um die asymptotische Gleichheit auch auf vektorwertige Funktionen übertragen zu können, müssen wir 4) in eine Form bringen, die keinen Quotienten enthält (vgl. die entsprechende Bemerkung im Kapitel über Folgen):

$$\lim_{x \to x_0} \frac{f(x)}{g(x)} = 1 \Leftrightarrow \lim_{x \to x_0} \left(\frac{f(x)}{g(x)} - 1 \right) = 0 \Leftrightarrow \lim_{x \to x_0} \frac{f(x) - g(x)}{g(x)} = 0 \Leftrightarrow f(x) = g(x) + o(g(x))$$
$$\text{für } x \to x_0$$

$$\Leftrightarrow f(x) = g(x) + |g(x)| \cdot r(x) \ , \quad \text{wobei } \lim_{x \to x_0} r(x) = 0 \ .$$

Definition. Seien $\mathfrak{f}$ und $\mathfrak{g}$ Funktionen aus $\mathbb{R}^p$ in $\mathbb{R}^q$, $\mathfrak{x}_0$ ein Häufungspunkt von $D_{\mathfrak{f}} \cap D_{\mathfrak{g}} \subseteq \mathbb{R}^p$, $\mathfrak{g}(\mathfrak{x}) \neq \mathfrak{o}$ in $K(\mathfrak{x}_0, r) \cap D_{\mathfrak{g}}$.
Dann ist 1)

$$\mathfrak{f}(\mathfrak{x}) = o(\mathfrak{g}(\mathfrak{x})) \quad \text{für} \quad \mathfrak{x} \to \mathfrak{x}_0 \ ,$$

wenn

$$\lim_{\mathfrak{x} \to \mathfrak{x}_0} \frac{\mathfrak{f}(\mathfrak{x})}{|\mathfrak{g}(\mathfrak{x})|} = \mathfrak{o} \ .$$

Weiters ist 2)

$$\mathfrak{f}(\mathfrak{x}) \sim \mathfrak{g}(\mathfrak{x}) \quad \text{für} \quad \mathfrak{x} \to \mathfrak{x}_0 \ ,$$

wenn

$$\mathfrak{f}(\mathfrak{x}) = \mathfrak{g}(\mathfrak{x}) + o(\mathfrak{g}(\mathfrak{x})) \quad \text{für} \quad \mathfrak{x} \to \mathfrak{x}_0 \ ,$$

oder, äquivalent, wenn

$$\mathfrak{f}(\mathfrak{x}) = \mathfrak{g}(\mathfrak{x}) + |\mathfrak{g}(\mathfrak{x})| \cdot \mathfrak{r}(\mathfrak{x}) \quad \text{mit} \quad \lim_{\mathfrak{x} \to \mathfrak{x}_0} \mathfrak{r}(\mathfrak{x}) = \mathfrak{o} \ .$$

Beispiele. 1) Sei $f(x) = (x - x_0)^m$, $g(x) = (x - x_0)^n$, $m, n > 0$.
Dann ist $f(x) = o(g(x))$ für $x \to x_0$, falls $m > n$ bzw. $g(x) = o(f(x))$ für $x \to x_0$, falls $n > m$.

x_0 ist Nullstelle von $f(x)$ der Vielfachheit m, sowie Nullstelle von $g(x)$ der Vielfachheit n; es gilt $f(x) = o(g(x))$ genau dann, wenn $m > n$.

Man sagt nun allgemein, wenn

$$\lim_{x \to x_0} f(x) = \lim_{x \to x_0} g(x) = 0 \quad \text{und} \quad f(x) = o(g(x)) \quad (\text{für} \quad x \to x_0) \ ,$$

„$f(x)$ geht *von höherer Ordnung gegen* 0 als $g(x)$".

2) f, g wie oben, $m, n < 0$.
Wieder ist $f(x) = o(g(x))$ für $x \to x_0$, genau dann wenn $m > n$. Jedoch gilt jetzt

$$\lim_{x \to x_0} |f(x)| = \lim_{x \to x_0} |g(x)| = \infty \ .$$

Man sagt nun, wenn $f(x) = o(g(x))$, d.h. $\lim_{x \to x_0} \dfrac{f(x)}{g(x)} = 0$:

„$g(x)$ geht *von höherer Ordnung gegen* ∞ als $f(x)$" .

3) Es ist $x + \sqrt{x} \sim \sqrt{x}$ für $x \to 0$, da

$$\lim_{x \to 0} \frac{x + \sqrt{x}}{\sqrt{x}} = \lim_{x \to 0} \sqrt{x} + 1 = 1 \ . \quad \square$$

Bemerkung. 1) Für Funktionen aus $\mathbb{R}$ in $\mathbb{R}$, die für alle genügend großen Zahlen aus $\mathbb{R}$ definiert sind, lassen sich die Notationen des asymptotischen Vergleichs auf den Fall $x \to +\infty$ erweitern, z.B.:

$$f(x) \sim g(x) \quad \text{für} \quad x \to +\infty \ , \quad \text{genau dann} \ , \quad \text{wenn} \quad \lim_{x \to +\infty} \frac{f(x)}{g(x)} = 1 \ .$$

Analog für den Fall $x \to -\infty$.

2) Da $f(x) \sim g(x)$ für $x \to x_0 \Leftrightarrow \lim_{x \to x_0} \dfrac{f(x) - g(x)}{g(x)} = 0$, bedeutet die asympto-

tische Gleichheit, daß der *relative Fehler* bei Approximation von $f(x)$ durch $g(x)$ *lokal* (d.h. für $x \to x_0$) gegen 0 geht.

Beispiele. 1) $x + \sqrt{x} \sim x$ für $x \to +\infty$, da

$$\lim_{x \to +\infty} \frac{x + \sqrt{x}}{x} = \lim_{x \to +\infty} 1 + \frac{1}{\sqrt{x}} = 1 \ .$$

2) $\arctg x \sim \frac{\pi}{2}$ für $x \to +\infty$, da

$$\lim_{x \to +\infty} \arctg x \cdot \frac{2}{\pi} = 1 \ .$$

3) $x + \dfrac{\sin x}{x} \sim x$ für $x \to +\infty$.

Es gilt sogar $x + \dfrac{\sin x}{x} = x + o(1)$ für $x \to +\infty$, d.h. der absolute Fehler $\left(x + \dfrac{\sin x}{x} \right) - x$ geht gegen 0.

In allen 3 Beispielen wird eine Funktion für $x \to +\infty$ durch eine Gerade approximiert. Im nächsten Kapitel werden wir uns speziell mit Funktionen befassen, die sich lokal (d.h. für $x \to x_0$) durch Geraden, bzw. im Fall von Funktionen aus $\mathbb{R}^p$ in $\mathbb{R}^q$ durch lineare Abbildungen approximieren lassen.

10 Differenzierbare Funktionen

10.1 Lineare Approximation von Funktionen

Im folgenden wollen wir uns mit Funktionen $f(x)$ (zunächst aus $\mathbb{R}$ in $\mathbb{R}$) beschäftigen, die sich für $x \to x_0$ durch eine Gerade $g(x) = ax + d$ approximieren lassen, so daß gilt:

$$f(x) - f(x_0) \sim g(x) - g(x_0) = a(x - x_0) \quad \text{für} \quad x \to x_0 .$$

Um auch $a = 0$ zulassen zu können, gehen wir zur folgenden Formulierung über, die (vgl. letztes Kapitel) für $a \neq 0$ äquivalent ist: Es existiert $a \in \mathbb{R}$, so daß

$$f(x) - f(x_0) = a(x - x_0) + |x - x_0| \cdot r(x) \quad \text{mit} \quad \lim_{x \to x_0} r(x) = 0 .$$

Dabei gilt

$$a = \lim_{x \to x_0} \frac{f(x) - f(x_0)}{x - x_0} .$$

Die Größe $\dfrac{f(x) - f(x_0)}{x - x_0}$ heißt „*Differenzenquotient*". Sie gibt geometrisch den Anstieg der Sekante an den Graphen der Funktion f durch die Punkte $(x_0, f(x_0))$ und $(x, f(x))$ an. Der Grenzwert für $x \to x_0$ gibt im Falle der Existenz den Anstieg der Tangente an den Graphen im Punkt $(x_0, f(x_0))$ an, er heißt „*Differentialquotient*".

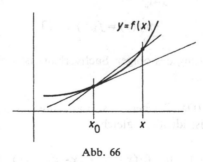

Abb. 66

Wir gelangen damit zur folgenden

Definition. Sei f aus $\mathbb{R}$ in $\mathbb{R}$, x_0 ein innerer Punkt von D_f.

f heißt an der Stelle x_0 *differenzierbar*, wenn eine der beiden folgenden äquivalenten Bedingungen erfüllt ist:

1) f ist an der Stelle x_0 linear approximierbar, d.h. es existiert $a \in \mathbb{R}$, so daß

$$f(x) - f(x_0) = a(x - x_0) + |x - x_0| \cdot r(x) , \quad \text{wobei} \quad \lim_{x \to x_0} r(x) = 0 ,$$

bzw.

2) es existiert der Grenzwert des Differenzenquotienten

$$a = \lim_{x \to x_0} \frac{f(x) - f(x_0)}{x - x_0} .$$

Ist f in x_0 differenzierbar, so schreibt man $a = f'(x_0)$ und nennt a die *Ableitung von f in x_0*. f heißt *in einem Bereich B differenzierbar*, wenn f in jedem x_0 aus B differenzierbar ist.

Wird jedem x, in dem f differenzierbar ist, die Ableitung von f in x zugeordnet, so heißt die entstehende Funktion die *Ableitung von f*, symb. f' bzw. $f'(x)$ bzw. $\dfrac{df}{dx}$ („*df* nach *dx*"). $\square$

Bemerkung. Die Bezeichnung $\dfrac{df}{dx}$ erklärt sich aus der Bezeichnung $\dfrac{\Delta f}{\Delta x} = \dfrac{f(x) - f(x_0)}{x - x_0}$ für den Differenzenquotienten. Man beachte aber, daß $\dfrac{df}{dx}$ eine formale Schreibweise ist und nicht (zumindest nicht unmittelbar) als Quotient gedeutet werden kann.

Folgerung. Ist f in x_0 differenzierbar, so ist f in x_0 auch stetig.

Beweis. Ist f in x_0 differenzierbar, so ist

$$f(x) - f(x_0) = a(x - x_0) + |x - x_0| \cdot r(x) \quad \text{mit} \quad \lim_{x \to x_0} r(x) = 0 .$$

Also ist
$$\lim_{x \to x_0} (f(x) - f(x_0)) = 0 ,$$

d.h.
$$\lim_{x \to x_0} f(x) = f(x_0) . \quad \square$$

Achtung! Die Umkehrung des obigen Sachverhalts ist i.allg. nicht richtig (vgl. dazu Beispiel 4) unten).

Beispiele. 1) $f(x) \equiv 1$. (Das Zeichen $\equiv$ soll andeuten, daß $f(x) = 1$ für alle $x \in \mathbb{R}$ gilt, in Worten: $f(x)$ ist identisch gleich 1.)

Es ist
$$f(x) - f(x_0) = 1 - 1 = 0 = 0 \cdot (x - x_0) + |x - x_0| \cdot r(x) \quad \text{mit} \quad r(x) \equiv 0 .$$

Daher existiert $f'(x_0)$ für alle $x_0 \in \mathbb{R}$, und wir haben $f'(x) \equiv 0$.

2) $f(x) = x$. Hier ist
$$f(x) - f(x_0) = x - x_0 = 1 \cdot (x - x_0) + |x - x_0| \cdot r(x) \quad \text{mit} \quad r(x) \equiv 0 ,$$

d.h.
$$f'(x) \equiv 1 .$$

3) $f(x) = ax+d$, $a, d \in \mathbb{R}$. Es ist

$$f(x) - f(x_0) = a \cdot (x - x_0) + |x - x_0| \cdot 0 \, ,$$

also

$$f'(x) \equiv a \, .$$

Die Resultate von 1) – 3) ergeben sich natürlich auch sofort aus unseren Bemerkungen am Beginn des Kapitels.

4) $f(x) = |x|$, d.h. $f(x) = \begin{cases} x & \text{für } x \geq 0 \\ -x & \text{für } x < 0 \end{cases}$.

Damit ergibt sich aus Beispiel 3):

Ist $x_0 > 0$, so ist $f'(x_0) = 1$, ist $x_0 < 0$, so ist $f'(x_0) = -1$.

Sei nun $x_0 = 0$. Dann ist für alle $x > x_0$ $f(x) = x$, hingegen für alle $x < x_0$ $f(x) = -x$, also

$$\lim_{x \to x_0 + 0} \frac{f(x) - f(x_0)}{x - x_0} = \lim_{x \to 0 + 0} \frac{x}{x} = 1 \, ,$$

aber

$$\lim_{x \to x_0 - 0} \frac{f(x) - f(x_0)}{x - x_0} = \lim_{x \to 0 - 0} \frac{-x}{x} = -1 \, .$$

Daher kann $\lim_{x \to x_0} \frac{f(x) - f(x_0)}{x - x_0}$ nicht existieren. f ist also in $x_0 = 0$ nicht differenzierbar. Hingegen ist $\lim_{x \to 0} f(x) = 0 = f(x_0)$, also f stetig in $x_0 = 0$.

(Man beachte, daß man aus $f(x) = x$ für $x \geq 0$ $f'(x) = 1$ nur für $x > 0$ schließen kann, da $x_0 = 0$ kein innerer Punkt von $[0, +\infty[$ ist!) □

Bemerkung. Ist $x_0 \in D_f$ und existiert der rechtsseitige Grenzwert

$$\lim_{x \to x_0 + 0} \frac{f(x) - f(x_0)}{x - x_0}$$

bzw. der linksseitige Grenzwert

$$\lim_{x \to x_0 - 0} \frac{f(x) - f(x_0)}{x - x_0} \, ,$$

so nennt man diese Grenzwerte *rechtsseitige bzw. linksseitige Ableitung von f in* x_0. f ist in x_0 genau dann differenzierbar, wenn rechtsseitige und linksseitige Ableitung existieren und gleich sind. □

Wir wollen nun den Begriff der Differenzierbarkeit auf Funktionen f aus $\mathbb{R}^p$ in $\mathbb{R}^q$ übertragen. Für $q > 1$ können wir keinen Differenzenquotienten mehr betrachten, der Begriff der linearen Approximierbarkeit (in der folgenden Definition durch eine lineare Abbildung mit Matrix $\mathfrak{A}$) ist jedoch unmittelbar übertragbar:

Definition. Sei $\mathfrak{f}$ eine Abbildung aus $\mathbb{R}^p$ in $\mathbb{R}^q$, $\mathfrak{x}_0$ ein innerer Punkt von $D_\mathfrak{f}$. $\mathfrak{f}$ heißt an der Stelle $\mathfrak{x}_0$ *total differenzierbar*, wenn $\mathfrak{f}$ in $\mathfrak{x}_0$ im folgenden Sinn linear approximierbar ist: Es gibt eine $q \times p$ Matrix $\mathfrak{A}$ mit Koeffizienten aus $\mathbb{R}$, so daß

(*) $\mathfrak{f}(\mathfrak{x}) - \mathfrak{f}(\mathfrak{x}_0) = \mathfrak{A}(\mathfrak{x} - \mathfrak{x}_0) + |\mathfrak{x} - \mathfrak{x}_0| \cdot \mathfrak{r}(\mathfrak{x})$,   wobei $\lim_{\mathfrak{x} \to \mathfrak{x}_0} \mathfrak{r}(\mathfrak{x}) = \mathfrak{o}$.

Die Matrix $\mathfrak{A}$ heißt *Funktional- oder JACOBI[1])-Matrix* von $\mathfrak{f}$ in $\mathfrak{x}_0$. ($\mathfrak{A}$ und $\mathfrak{r}(\mathfrak{x})$ sind i. allg. von $\mathfrak{x}_0$ abhängig!). $\square$

Um herauszufinden, wie sich die Elemente a_{ij} der Matrix $\mathfrak{A}$ im Fall der totalen Differenzierbarkeit berechnen lassen, schreiben wir (*) zunächst ausführlich an.

Sei $\mathfrak{f}(\mathfrak{x}) = \begin{pmatrix} f_1(\mathfrak{x}) \\ \vdots \\ f_q(\mathfrak{x}) \end{pmatrix}$, $\mathfrak{x} = \begin{pmatrix} x_1 \\ \vdots \\ x_p \end{pmatrix}$, $\mathfrak{x}_0 = \begin{pmatrix} x_1^0 \\ \vdots \\ x_p^0 \end{pmatrix}$.

Dann bedeutet (*):

(**)
$$f_i(\mathfrak{x}) - f_i(\mathfrak{x}_0) = \sum_{j=1}^{p} a_{ij} \cdot (x_j - x_j^0) + |\mathfrak{x} - \mathfrak{x}_0| \cdot r_i(\mathfrak{x}) ,$$
wobei $\lim_{\mathfrak{x} \to \mathfrak{x}_0} r_i(\mathfrak{x}) = 0$ für alle $1 \le i \le q$.

$\mathfrak{f}$ ist also in $\mathfrak{x}_0$ genau dann total differenzierbar, wenn alle Koordinatenfunktionen f_i (als Funktionen aus $\mathbb{R}^p$ in $\mathbb{R}^1$) in $\mathfrak{x}_0$ total differenzierbar sind.

Wir bestimmen nun, für den Fall der totalen Differenzierbarkeit, die Zahlen a_{ij}, indem wir in (**) $\mathfrak{x}$ parallel zur j-ten Koordinatenachse gegen $\mathfrak{x}_0$ gehen lassen, m. a. W. wir wählen

$$\mathfrak{x} = (x_1^0, \ldots, x_{j-1}^0, x_j, x_{j+1}^0, \ldots, x_p^0)^T .$$

Aus (**) folgt dann

$$f_i(\mathfrak{x}) - f_i(\mathfrak{x}_0) = a_{ij}(x_j - x_j^0) + |x_j - x_j^0| \cdot r_i(\mathfrak{x})   \text{ mit }   \lim_{\mathfrak{x} \to \mathfrak{x}_0} r_i(\mathfrak{x}) = 0 .$$

Dann ist aber

$$a_{ij} = \lim_{x_j \to x_j^0} \frac{f_i(x_1^0, \ldots, x_{j-1}^0, x_j, x_{j+1}^0, \ldots, x_p^0)^T - f_i(x_1^0, \ldots, x_p^0)^T}{x_j - x_j^0} ,$$

d. h. die Ableitung der j-ten Ersatzfunktion von f_i nach x_j.

Definition. Sei f eine Abbildung aus $\mathbb{R}^p$ in $\mathbb{R}^1$, $\mathfrak{x}_0 = (x_1^0, \ldots, x_p^0)^T$ ein innerer Punkt von D_f. Existiert der Grenzwert

$$\frac{\partial f}{\partial x_j}(\mathfrak{x}_0) = \lim_{x_j \to x_j^0} \frac{f(x_1^0, \ldots, x_{j-1}^0, x_j, x_{j+1}^0, \ldots, x_p^0)^T - f(x_1^0, \ldots, x_p^0)^T}{x_j - x_j^0} ,$$

so heißt er die *partielle Ableitung von f nach x_j* an der Stelle $\mathfrak{x}_0$. Anstelle von $\dfrac{\partial f}{\partial x_j}$ wird manchmal auch f_{x_j} geschrieben. $\square$

---

[1]) Carl Gustav JACOBI, 10. Dezember 1804 – 18. Februar 1851.

Folgerung. Die Funktionalmatrix $\mathfrak{A}$ einer Abbildung $\mathfrak{f} = \begin{pmatrix} f_1 \\ \vdots \\ f_q \end{pmatrix}$ aus $\mathbb{R}^p$ in $\mathbb{R}^q$ an der Stelle $\mathfrak{x}_0$ ist die Matrix $\dfrac{d\mathfrak{f}}{d\mathfrak{x}}(\mathfrak{x}_0) = \left(\dfrac{\partial f_i}{\partial x_j}(\mathfrak{x}_0) \right)_{\substack{1 \le i \le q \\ 1 \le j \le p}}$ der partiellen Ableitungen der Koordinatenfunktionen von $\mathfrak{f}$ an der Stelle $\mathfrak{x}_0$. Ist $\mathfrak{f}$ in $\mathfrak{x}_0$ total differenzierbar, so existieren alle $\dfrac{\partial f_i}{\partial x_j}(\mathfrak{x}_0)$.

Beispiel. Sei $f(x,y)^T = x \cdot y$. ($f: \mathbb{R}^2 \to \mathbb{R}^1$).

Um $\dfrac{\partial f}{\partial x}$ zu bestimmen, ist y als konstant zu betrachten und die Ableitung nach x zu ermitteln,

d.h. $\qquad\qquad \dfrac{\partial f}{\partial x} = y$. Analog $\dfrac{\partial f}{\partial y} = x$.

Also ist $\mathfrak{A}$ in $\mathfrak{x}_0 = (x^0, y^0)^T$ gleich der 1×2-Matrix (y^0, x^0).

Falls f in $\mathfrak{x}_0$ total differenzierbar ist, muß also gelten

$$f(\mathfrak{x}) - f(\mathfrak{x}_0) = \mathfrak{A}(\mathfrak{x} - \mathfrak{x}_0) + |\mathfrak{x} - \mathfrak{x}_0| \cdot r(\mathfrak{x}) \quad \text{mit} \quad \lim_{\mathfrak{x} \to \mathfrak{x}_0} r(\mathfrak{x}) = 0 ,$$

d.h. $\quad xy - x^0 y^0 = (y^0, x^0) \begin{pmatrix} x - x^0 \\ y - y^0 \end{pmatrix} + |\mathfrak{x} - \mathfrak{x}_0| \cdot r(\mathfrak{x}) \quad \text{mit} \quad \lim_{\mathfrak{x} \to \mathfrak{x}_0} r(\mathfrak{x}) = 0$.

Durch Umformung erhalten wir

$$|\mathfrak{x} - \mathfrak{x}_0| \cdot r(\mathfrak{x}) = xy - x^0 y^0 - y^0 (x - x^0) - x^0 (y - y^0)$$

$$= xy - y^0 x - x^0 y + x^0 y^0 = (x - x^0)(y - y^0) .$$

Nun ist

$$|x - x^0| \cdot |y - y^0| \le \tfrac{1}{2}((x - x^0)^2 + (y - y^0)^2) = \tfrac{1}{2}|\mathfrak{x} - \mathfrak{x}_0|^2$$

und daher

$$|r(\mathfrak{x})| \le \tfrac{1}{2}|\mathfrak{x} - \mathfrak{x}_0| \quad \text{für} \quad \mathfrak{x} \ne \mathfrak{x}_0$$

($r(\mathfrak{x}_0)$ können wir gleich 0 setzen), so daß

$$\lim_{\mathfrak{x} \to \mathfrak{x}_0} r(\mathfrak{x}) = 0 .$$

f ist also in jedem $\mathfrak{x}_0 \in \mathbb{R}^2$ total differenzierbar. $\square$

Wie das eben betrachtete Beispiel zeigt, ist es oft leicht, die partiellen Ableitungen einer Funktion zu ermitteln, jedoch viel komplizierter, die totale Differenzierbarkeit aufgrund der Definition nachzuprüfen. Wir geben im weiteren ohne Beweis eine entsprechende hinreichende Bedingung für die totale Differenzierbarkeit an:

Definition. Wir nennen eine Abbildung $\mathfrak{f}$ *stetig differenzierbar* an der Stelle $\mathfrak{x}_0$, wenn die partiellen Ableitungen aller Koordinatenfunktionen von $\mathfrak{f}$ in einer Umgebung von $\mathfrak{x}_0$ existieren und stetig sind.

Satz. Ist $\mathfrak{f}$ in $\mathfrak{x}_0$ stetig differenzierbar, so ist $\mathfrak{f}$ in $\mathfrak{x}_0$ auch total differenzierbar. $\square$
(ohne Beweis)

Bemerkung. Mann kann zeigen, daß aus der bloßen Existenz der partiellen Ableitungen nicht die totale Differenzierbarkeit folgt. (Man vergleiche dazu unsere frühere Beobachtung, daß aus der Stetigkeit der Ersatzfunktionen einer Funktion aus $\mathbb{R}^p$ in $\mathbb{R}^1$ auch nicht die Stetigkeit der Funktion folgt.) $\square$

Im weiteren befassen wir uns mit der *Erzeugung total differenzierbarer Abbildungen* aus ebensolchen:

1) Seien $\mathfrak{f}$ bzw. $\mathfrak{g}$ Abbildungen $D \subseteq \mathbb{R}^p \to \mathbb{R}^q$, total differenzierbar mit Funktionalmatrix (FM) $\mathfrak{A}$ bzw. $\mathfrak{B}$, $\lambda, \mu \in \mathbb{R}$.
Dann ist auch $\lambda \mathfrak{f} + \mu \mathfrak{g}$ total differenzierbar mit *FM* $\lambda \mathfrak{A} + \mu \mathfrak{B}$.

Beweis. Es ist $\mathfrak{f}(\mathfrak{x}) - \mathfrak{f}(\mathfrak{x}_0) = \Delta\mathfrak{f} = \mathfrak{A}(\mathfrak{x} - \mathfrak{x}_0) + |\mathfrak{x} - \mathfrak{x}_0| \cdot \mathfrak{r}(\mathfrak{x}) = \mathfrak{A}\,\Delta\mathfrak{x} + |\Delta\mathfrak{x}|\,\mathfrak{r}(\mathfrak{x})$

(*)   sowie $\Delta\mathfrak{g} = \mathfrak{B}\,\Delta\mathfrak{x} + |\Delta\mathfrak{x}|\,\mathfrak{s}(\mathfrak{x})$ mit $\lim\limits_{\mathfrak{x}\to\mathfrak{x}_0} \mathfrak{r}(\mathfrak{x}) = \lim\limits_{\mathfrak{x}\to\mathfrak{x}_0} \mathfrak{s}(\mathfrak{x}) = \mathfrak{o}$.

Sei nun $\mathfrak{h} = \lambda \mathfrak{f} + \mu \mathfrak{g}$. Dann ist

$$\Delta\mathfrak{h} = \lambda\,\mathfrak{f}(\mathfrak{x}) + \mu\mathfrak{g}(\mathfrak{x}) - \lambda\mathfrak{f}(\mathfrak{x}_0) - \mu\mathfrak{g}(\mathfrak{x}_0)$$

$$= \lambda\Delta\mathfrak{f} + \mu\Delta\mathfrak{g} = \lambda\mathfrak{A}\,\Delta\mathfrak{x} + \lambda|\Delta\mathfrak{x}|\mathfrak{r}(\mathfrak{x}) + \mu\mathfrak{B}\,\Delta\mathfrak{x} + \mu|\Delta\mathfrak{x}|\mathfrak{s}(\mathfrak{x})$$

$$= (\lambda\mathfrak{A} + \mu\mathfrak{B})\,\Delta\mathfrak{x} + |\Delta\mathfrak{x}|\,(\lambda\mathfrak{r}(\mathfrak{x}) + \mu\mathfrak{s}(\mathfrak{x}))$$

und es gilt
$$\lim_{\mathfrak{x}\to\mathfrak{x}_0} (\lambda\mathfrak{r}(\mathfrak{x}) + \mu\mathfrak{s}(\mathfrak{x})) = \mathfrak{o} + \mathfrak{o} = \mathfrak{o} \ . \quad \square$$

Spezialfall $p = q = 1$: $(\lambda f + \mu g)' = \lambda f' + \mu g'$.

2) Seien $\mathfrak{f}$ aus $\mathbb{R}^p$ in $\mathbb{R}^q$, $\mathfrak{g}$ aus $\mathbb{R}^q$ in $\mathbb{R}^s$ total differenzierbar mit FM $\mathfrak{A}$ bzw. $\mathfrak{B}$.
Sei weiters $W_{\mathfrak{f}} \subseteq D_{\mathfrak{g}}$, so daß wir die Zusammensetzung $\mathfrak{h}(\mathfrak{x}) = \mathfrak{g}(\mathfrak{f}(\mathfrak{x}))$ betrachten können.
Wir haben $\Delta\mathfrak{h} = \mathfrak{h}(\mathfrak{x}) - \mathfrak{h}(\mathfrak{x}_0) = \mathfrak{g}(\mathfrak{f}(\mathfrak{x})) - \mathfrak{g}(\mathfrak{f}(\mathfrak{x}_0))$.

Setzen wir $\mathfrak{u} = \mathfrak{f}(\mathfrak{x})$, $\mathfrak{u}_0 = \mathfrak{f}(\mathfrak{x}_0)$ und verwenden wir (*) von 1), so ergibt sich

$$\Delta\mathfrak{h} = \mathfrak{g}(\mathfrak{u}) - \mathfrak{g}(\mathfrak{u}_0) = \mathfrak{B}\Delta\mathfrak{u} + |\Delta\mathfrak{u}| \cdot \mathfrak{s}(\mathfrak{u}) \quad \text{mit} \quad \lim_{\mathfrak{u}\to\mathfrak{u}_0} \mathfrak{s}(\mathfrak{u}) = \mathfrak{o} \ .$$

Da $\mathfrak{f}$ stetig ist, gilt mit $\mathfrak{x}\to\mathfrak{x}_0$ auch $\mathfrak{u}\to\mathfrak{u}_0$, d.h.

$$\lim_{\mathfrak{x}\to\mathfrak{x}_0} \mathfrak{s}(\mathfrak{u}) = \mathfrak{o} \ .$$

Weiter ist $\Delta\mathfrak{u} = \mathfrak{A}\,\Delta\mathfrak{x} + |\Delta\mathfrak{x}| \cdot \mathfrak{r}(\mathfrak{x})$ mit $\lim\limits_{\mathfrak{x}\to\mathfrak{x}_0} \mathfrak{r}(\mathfrak{x}) = \mathfrak{o}$, so daß

$$\Delta\mathfrak{h} = \mathfrak{B}\cdot\mathfrak{A}\,\Delta\mathfrak{x} + |\Delta\mathfrak{x}| \cdot \left(\mathfrak{B}\mathfrak{r}(\mathfrak{x}) + \frac{|\Delta\mathfrak{u}|}{|\Delta\mathfrak{x}|}\,\mathfrak{s}(\mathfrak{u})\right) \ .$$

Wegen $\lim\limits_{x \to x_0} r(x) = o$ gilt auch $\lim\limits_{x \to x_0} \mathfrak{B} r(x) = o$ (die Koordinaten von $\mathfrak{B} r(x)$ sind Linearkombinationen derer von $r(x)$).

Weiters ist

$$\frac{|\Delta u|}{|\Delta x|} \leq \frac{|\mathfrak{A}\Delta x|}{|\Delta x|} + |r(x)|$$

und

$$|\mathfrak{A}\Delta x|^2 = \sum_{i=1}^{q} \left(\sum_{j=1}^{p} a_{ij}\Delta x_j \right)^2 .$$

Nach der Cauchy-Schwarzschen Ungleichung ist aber

$$\left(\sum_{j=1}^{p} a_{ij}\Delta x_j \right)^2 \leq \left(\sum_{j=1}^{p} a_{ij}^2 \right) \cdot \left(\sum_{j=1}^{p} \Delta x_j^2 \right) = \left(\sum_{j=1}^{p} a_{ij}^2 \right) \cdot |\Delta x|^2$$

und damit

$$|\mathfrak{A}\Delta x|^2 \leq |\Delta x|^2 \sum_{i=1}^{q} \sum_{j=1}^{p} a_{ij}^2 .$$

Daher ist $\dfrac{|\mathfrak{A}\Delta x|}{|\Delta x|}$ und auch $\dfrac{|\Delta u|}{|\Delta x|}$ beschränkt, und wir haben

$$\lim_{x \to x_0} \left(\mathfrak{B} r(x) + \frac{|\Delta u|}{|\Delta x|} \, \mathfrak{s}(u) \right) = o .$$

Damit ist $\mathfrak{h} = \mathfrak{g} \circ \mathfrak{f}$ total differenzierbar mit FM $\mathfrak{B} \cdot \mathfrak{A}$, genauer

$$\frac{d\mathfrak{h}}{dx}\bigg|_{x=x_0} = \frac{d\mathfrak{g}}{du}\bigg|_{u=\mathfrak{f}(x_0)} \cdot \frac{d\mathfrak{f}}{dx}\bigg|_{x=x_0} .$$

Diese Regel für die Bildung der FM einer zusammengesetzten Funktion heißt *Kettenregel*. Es gilt also für die partiellen Ableitungen der Koordinatenfunktionen:

$$\frac{\partial h_i}{\partial x_j} = \sum_{k=1}^{q} \frac{\partial g_i}{\partial u_k}\bigg|_{u=\mathfrak{f}(x)} \cdot \frac{\partial f_k}{\partial x_j} .$$

Spezialfall $p = q = 1$:

$$(g(f(x)))' = g'(f(x)) \cdot f'(x) .$$

Definition. Ist $\mathfrak{f}$ eine Abbildung aus $\mathbb{R}^p$ in $\mathbb{R}^p$, so heißt die Determinante der Funktionalmatrix

$$\frac{\partial(f_1, \ldots, f_p)}{\partial(x_1, \ldots, x_p)} = \det\left(\frac{\partial f_i}{\partial x_j} \right)$$

die *Funktionaldeterminante* (FD) von $\mathfrak{f}$. $\square$

Sind nun im obigen Beispiel $p = q = s$, so erhalten wir aus der Kettenregel für die FM folgende Regel für die FD:

$$\frac{\partial(h_1, \ldots, h_p)}{\partial(x_1, \ldots, x_p)} = \frac{\partial(g_1, \ldots, g_p)}{\partial(u_1, \ldots, u_p)}\bigg|_{u=\mathfrak{f}(x)} \cdot \frac{\partial(f_1, \ldots, f_p)}{\partial(x_1, \ldots, x_p)} .$$

3) Eine weitere wichtige Folgerung der Kettenregel betrifft die *Umkehrfunktion* $\mathfrak{f}^{-1}$ einer total differenzierbaren Funktion aus $\mathbb{R}^p$ in $\mathbb{R}^p$:

Wenn $\mathfrak{f}^{-1}$ total differenzierbar ist, so muß ja wegen $\mathfrak{f}^{-1}(\mathfrak{f}(\mathfrak{x})) = \mathfrak{x}$ und der Kettenregel gelten:

$$\frac{d\mathfrak{f}^{-1}}{d\mathfrak{u}}\bigg|_{\mathfrak{u}=\mathfrak{f}(\mathfrak{x})} \cdot \frac{d\mathfrak{f}}{d\mathfrak{x}} = \frac{d\mathfrak{x}}{d\mathfrak{x}} = \mathfrak{E} \quad \text{(Einheitsmatrix)} \; .$$

(Wegen $\mathfrak{x} - \mathfrak{x}_0 = \mathfrak{E}\,(\mathfrak{x} - \mathfrak{x}_0)$ ist $\mathfrak{E}$ die FM der identischen Abbildung.) Also ist

$$\frac{d\mathfrak{f}^{-1}}{d\mathfrak{u}}\bigg|_{\mathfrak{u}=\mathfrak{f}(\mathfrak{x})} = \left(\frac{d\mathfrak{f}}{d\mathfrak{x}}\right)^{-1} , \quad \text{d.h.} \quad \frac{d\mathfrak{f}^{-1}}{d\mathfrak{u}} = \left(\frac{d\mathfrak{f}}{d\mathfrak{x}}\right)^{-1}_{\mathfrak{x}=\mathfrak{f}^{-1}(\mathfrak{u})} , \quad \text{m.a.W.:}$$

Die FM der Umkehrabbildung $\mathfrak{f}^{-1}$ an der Stelle $\mathfrak{u}$ ist die Inverse Matrix zur FM *von* $\mathfrak{f}$ an der Stelle $\mathfrak{f}^{-1}(\mathfrak{u})$.

Wenn $\mathfrak{f}^{-1}$ existieren und total differenzierbar sein soll, muß also die FM von $\mathfrak{f}$ invertierbar sein, d.h. aber ihre FD $\neq 0$ sein! Tatsächlich gilt der folgende

Satz. Ist $\mathfrak{f}$ aus $\mathbb{R}^p$ in $\mathbb{R}^p$ stetig differenzierbar in einer Umgebung von $\mathfrak{x}_0$ und ist FD$(\mathfrak{x}_0) \neq 0$, dann besitzt $\mathfrak{f}$ in einer Umgebung von $\mathfrak{y}_0 = \mathfrak{f}(\mathfrak{x}_0)$ eine total differenzierbare Umkehrabbildung. $\square$

(Ohne Beweis.)

Spezialfall $p = 1$:
Ist f aus $\mathbb{R}$ in $\mathbb{R}$ stetig differenzierbar in $K(x_0, r)$ und $f'(x_0) \neq 0$, so besitzt f eine Umkehrfunktion f^{-1} in $K(f(x_0), r_1)$, und es gilt

$$\frac{df^{-1}}{du} = \left(\frac{df}{dx}\right)^{-1}\bigg|_{x=f^{-1}(u)} \; .$$

Beispiel. $f(x) = x^3$.

$$f'(x_0) = \lim_{x \to x_0} \frac{x^3 - x_0^3}{x - x_0} = \lim_{x \to x_0}(x^2 + xx_0 + x_0^2) = 3x_0^2 ,$$

d.h. $f'(x) = 3x^2$, stetig auf $\mathbb{R}$.

Da $f'(x_0) \neq 0$ für $x_0 \neq 0$, existiert für $u_0 \neq 0$ eine Umkehrfunktion mit Ableitung

$$\frac{d\sqrt[3]{u}}{du}\bigg|_{u=x^3} = \frac{1}{3x^2} , \quad \text{d.h.} \quad \frac{d\sqrt[3]{u}}{du} = \frac{1}{3x^2}\bigg|_{x=f^{-1}(u)=\sqrt[3]{u}} = \frac{1}{3u^{2/3}} \; . \quad \square$$

4) Seien $\mathfrak{f}$ und $\mathfrak{g}$ aus $\mathbb{R}^p$ in $\mathbb{R}^q$ total differenzierbar mit FM $\mathfrak{A}$ bzw. $\mathfrak{B}$. Wir untersuchen das *skalare Produkt* $\mathfrak{f}^T \cdot \mathfrak{g} = \sum_{i=1}^{q} f_i \cdot g_i$:

Mit (∗) von Punkt 1) haben wir

$$\mathfrak{f}^T(\mathfrak{x})\,\mathfrak{g}(\mathfrak{x}) - \mathfrak{f}^T(\mathfrak{x}_0)\,\mathfrak{g}(\mathfrak{x}_0)$$

$$= (\mathfrak{f}(\mathfrak{x}_0) + \mathfrak{A}\Delta\mathfrak{x} + |\Delta\mathfrak{x}|\,\mathfrak{r}(\mathfrak{x}))^T(\mathfrak{g}(\mathfrak{x}_0) + \mathfrak{B}\Delta\mathfrak{x} + |\Delta\mathfrak{x}|\,\mathfrak{s}(\mathfrak{x})) - \mathfrak{f}(\mathfrak{x}_0)^T\mathfrak{g}(\mathfrak{x}_0)$$

$$= (\mathfrak{f}(\mathfrak{x}_0)^T\mathfrak{B}\Delta\mathfrak{x} + \Delta\mathfrak{x}^T\mathfrak{A}^T\mathfrak{g}(\mathfrak{x}_0)) + |\Delta\mathfrak{x}|\cdot\mathfrak{t}(\mathfrak{x}) \; ,$$

wobei, wie man leicht sieht, $\lim\limits_{\mathfrak{x}\to\mathfrak{x}_0} \mathfrak{t}(\mathfrak{x}) = 0$.

Nun ist $\Delta\mathfrak{x}^T\mathfrak{A}^T\mathfrak{g}(\mathfrak{x}_0)\in\mathbb{R}$ und daher gleich $\mathfrak{g}(\mathfrak{x}_0)^T\mathfrak{A}\Delta\mathfrak{x}$, so daß der Klammerausdruck von oben

$$(\mathfrak{f}(\mathfrak{x}_0)^T\mathfrak{B} + \mathfrak{g}(\mathfrak{x}_0)^T\mathfrak{A})\Delta\mathfrak{x}$$

ergibt, m.a.W. die FM von $\mathfrak{f}^T\mathfrak{g}$ ist

$$\mathfrak{f}^T\mathfrak{B} + \mathfrak{g}^T\mathfrak{A} \; .$$

Andere Schreibweise:

$$\frac{d\mathfrak{f}^T\mathfrak{g}}{d\mathfrak{x}} = \mathfrak{f}^T\frac{d\mathfrak{g}}{d\mathfrak{x}} + \mathfrak{g}^T\frac{d\mathfrak{f}}{d\mathfrak{x}} \; .$$

Spezialfall $p = 1$: $\mathfrak{f}, \mathfrak{g}$ Abbildungen aus $\mathbb{R}$ in $\mathbb{R}^q$ (also geometrisch als Kurven in $\mathbb{R}^q$ deutbar):

$$\frac{d\mathfrak{f}^T\mathfrak{g}}{dx} = (\mathfrak{f}^T\mathfrak{g})' = \mathfrak{f}^T\mathfrak{g}' + \mathfrak{g}^T\mathfrak{f}' = \mathfrak{f}^T\mathfrak{g}' + \mathfrak{f}'^T\mathfrak{g}^T \; .$$

Spezialfall $p = q = 1$:

$$(f\cdot g)' = fg' + f'g = f'g + fg' \; ,$$

die „*Produktregel*".

Durch vollständige Induktion gewinnt man leicht die folgende Verallgemeinerung für n Faktoren.

$$\left(\prod_{i=1}^n f_i\right)' = \sum_{i=1}^n f_i' \cdot \prod_{j\neq i} f_j$$

oder, äquivalent,

$$\frac{\left(\prod\limits_{i=1}^n f_i\right)'}{\prod\limits_{i=1}^n f_i} = \sum_{i=1}^n \frac{f_i'}{f_i} \; .$$

Beispiel. Wir wissen bereits $x' = 1$.

Mit der Produktregel für n Faktoren ist daher

$$(x^n)' = \sum_{i=1}^n 1\cdot x^{n-1} = nx^{n-1} \quad \text{für alle} \quad n\geq 1 \; , \quad n\in\mathbb{N} \; .$$

Da $(x^0)' = (1)' \equiv 0$, gilt

$$(x^n)' = nx^{n-1} \quad \text{für alle} \quad n\in\mathbb{N}$$

(wobei wir $0\cdot x^{-1} \equiv 0$ setzen).

Wegen der Linearität der Ableitung erhalten wir damit für Polynome:

$$\left(\sum_{k=0}^{n} a_k x^k \right)' = \sum_{\substack{(k=0) \\ k=1}}^{n} k a_k x^{k-1} \ .$$

(Genauso haben wir früher auch die Ableitung eines Polynoms algebraisch definiert.) $\square$

5) Sei $p = q = 1$. Um eine Formel für $\left(\dfrac{f}{g} \right)'$ zu finden, betrachten wir zunächst $h(x) = \dfrac{1}{x}$ für $x \neq 0$:

$$\lim_{x \to x_0} \frac{(1/x) - (1/x_0)}{x - x_0} = -\lim_{x \to x_0} \frac{1}{x x_0} = -\frac{1}{x_0^2} \quad \text{für} \quad x_0 \neq 0 \ ,$$

d.h. $h'(x) = -\dfrac{1}{x^2}$.

Nun ist $\dfrac{f(x)}{g(x)} = f(x) \cdot h(g(x))$, und daher nach den früheren Überlegungen differenzierbar für $g(x) \neq 0$ mit (Anwendung von Produkt- und Kettenregel)

$$\left(\frac{f(x)}{g(x)} \right)' = f'(x) \cdot h(g(x)) + f(x) \cdot (h(g(x)))'$$

$$= f'(x) h(g(x)) + f(x) \cdot h'(g(x)) \cdot g'(x)$$

$$= \frac{f'(x)}{g(x)} - \frac{f(x) g'(x)}{g^2(x)} = \frac{f'(x) g(x) - f(x) g'(x)}{g^2(x)} \ ,$$

die „*Quotientenregel*".

Beispiel. $(x^\alpha)'$ für $\alpha = \dfrac{p}{q} \in \mathbb{Q}$.

Wir wissen bereits $(x^n)' = n x^{n-1}$ für $n \in \mathbb{N}$, sowie $\left(\dfrac{1}{x} \right)' = (x^{-1})' = -x^{-2}$ für $x \neq 0$.

Nach der Quotientenregel ist weiter ($x \neq 0$)

$$(x^{-n})' = \left(\frac{1}{x^n} \right)' = \frac{0 x^n - 1 n x^{n-1}}{x^{2n}} = -n x^{-n-1} \quad \text{für} \quad n \in \mathbb{N} \ ,$$

also gilt $(x^n)' = n x^{n-1}$ für $n \in \mathbb{Z}$ ($x \neq 0$ für $n < 0$).

(Man beachte, daß als Ableitung einer Potenz alle Potenzen ungleich x^{-1} auftreten können.)

Sei nun $y = f(x) = x^{p/q} = \sqrt[q]{x^p}$, $x \in D_f$ (vgl. 9.6).

Es ist also $y^q = x^p$ bzw. $F(x, y) = y^q - x^p = 0$. Wir werden später einen Satz kennenlernen, der sichert, daß die obige Funktion $f(x)$ sicher in allen Punkten $x \in D_f$, für die gilt

$$F_y(x, y)|_{y = f(x)} \neq 0 \ ,$$

differenzierbar ist, also für $q y^{q-1} = q \cdot x^{\frac{p}{q}(q-1)} \neq 0$, d.h. $x \neq 0$.

Aus $(f(x))^q = x^p$ folgt durch Ableiten

$$qf(x)^{q-1}f'(x) = px^{p-1} \; ,$$

d.h. $\qquad f'(x) = \dfrac{p}{q} \cdot x^{p-1} \cdot x^{-\frac{p}{q}(q-1)} = \dfrac{p}{q}\, x^{(p-q)/q} = \dfrac{p}{q}\, x^{(p/q)-1} \; .$

Also $\qquad\qquad (x^\alpha)' = \alpha x^{\alpha-1} \quad$ für $\quad \alpha \in \mathbb{Q}, \; x \in D_{x^\alpha} - \{0\} \; .$

(Wegen $\lim\limits_{x\to 0} \dfrac{x^\alpha - 0^\alpha}{x - 0} = \lim\limits_{x\to 0} x^{\alpha-1} = 0^{\alpha-1} = \alpha \cdot 0^{\alpha-1}$ für $\alpha \geq 1$, gilt die obige Formel für $\alpha \geq 1$ auch in $x = 0$, wenn dieses innerer Punkt von D_f ist.) $\quad\square$

6) Sind $\mathfrak{f}$ und $\mathfrak{g}$ total differenzierbare Abbildungen aus $\mathbb{R}^p$ in $\mathbb{R}^3$, so ist auch $\mathfrak{f} \times \mathfrak{g}$ total differenzierbar mit

$$\left(\frac{d(\mathfrak{f} \times \mathfrak{g})}{d\mathfrak{x}} \right)_j = \left(\frac{d\mathfrak{f}}{d\mathfrak{x}} \right)_j \times \mathfrak{g} + \mathfrak{f} \times \left(\frac{d\mathfrak{g}}{d\mathfrak{x}} \right)_j \quad (1 \leq j \leq p) \; ,$$

wobei der Index j jeweils für die j-te Spalte der Matrix steht. (Der Beweis kann ganz ähnlich wie beim Skalarprodukt geführt werden.) $\quad\square$

Im folgenden betrachten wir einige *weitere* **Beispiele** *differenzierbarer Funktionen aus* $\mathbb{R}$ *in* $\mathbb{R}$:

Die trigonometrischen Funktionen:
  a) $y = \sin x$.

$$y'(x_0) = \lim_{x \to x_0} \frac{\sin x - \sin x_0}{x - x_0} = \lim_{x \to x_0} \frac{2 \sin \dfrac{x - x_0}{2} \cos \dfrac{x + x_0}{2}}{x - x_0}$$

$$= \lim_{x \to x_0} \frac{2 \sin \dfrac{x - x_0}{2}}{x - x_0} \cdot \lim_{x \to x_0} \cos \frac{x + x_0}{2} = 1 \cdot \cos x_0 = \cos x_0 \; ,$$

also $\qquad\qquad\qquad\qquad (\sin x)' = \cos x \; .$

  b) $y = \cos x = \sin\left(\frac{\pi}{2} - x\right)$.

$$y' = \cos\left(\tfrac{\pi}{2} - x\right) \cdot (-1) = -\sin x \; ,$$

also $\qquad\qquad\qquad\qquad (\cos x)' = -\sin x \; .$

  c) $y = \operatorname{tg} x = \dfrac{\sin x}{\cos x}$.

$$y' = \frac{\cos x \cos x - \sin x (-\sin x)}{\cos^2 x} = \frac{\cos^2 x + \sin^2 x}{\cos^2 x} = \frac{1}{\cos^2 x} \; ,$$

d.h. $\qquad\qquad (\operatorname{tg} x)' = \dfrac{1}{\cos^2 x} = 1 + \operatorname{tg}^2 x \; .$

d) $y = \operatorname{ctg} x = \dfrac{\cos x}{\sin x}$. Analog zu c) erhält man

$$(\operatorname{ctg} x)' = -\frac{1}{\sin^2 x} = -(1 + \operatorname{ctg}^2 x) \ .$$

Die zyklometrischen Funktionen:

a) $y = \operatorname{Arcsin} x$ (Hauptzweig). Nach der Regel für die Ableitung der Umkehrfunktion ist

$$\frac{d \operatorname{Arcsin} x}{dx} = \frac{1}{d \sin y / dy}\bigg|_{y = \operatorname{Arcsin} x} = \frac{1}{\cos (\operatorname{Arcsin} x)} \ .$$

Wegen $-\frac{\pi}{2} \leqslant \operatorname{Arcsin} x \leq \frac{\pi}{2}$ ist

$$\cos(\operatorname{Arcsin} x) = \underset{+}{\sqrt{1 - \sin^2 (\operatorname{Arcsin} x)}} = \underset{+}{\sqrt{1 - x^2}} \ ,$$

daher $$(\operatorname{Arcsin} x)' = \frac{1}{\underset{+}{\sqrt{1 - x^2}}} \ .$$

Analog erhält man

b) $$(\operatorname{Arccos} x)' = \frac{-1}{\underset{+}{\sqrt{1 - x^2}}} \ ,$$

c) $$(\operatorname{Arctg} x)' = \frac{1}{1 + x^2} \ ,$$

d) $$(\operatorname{Arcctg} x)' = \frac{-1}{1 + x^2} \ .$$

10.2 Geometrische Anwendungen der Ableitung

In diesem Abschnitt beschäftigen wir uns mit einigen Anwendungen, die sich aus der geometrischen Deutung der Ableitung bzw. der durch die Funktionalmatrix (FM) vermittelten linearen Abbildung ergeben.

Wir beginnen zunächst mit *Kurven im $\mathbb{R}^p$*:

Sei $p = 2$: Dann wird durch eine stetige Funktion $y = f(x)$ eine Kurve im $\mathbb{R}^2$, nämlich der Graph von $f(x)$, beschrieben.

Wir nennen $y = f(x)$ die *explizite Darstellung* dieser Kurve im $\mathbb{R}^2$. Sei nun f differenzierbar. Dann gibt $f'(x_0)$ den Anstieg der Tangente an die Kurve im Punkt $(x_0, y_0 = f(x_0))$ an, wir haben also die *Tangentengleichung*

$$y - y_0 = f'(x_0)(x - x_0) \ .$$

Für allgemeines p läßt sich eine Kurve im $\mathbb{R}^p$, wie wir schon wissen, durch eine

Parameterdarstellung $t \to \mathfrak{x}(t) = \begin{pmatrix} x_1(t) \\ \vdots \\ x_p(t) \end{pmatrix}$ festlegen.

Ist $\mathfrak{x}(t)$ differenzierbar und $\mathfrak{x}'(t_0) \neq \mathfrak{o}$, so ist $\mathfrak{x}'(t_0)$ ein Richtungsvektor der Tangente an die Kurve im Punkt $\mathfrak{x}(t_0) = \mathfrak{x}_0$, m. a. W. die *Tangentengleichung* lautet für $\mathfrak{x}'(t_0) \neq \mathfrak{o}$:

$$\mathfrak{x} = \mathfrak{x}_0 + \lambda \cdot \mathfrak{x}'(t_0) \; , \qquad \lambda \in \mathbb{R} \; .$$

Ehe wir eine weitere Darstellungsart von Kurven im $\mathbb{R}^2$ diskutieren, gehen wir zu *Flächen im $\mathbb{R}^p$* über:

Sei zunächst $p = 3$.

Dann heißt $z = f(x,y)$ *explizite Darstellung* der durch den Graphen gegebenen Fläche im $\mathbb{R}^3$. Ist f differenzierbar, so heißt die durch die lineare Approximation in einem Punkt $(x_0, y_0, z_0 = f(x_0, y_0))$ der Fläche festgelegte Ebene die *Tangentialebene*. Sie hat demnach die Gleichung

$$z - z_0 = f_x(x_0, y_0)(x - x_0) + f_y(x_0, y_0)(y - y_0) \; .$$

Durch Umformen ergibt sich

$$f_x(x_0, y_0)x + f_y(x_0, y_0)y - z = f_x(x_0, y_0)x_0 + f_y(x_0, y_0)y_0 - z_0 \; ,$$

es ist also $\begin{pmatrix} f_x(x_0, y_0) \\ f_y(x_0, y_0) \\ -1 \end{pmatrix}$ $(\neq \mathfrak{o})$ ein *Normalvektor* der Tangentialebene in $(x_0, y_0, f(x_0, y_0))$.

Um eine andere Beschreibung der Tangentialebene zu erlangen, betrachten wir eine Kurve

$$t \to \begin{pmatrix} x(t) \\ y(t) \\ z(t) \end{pmatrix} \quad \text{in der Fläche} \quad z = f(x,y) \; ,$$

d. h. es gelte $z(t) = f(x(t), y(t))$.

Dann ist nach der Kettenregel

$$z'(t) = f_x(x(t), y(t)) \cdot x'(t) + f_y(x(t), y(t)) \cdot y'(t) \; .$$

Der Tangentenvektor $\begin{pmatrix} x'(t_0) \\ y'(t_0) \\ z'(t_0) \end{pmatrix}$ an die Flächenkurve erfüllt also die Beziehung

$$\begin{pmatrix} f_x(x_0, y_0) \\ f_y(x_0, y_0) \\ -1 \end{pmatrix} \cdot \begin{pmatrix} x'(t_0) \\ y'(t_0) \\ z'(t_0) \end{pmatrix} = 0 \; ,$$

d. h. er ist orthogonal zum obigen Normalvektor der Tangentialebene.

Die Tangentialebene läßt sich also auch als die Ebene der Tangenten an die Flächenkurven durch den betreffenden Punkt der Fläche deuten.

Wir gehen wieder zu *allgemeinem p* über. Dann nennen wir

$$(u,v) \to \mathfrak{x}(u,v) = \begin{pmatrix} x_1(u,v) \\ \vdots \\ x_p(u,v) \end{pmatrix}$$

die *Parameterdarstellung einer Fläche* im $\mathbb{R}^p$, falls $\mathfrak{x}$ stetig ist. (Oft werden an $D_\mathfrak{x}$ noch weitere Anforderungen gestellt.)

Halten wir u bzw. v fest gleich u_0 bzw. v_0, so ergeben sich zwei Scharen von Flächenkurven

$$u \to \mathfrak{x}(u, v_0) \quad \text{bzw.} \quad v \to \mathfrak{x}(u_0, v) \ ,$$

die wir *Parameterlinien* nennen. Sei nun $\mathfrak{x}$ differenzierbar. Um zur Gleichung der Tangentialebene an die Fläche im Punkt $\mathfrak{x}(u_0, v_0)$ zu gelangen, beachten wir, daß

$$\mathfrak{x}_u(u_0, v_0) \quad \text{bzw.} \quad \mathfrak{x}_v(u_0, v_0)$$

Tangentenvektoren an die Parameterlinien in $\mathfrak{x}(u_0, v_0)$ sind. Sind daher $\mathfrak{x}_u(u_0, v_0)$ und $\mathfrak{x}_v(u_0, v_0)$ *linear unabhängig*, so ist die Gleichung der *Tangentialebene* im Punkt $\mathfrak{x}_0 = \mathfrak{x}(u_0, v_0)$ gegeben durch

$$\mathfrak{x} = \mathfrak{x}_0 + \lambda \mathfrak{x}_u(u_0, v_0) + \mu \mathfrak{x}_v(u_0, v_0) \ , \quad \lambda, \mu \in \mathbb{R} \ .$$

Ist wieder $p = 3$, so ist für l. u. Vektoren $\mathfrak{x}_u(u_0, v_0)$ und $\mathfrak{x}_v(u_0, v_0)$ ein *Normalvektor* an die Tangentialebene gegeben durch

$$\mathfrak{x}_u(u_0, v_0) \times \mathfrak{x}_v(u_0, v_0) \quad (\neq \mathfrak{o}\,!)$$

Wir wenden uns nun einer 3. Darstellungsart von Kurven im $\mathbb{R}^2$ bzw. Flächen im $\mathbb{R}^3$ zu, nämlich der *„impliziten Darstellung"*:

Sei wieder zunächst $y = f(x)$ die explizite Darstellung einer Kurve im $\mathbb{R}^2$. Dann ist $F(x, y) = y - f(x) = 0$. Wir nennen allgemeiner $F(x, y) = 0$ *implizite Darstellung einer Kurve* $\mathfrak{x}(t) = \begin{pmatrix} x(t) \\ y(t) \end{pmatrix}$, wenn $F(x(t), y(t)) = 0$ ist für alle $t \in D_{\mathfrak{x}}$.

Beispiel. $F(x, y) = x^2 + y^2 - 1 = 0$ ist eine implizite Darstellung für den Einheitskreis $t \to \begin{pmatrix} \cos t \\ \sin t \end{pmatrix}$, da $F(\cos t, \sin t) = 0$ für alle t. $\quad \square$

Nehmen wir nun an, eine Gleichung $F(x, y) = 0$ sei *vorgegeben*. Wir interessieren uns dann für hinreichende *Bedingungen, unter denen man die Gleichung „nach y auflösen" kann,* d. h. eine Funktion $y = f(x)$ finden kann, die (zumindest in der Nähe eines Punktes (x_0, y_0) mit $F(x_0, y_0) = 0$) die Gleichung $F(x, y) = 0$ erfüllt, und daher lokal eine explizite Darstellung einer durch $F(x, y) = 0$ beschriebenen Kurve liefert.

Beispiel. Sei wieder $F(x, y) = x^2 + y^2 - 1 = 0$. Dann ist etwa $y = \sqrt[+]{1 - x^2}$, $x \in [-1, 1]$, eine explizite Darstellung der Kurve in einer Umgebung des Kurvenpunktes $(0, 1)$.

Man sieht leicht, daß für jeden Kurvenpunkt, ausgenommen die Punkte $(-1, 0)$ und $(1, 0)$, entweder, $y = \sqrt[+]{1 - x^2}$ oder $y = -\sqrt[+]{1 - x^2}$ explizite Darstellungen der Kurve in einer Umgebung des jeweiligen Kurvenpunktes sind.

Hingegen gibt es in keiner offenen Umgebung der Punkte $(-1, 0)$ und $(1, 0)$ eine explizite Darstellung $y = f(x)$, da stets sowohl Punkte mit $y = \sqrt[+]{1 - x^2}$ als auch solche mit $y = -\sqrt[+]{1 - x^2}$ in jeder derartigen Umgebung liegen.

Wir halten fest, daß $(-1, 0)$ und $(1, 0)$ gerade die Kurvenpunkte sind, für die $F_y(x, y) = 2y = 0$ gilt. $\square$

Angenommen wir wünschen uns eine stetig differenzierbare Funktion $y = f(x)$, die $F(x, y) = 0$ erfüllt und durch (x_0, y_0) geht. (Eine stetig differenzierbare Kurve $\mathfrak{x}(t)$ heißt auch *glatte Kurve*, wenn $\mathfrak{x}'(t) \neq \mathfrak{o}$ für alle $t \in D_\mathfrak{x}$.) Wir setzen voraus, daß $F(x, y)$ stetig differenzierbar ist und betrachten die Tangentialebenen an die Fläche $z = F(x, y)$. Es ist nun sinnvoll anzunehmen, daß die Tangentialebene im Punkt $(x_0, y_0, F(x_0, y_0) = 0)$ ungleich der xy-Ebene ($z = 0$) ist, da wir sonst i. allg. keine weiteren Lösungen von $F(x, y) = 0$ in einer genügend kleinen Umgebung von (x_0, y_0) finden werden.

Die Normalvektoren $\begin{pmatrix} F_x(x_0, y_0) \\ F_y(x_0, y_0) \\ -1 \end{pmatrix}$ der Tangentialebene und $\begin{pmatrix} 0 \\ 0 \\ 1 \end{pmatrix}$ der xy-Ebene sollen also l. u. sein. Sie sind l. a. genau dann, wenn $\begin{pmatrix} F_x(x_0, y_0) \\ F_y(x_0, y_0) \\ -1 \end{pmatrix} = \lambda \cdot \begin{pmatrix} 0 \\ 0 \\ 1 \end{pmatrix}$ mit $\lambda \in \mathbb{R}$, d. h. wenn $F_x(x_0, y_0) = F_y(x_0, y_0) = 0$. Wir werden daher $(F_x(x_0, y_0), F_y(x_0, y_0)) \neq (0, 0)$ voraussetzen.

Differenzieren wir die Gleichung

$$F(x, f(x)) = 0$$

nach x, so erhalten wir

$$F_x(x, f(x)) + F_y(x, f(x)) \cdot f'(x) = 0 .$$

Wäre $F_y(x_0, y_0 = f(x_0)) = 0$, so wäre also auch $F_x(x_0, y_0) = 0$. Unsere Voraussetzung reduziert sich also auf $F_y(x_0, y_0) \neq 0$. Weiters sehen wir, daß $f'(x)$ sich durch die partiellen Ableitungen von $F(x, y)$ ausdrücken läßt, da aus der letzten Gleichung folgt

$$f'(x) = -\frac{F_x(x, f(x))}{F_y(x, f(x))} \quad \text{für} \quad F_y(x, f(x)) \neq 0 .$$

Damit haben wir die Voraussetzungen des folgenden Satzes motiviert, den wir ohne Beweis angeben.

Satz (Hauptsatz über implizite Funktionen). Gegeben sei eine Funktion $F(x, y)$ mit folgenden Eigenschaften:

1) $F(x_0, y_0) = 0$,
2) F ist stetig differenzierbar in einer Umgebung von (x_0, y_0) (d. h. F_x und F_y sind stetig) und
3) $F_y(x_0, y_0) \neq 0$.

Dann gibt es eine Umgebung $K(x_0; \delta)$ von x_0, so daß auf dieser Umgebung eine eindeutig bestimmte Funktion $f(x)$ existiert mit folgenden Eigenschaften:

1) $f(x_0) = y_0$,
2) $F(x, f(x)) \equiv 0$ für $x \in K(x_0; \delta)$,
3) $f(x)$ ist stetig differenzierbar auf $K(x_0; \delta)$ mit $f'(x) = -\dfrac{F_x(x, f(x))}{F_y(x, f(x))}$. $\square$

Suchen wir die *Gleichung der Tangente* der in *impliziter Darstellung* $F(x, y) = 0$ gegebenen Kurve in (x_0, y_0), so ergibt sich aus dem Hauptsatz

$$y - y_0 = f'(x_0)(x - x_0) = -\frac{F_x(x_0, y_0)}{F_y(x_0, y_0)}(x - x_0)$$

oder $\qquad F_x(x_0, y_0)(x - x_0) + F_y(x_0, y_0)(y - y_0) = 0 \ .$

Definition. Für f aus $\mathbb{R}^p$ in $\mathbb{R}^1$ heißt $\left(\dfrac{df}{d\mathfrak{x}}\right)^T = \operatorname{grad} f$ der *Gradient* von f. $\quad \square$

$\operatorname{grad} F(\mathfrak{x}_0) = \begin{pmatrix} F_x(x_0, y_0) \\ F_y(x_0, y_0) \end{pmatrix}$ ist also ein *Normalvektor* der Tangente.

Beispiel. $F(x, y) = x^2 + y^2 - 1 = 0$, der Einheitskreis.
Die Tangentengleichung in (x_0, y_0) lautet wegen $F_x = 2x$, $F_y = 2y$:

$$2x_0(x - x_0) + 2y_0(y - y_0) = 0$$

oder $\qquad x_0 x + y_0 y = x_0^2 + y_0^2 = 1 \ . \quad \square$

Der Hauptsatz über implizite Funktionen kann auf Funktionen von mehr Veränderlichen verallgemeinert werden:

Satz. $F(x_1, \ldots, x_p, y) = F(\mathfrak{x}, y)$ erfülle
  1) $F(\mathfrak{x}_0, y_0) = 0$
  2) F ist stetig differenzierbar in einer Umgebung von $(\mathfrak{x}_0, y_0)$
  3) $F_y(\mathfrak{x}_0, y_0) \neq 0$.
  Dann existiert eine Umgebung $K(\mathfrak{x}_0; \delta)$, auf der es eine eindeutig bestimmte
Funktion $f(\mathfrak{x})$ gibt mit
  1) $f(\mathfrak{x}_0) = y_0$,
  2) $F(\mathfrak{x}, f(\mathfrak{x})) \equiv 0$ für $\mathfrak{x} \in K(\mathfrak{x}_0; \delta)$ und
  3) f ist in $K(\mathfrak{x}_0; \delta)$ stetig differenzierbar mit

$$\frac{\partial f(\mathfrak{x})}{\partial x_i} = -\frac{\dfrac{\partial F}{\partial x_i}(\mathfrak{x}, f(\mathfrak{x}))}{\dfrac{\partial F}{\partial y}(\mathfrak{x}, f(\mathfrak{x}))} \ . \quad \square$$

(Ohne Beweis.)

Wir nennen $F(x, y, z) = 0$ *implizite Darstellung einer Fläche*
$\mathfrak{x}(u, v) = \begin{pmatrix} x(u, v) \\ y(u, v) \\ z(u, v) \end{pmatrix}$ im $\mathbb{R}^3$, wenn

$$F(x(u, v), y(u, v), z(u, v)) = 0 \quad \text{für alle} \quad (u, v) \in D_{\mathfrak{x}}$$

gilt.

Wenn $F_z(x_0, y_0, z_0) \neq 0$ ist, kann man nach dem obigen Satz lokal nach z auflösen, d. h. eine explizite Darstellung $z = f(x, y)$ der Fläche in einer Umgebung von (x_0, y_0, z_0) finden.

Für die *Tangentialebene* in (x_0, y_0, z_0) gilt dann die Gleichung

$$z - z_0 = f_x(x_0, y_0)(x - x_0) + f_y(x_0, y_0)(y - y_0)$$

und nach dem obigen Satz

$$z - z_0 = -\frac{F_x}{F_z}(x_0, y_0, z_0) \cdot (x - x_0) - \frac{F_y}{F_z}(x_0, y_0, z_0)(y - y_0)$$

oder

$$F_x(x_0, y_0, z_0)(x - x_0) + F_y(x_0, y_0, z_0)(y - y_0) + F_z(x_0, y_0, z_0)(z - z_0) = 0 .$$

$$\operatorname{grad} F(x_0) = \begin{pmatrix} F_x(x_0, y_0, z_0) \\ F_y(x_0, y_0, z_0) \\ F_z(x_0, y_0, z_0) \end{pmatrix} \text{ ist also ein } \textit{Normalvektor.}$$

Beispiel. $F(x, y, z) = x^2 + y^2 + z^2 - 1 = 0$ ist eine implizite Darstellung der Einheitskugel im $\mathbb{R}^3$. Die Gleichung der Tangentialebene in (x_0, y_0, z_0) lautet:

$$2x_0(x - x_0) + 2y_0(y - y_0) + 2z_0(z - z_0) = 0$$

bzw.

$$x_0 x + y_0 y + z_0 z = 1 . \quad \square$$

Bemerkung. Der Hauptsatz über implizite Funktionen läßt sich weiter verallgemeinern auf das Problem, eine Gleichung

$$\mathfrak{f}(\mathfrak{x}; \mathfrak{y}) = \mathfrak{o} , \quad \mathfrak{f} \text{ aus } \mathbb{R}^{p+q} \text{ in } \mathbb{R}^q , \quad \mathfrak{x} \in \mathbb{R}^p , \quad \mathfrak{y} \in \mathbb{R}^q,$$

nach $\mathfrak{y} \in \mathbb{R}^q$ aufzulösen.

Ist $\mathfrak{f}$ linear, so ist dies genau dann möglich, wenn die Determinante $\dfrac{\partial \mathfrak{f}}{\partial \mathfrak{y}} = \dfrac{\partial(f_1, \ldots, f_q)}{\partial(y_1, \ldots, y_q)} \neq 0$ ist, da dies gerade die Systemdeterminante des linearen Gleichungssystems $\mathfrak{f}(\mathfrak{x}; \mathfrak{y}) = \mathfrak{o}$ für die Unbekannten $(y_1, \ldots, y_q)(= \mathfrak{y})$ ist.

Im allgemeinen Fall lautet die Bedingung für die lokale Auflösbarkeit nach $\mathfrak{y}$ (neben den naheliegenden Differenzierbarkeitsvoraussetzungen) ebenfalls

$$\frac{\partial(f_1, \ldots, f_q)}{\partial(y_1, \ldots, y_q)} \neq 0 . \quad \square$$

Wir haben bisher in diesem Abschnitt untersucht, wie sich Tangenten- bzw. Tangentialebenengleichungen für Kurven bzw. Flächen in expliziter, Parameter- oder impliziter Darstellung mit Hilfe der Ableitungen der auftretenden Funktionen aufstellen lassen. Im weiteren wollen wir die für eine total differenzierbare Funktion $\mathfrak{f}$ existierende linear approximierende Abbildung genauer untersuchen, da diese wichtige Rückschlüsse auf das lokale Verhalten der Funktion $\mathfrak{f}$ zuläßt:

Definition. Sei $\mathfrak{y} = \mathfrak{f}(\mathfrak{x})$ total differenzierbar an der Stelle $\mathfrak{y}_0 = \mathfrak{f}(\mathfrak{x}_0)$. Dann nennen wir die Abbildung

$$\mathfrak{y} - \mathfrak{y}_0 = \frac{d\mathfrak{f}}{d\mathfrak{x}}\bigg|_{\mathfrak{x} = \mathfrak{x}_0} \cdot (\mathfrak{x} - \mathfrak{x}_0)$$

die *berührende Affinität* an $\mathfrak{f}$ in $\mathfrak{x}_0$. $\square$

Die berührende Affinität ist also bis auf die „Verschiebung" um die Vektoren $\mathfrak{x}_0$ bzw. $\mathfrak{y}_0$ eine lineare Abbildung, deren Matrix die FM $\dfrac{d\mathfrak{f}}{d\mathfrak{x}}\,(\mathfrak{x}_0)$ ist.

Manchmal wird daher auch die durch die FM vermittelte lineare Abbildung selbst als berührende Affinität bezeichnet.

Sei nun $\mathfrak{x} = \mathfrak{x}(t)$ eine glatte Kurve in $\mathbb{R}^p$, d.h. $\mathfrak{x}$ stetig differenzierbar mit $\mathfrak{x}'(t) \neq 0$, und sei $\mathfrak{f}$ aus $\mathbb{R}^p$ in $\mathbb{R}^q$ total differenzierbar.

Die Tangentengleichung an $\mathfrak{x} = \mathfrak{x}(t)$ in $\mathfrak{x}(t_0)$ lautet

$$\mathfrak{x} = \mathfrak{x}(t_0) + \lambda\,\mathfrak{x}'(t_0) \ , \qquad \lambda \in \mathbb{R} \ .$$

Durch $\mathfrak{y} = \mathfrak{f}(\mathfrak{x}(t))$ ist eine Kurve in $\mathbb{R}^q$, die Bildkurve von $\mathfrak{x}(t)$ unter $\mathfrak{f}$, festgelegt. Ihre Tangentengleichung in Punkt $\mathfrak{y}_0 = \mathfrak{f}(\mathfrak{x}(t_0))$ ist nach der Kettenregel

$$\mathfrak{y} = \mathfrak{f}(\mathfrak{x}(t_0)) + \lambda \cdot \frac{d\mathfrak{f}}{d\mathfrak{x}}\bigg|_{\mathfrak{x} = \mathfrak{x}(t_0)} \cdot \mathfrak{x}'(t_0) \ ,$$

m. a. W. die *Tangente an die Bildkurve* im Bildpunkt ist das *Bild der Tangente an die Urbildkurve* im Urbildpunkt *unter der berührenden Affinität* (sofern $\mathfrak{y}'(t_0) = \dfrac{d\mathfrak{f}}{d\mathfrak{x}}\,(\mathfrak{x}_0) \cdot \mathfrak{x}'(t_0) \neq 0$, d.h. $\mathfrak{x}'(t_0)$ nicht im Kern von $\dfrac{d\mathfrak{f}}{d\mathfrak{x}}\,(\mathfrak{x}_0)$ liegt).

Definition. Unter dem *Winkel zweier glatter Kurven* $\mathfrak{x} = \mathfrak{x}_1(t)$ bzw. $\mathfrak{x} = \mathfrak{x}_2(t)$ in einem Schnittpunkt $\mathfrak{x}_1(t_1) = \mathfrak{x}_2(t_2)$ verstehen wir den Winkel zwischen den Tangenten an die Kurven im Schnittpunkt. Es gilt also

$$\cos \omega = \frac{\mathfrak{x}_1'(t_1)^T \cdot \mathfrak{x}_2'(t_2)}{|\mathfrak{x}_1'(t_1)| \cdot |\mathfrak{x}_2'(t_2)|} \ .$$

Analog verstehen wir unter dem *Winkel zweier Flächen* in einem Schnittpunkt den Winkel zwischen den Tangentialebenen bzw. zwischen deren Normalvektoren im Schnittpunkt. $\square$

Betrachten wir nun eine Abbildung $\mathfrak{f}$ *aus* $\mathbb{R}^2$ in $\mathbb{R}^2$

$$\mathfrak{f}\begin{pmatrix} x \\ y \end{pmatrix} = \begin{pmatrix} u \\ v \end{pmatrix} \ .$$

Wir können die Abbildung also auch durch ein System

$$\begin{cases} u = u(x,y) \\ v = v(x,y) \end{cases}$$

beschreiben.

Wir wollen nun untersuchen, *wann der Winkel je zweier Kurven* durch einen Punkt unter der Abbildung *erhalten bleibt*. Nach unseren obigen Überlegungen ist dies genau dann der Fall, wenn die durch die FM $\begin{pmatrix} u_x & u_y \\ v_x & v_y \end{pmatrix}$ vermittelte lineare Abbildung die entsprechende Eigenschaft hat. In Abschnitt 5.8 haben wir festgestellt, daß die Matrizen der metrischen, d. h. längen- und winkeltreuen, Abbildungen durch

$$\begin{pmatrix} \cos \varphi & -\sin \varphi \\ \sin \varphi & \cos \varphi \end{pmatrix} \quad \text{bzw.} \quad \begin{pmatrix} \cos \varphi & \sin \varphi \\ \sin \varphi & -\cos \varphi \end{pmatrix}$$

gegeben sind.

Man kann nun zeigen, daß die winkeltreuen linearen Abbildungen („*Ähnlichkeitsabbildungen*") durch Matrizen beschrieben werden, die sich von den obigen um einen Faktor $\lambda \neq 0$ (Streckungsfaktor) unterscheiden:

$$\begin{pmatrix} \lambda \cos \varphi & -\lambda \sin \varphi \\ \lambda \sin \varphi & \lambda \cos \varphi \end{pmatrix} \quad \text{bzw.} \quad \begin{pmatrix} \lambda \cos \varphi & \lambda \sin \varphi \\ \lambda \sin \varphi & -\lambda \cos \varphi \end{pmatrix}.$$

(Die erste Schar von Matrizen entspricht dabei den Drehstreckungen oder „eigentlichen Ähnlichkeiten", die zweite Schar den Drehstreckspiegelungen oder „uneigentlichen Ähnlichkeiten.")

Wie man leicht sieht, erhält man auf die obige Art alle Matrizen

$$\mathfrak{A} = \begin{pmatrix} a_{11} & a_{12} \\ a_{21} & a_{22} \end{pmatrix} \text{ mit } \det \mathfrak{A} \neq 0 \text{ und}$$

$$\begin{cases} a_{11} = a_{22} \\ a_{12} = -a_{21} \end{cases} \quad \text{bzw.} \quad \begin{cases} a_{11} = -a_{22} \\ a_{12} = a_{21} \end{cases}$$

Definition. Eine Abbildung

$$\begin{cases} u = u(x,y) \\ v = v(x,y) \end{cases}$$

heißt *lokal konform* an der Stelle (x_0, y_0), wenn die berührende Affinität an dieser Stelle winkeltreu ist, d. h. wenn

1) die FD $\left. \dfrac{\partial(u,v)}{\partial(x,y)} \right|_{(x_0, y_0)} \neq 0$ ist und

2) die „Cauchy-Riemannschen Differentialgleichungen" gelten, nämlich

$$\text{a)} \quad \begin{cases} u_x(x_0, y_0) = v_y(x_0, y_0) \\ u_y(x_0, y_0) = -v_x(x_0, y_0) \end{cases}$$

(„eigentlich konforme" Abbildungen)

oder

$$\text{b)} \quad \begin{cases} u_x(x_0, y_0) = -v_y(x_0, y_0) \\ u_y(x_0, y_0) = v_x(x_0, y_0) \end{cases}.$$

Die Abbildung heißt *global konform* in $B \subseteq \mathbb{R}^2$, wenn sie in allen Punkten $(x_0, y_0) \in B$ lokal konform ist. □

Beispiel. $\begin{cases} u(x,y) = x^2 - y^2 \\ v(x,y) = 2xy \ . \end{cases}$

$$u_x = 2x \ , \quad u_y = -2y \ , \quad v_x = 2y \ , \quad v_y = 2x \ .$$

Es gilt also $u_x = v_y$ und $u_y = -v_x$. Ferner ist

$$\frac{\partial(u,v)}{\partial(x,y)} = 4x^2 + 4y^2 \neq 0 \Leftrightarrow (x,y) \neq (0,0) \ .$$

Die Abbildung ist also in allen Punkten $(x,y) \neq (0,0)$ eigentlich konform.

In $(0,0)$ ist die Abbildung hingegen nicht winkeltreu: die positive x-Achse wird in die positive u-Achse, aber die positive y-Achse in die negative u-Achse abgebildet.

Beachtet man, daß unsere Abbildung nur eine andere Schreibweise für die Abbildung

$$z = x + iy \rightarrow z^2 = x^2 - y^2 + i2xy$$

von $\mathbb{C}$ in $\mathbb{C}$ darstellt, so ist klar, daß der Winkel zwischen Geraden durch den Ursprung gerade verdoppelt wird. $\square$

Ähnlich wie für konforme Abbildungen interessiert man sich auch für solche Abbildungen aus $\mathbb{R}^2$ in $\mathbb{R}^2$, die lokal *Flächeninhalte* unverändert lassen; genauer:

Wir betrachten das Bild des Rechtecks mit den Eckpunkten (x_0, y_0), $(x_0 + \Delta x_0, y_0)$, $(x_0 + \Delta x_0, y_0 + \Delta y_0)$ und $(x_0, y_0 + \Delta y_0)$ unter der berührenden Affinität im Punkt (x_0, y_0):

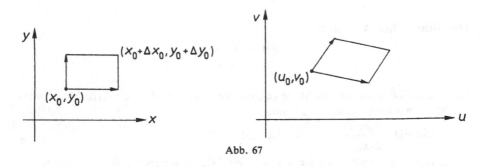

Abb. 67

Das Rechteck wird von den Vektoren

$$\Delta x \cdot \begin{pmatrix} 1 \\ 0 \end{pmatrix} \quad \text{bzw.} \quad \Delta y \cdot \begin{pmatrix} 0 \\ 1 \end{pmatrix}$$

aufgespannt. Ihre Bilder unter $\begin{pmatrix} u_x & u_y \\ v_x & v_y \end{pmatrix}\bigg|_{(x_0, y_0)}$ sind

$$\Delta x \begin{pmatrix} u_x(x_0, y_0) \\ v_x(x_0, y_0) \end{pmatrix} \quad \text{bzw.} \quad \Delta y \cdot \begin{pmatrix} u_y(x_0, y_0) \\ v_y(x_0, y_0) \end{pmatrix} \ .$$

Die Fläche des entstehenden Parallelogramms ist

$$\Delta x \cdot \Delta y \cdot \det \begin{pmatrix} u_x & u_y \\ v_x & v_y \end{pmatrix} \Bigg|_{(x_0, y_0)} ,$$

während die des ursprünglichen Rechtecks $\Delta x \cdot \Delta y$ war. Der Quotient ist also gerade $\dfrac{\partial(u,v)}{\partial(x,y)}\Bigg|_{(x_0,y_0)}$.

Definition. Sei $\begin{cases} u = u(x,y) \\ v = v(x,y) \end{cases}$ eine Abbildung aus $\mathbb{R}^2$ in $\mathbb{R}^2$, total differenzierbar in (x_0, y_0). Dann ist das *Flächenverzerrungsverhältnis* in (x_0, y_0) gegeben durch

$$\frac{\partial(u,v)}{\partial(x,y)}\Bigg|_{(x_0, y_0)} .$$

Die Abbildung heißt *lokal flächentreu in* (x_0, y_0), wenn für den Betrag der Funktionaldeterminante in (x_0, y_0) gilt

$$\left| \frac{\partial(u,v)}{\partial(x,y)} \right|_{(x_0, y_0)} = 1 ,$$

sie heißt *globalflächentreu in* $B \subseteq \mathbb{R}^2$, wenn sie in allen Punkten $(x_0, y_0) \in B$ flächentreu ist.

Die Abbildung heißt in B *global flächentreu im weiteren Sinn*, wenn

$$\left| \frac{\partial(u,v)}{\partial(x,y)} \right|_{(x_0, y_0)}$$

konstant ist für alle $(x_0, y_0) \in B$. $\square$

Beispiel. $\begin{cases} u(x,y) = x^2 - y^2 \\ v(x,y) = 2xy . \end{cases}$

Wir wissen bereits $\dfrac{\partial(u,v)}{\partial(x,y)} = 4(x^2 + y^2)$.

Die Abbildung ist also flächentreu in allen Punkten (x,y) mit $x^2 + y^2 = \frac{1}{4}$, d.h. allen Punkten auf dem Kreis um $(0,0)$ mit Radius $\frac{1}{2}$. $\square$

Zum Abschluß dieses Abschnitts wollen wir noch zwei Anwendungen aufzeigen, bei denen ebenfalls die Funktion durch die berührende Affinität in einem Punkt ersetzt wird:

1) *Fehlerabschätzung:*

In vielen praktischen Aufgabenstellungen wird eine interessierende Größe y als Funktion gewisser Ausgangsdaten (z.B. Meßergebnisse) x_i berechnet:

$$y = f(x_1, \dots, x_p) .$$

Man ist nun an einer Aussage über den möglichen „Fehler" der Größe y interessiert, wenn die Ausgangsdaten (wie fast immer in der Praxis) nur ungenau bekannt sind, d. h. man möchte eine Näherungsformel für die Änderung Δy von y, wenn anstelle der Daten $x_1, \ldots, x_p$ die Daten $x_1 + \Delta x_1, \ldots, x_p + \Delta x_p$ treten. Ist f total differenzierbar, so kann für eine Abschätzung dieser Änderung die berührende Affinität verwendet werden:

$$f(x_1 + \Delta x_1, \ldots, x_p + \Delta x_p) - f(x_1, \ldots, x_p) \approx \sum_{i=1}^{p} \frac{\partial f}{\partial x_i}(x_1, \ldots, x_p) \cdot \Delta x_i$$

oder auch
$$|\Delta f| \lessapprox \sum_{i=1}^{p} \left| \frac{\partial f}{\partial x_i}(x_1, \ldots, x_p) \right| \cdot |\Delta x_i| \ .$$

Beispiel. Ein gerader Kreiszylinder mit Radius r und Höhe h hat das Volumen $V = r^2 \pi h$.

Der absolute Fehler ΔV des Volumens bei Meßfehlern Δr des Radius und Δh der Höhe kann dann näherungsweise abgeschätzt werden durch

$$|\Delta V| < 2 r \pi h \cdot |\Delta r| + r^2 \pi |\Delta h| \ .$$

2) Das Newtonverfahren:

Hier geht es (wie im vorigen Kapitel bei der „Regula falsi" und der „Bisektion") um die näherungsweise Bestimmung von Nullstellen einer Funktion $f(x)$. Ausgehend von einem Näherungswert x_0 schneidet man die Tangente

$$y - f(x_0) = f'(x_0)(x - x_0)$$

an den Graphen von f im Punkt $(x_0, f(x_0))$ mit der x-Achse und erhält einen Punkt x_1:
$$-f(x_0) = f'(x_0)(x_1 - x_0)$$

bzw.
$$x_1 = x_0 - \frac{f(x_0)}{f'(x_0)} \ .$$

Dieses Verfahren setzt man rekursiv fort:

$$x_{n+1} = x_n - \frac{f(x_n)}{f'(x_n)} \ .$$

Wenn $\lim x_n = \xi$ existiert, so gilt für eine stetige Funktion f mit stetiger Ableitung f':
$$f(\xi) = f'(\xi)(\xi - \xi) \ , \quad \text{d. h.} \quad f(\xi) = 0 \ ,$$

ξ ist also Nullstelle.

Offensichtlich ist eine notwendige Bedingung zur Durchführung des Verfahrens, daß $f'(x_n) \neq 0$ für alle n (sonst ist die Tangente in $(x_n, f(x_n))$ horizontal!). Die Bedingung ist aber sicher nicht hinreichend, man vergleiche etwa die Situation in Abb. 68, S. 97.

Man kann durch kompliziertere analytische Bedingungen (die etwa einen „konvexen" oder „konkaven" Verlauf des Graphen zur Folge haben) sichern, daß das Verfahren mit einem definierten Startwert tatsächlich konvergiert.

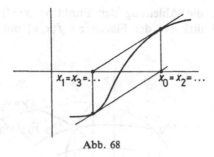

Abb. 68

10.3 Extrema

In diesem Abschnitt wollen wir mit den Extremwertaufgaben eine für die Praxis besonders wichtige Klasse von Anwendungen der Ableitung besprechen. Wir beginnen zunächst mit einer hinreichenden Bedingung für die „lokale Monotonie" von Funktionen aus $\mathbb{R}$ in $\mathbb{R}$:

Satz. Sei f eine Funktion aus $\mathbb{R}$ in $\mathbb{R}$.

Ist $f'(x_0) > 0$, so gilt für x in einer genügend kleinen Umgebung von x_0:

$$x > x_0 \Rightarrow f(x) > f(x_0) \quad \text{bzw.} \quad x < x_0 \Rightarrow f(x) < f(x_0) \; ;$$

ist $f'(x_0) < 0$, so gilt für x in einer genügend kleinen Umgebung von x_0:

$$x > x_0 \Rightarrow f(x) < f(x_0) \quad \text{bzw.} \quad x < x_0 \Rightarrow f(x) > f(x_0) \; .$$

Beweis. Sei etwa $f'(x_0) > 0$. Wir haben

$$f(x) - f(x_0) = f'(x_0)(x - x_0) + |x - x_0| \cdot r(x) \quad \text{mit} \quad \lim_{x \to x_0} r(x) = 0 \; .$$

Ist x genügend nahe bei x_0, so gilt

$$|r(x)| < f'(x_0)$$

und daher für $x > x_0$

$$f'(x_0)(x - x_0) > |\,|x - x_0| \cdot r(x)|\;,$$

d.h. $\qquad\qquad f(x) - f(x_0) > 0 \;, \quad \text{bzw.} \quad f(x) > f(x_0) \; .$

Analog für $f'(x_0) < 0$. $\quad \square$

Bemerkung. Ist $f'(x_0) = 0$, so kann f in einer Umgebung von x_0 monoton sein (z.B. $f(x) = x^3$ um $x_0 = 0$), muß es aber nicht sein (z.B. $f(x) = x^2$ um $x_0 = 0$). $\quad \square$

Betrachten wir nun allgemeiner eine Funktion aus $\mathbb{R}^2$ in $\mathbb{R}$:

$$z = f(x, y) \; .$$

Dann gibt $f_x(x_0, y_0)$ die Ableitung der Funktion $x \to f(x, y_0)$ in x_0 an, also den Anstieg der Schnittkurve der Fläche $z = f(x, y)$ mit der Ebene $y = y_0$ in $(x_0, y_0, f(x_0, y_0))$.

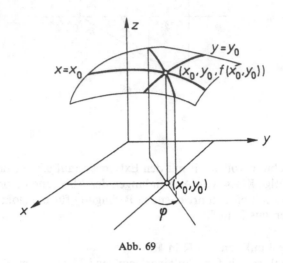

Abb. 69

Analog gibt $f_y(x_0, y_0)$ den Anstieg der Schnittkurve von $z = f(x, y)$ mit der Ebene $x = x_0$ in $(x_0, y_0, f(x_0, y_0))$. $f_x(x_0, y_0)$ bzw. $f_y(x_0, y_0)$ liefern also den „Anstieg der Fläche" längs zweier ausgezeichneter Richtungen. Um den Anstieg in einer beliebigen Richtung zu erhalten, betrachten wir die Ebene, die auf der xy-Ebene senkrecht steht und diese längs der Geraden $\begin{cases} x = x_0 + \lambda \cos \varphi \\ y = y_0 + \lambda \sin \varphi \end{cases}, \quad \lambda \in \mathbb{R},$ schneidet.

Schneiden wir diese Ebene mit der Fläche, so erhalten wir die Kurve $(x_0 + \lambda \cos \varphi, y_0 + \lambda \sin \varphi, f(x_0 + \lambda \cos \varphi, y_0 + \lambda \sin \varphi))$, $\lambda \in \mathbb{R}$ in „Richtung φ" durch den Punkt $(x_0, y_0, f(x_0, y_0))$.

Ihr Anstieg in diesem Punkt ist

$$\frac{df(x_0 + \lambda \cos \varphi, y_0 + \lambda \sin \varphi)}{d\lambda}\bigg|_{\lambda = 0} = f_x(x_0, y_0) \cos \varphi + f_y(x_0, y_0) \sin \varphi \ .$$

Dieser Ausdruck heißt die *Richtungsableitung von f in* (x_0, y_0) *in Richtung* φ.

Ist $(f_x(x_0, y_0), f_y(x_0, y_0)) = (0, 0)$, so ist die Tangentialebene an $z = f(x, y)$ in $(x_0, y_0, z_0 = f(x_0, y_0))$ parallel zur xy-Ebene. Die Funktion kann in der Nähe von (x_0, y_0) aber durchaus Werte größer und kleiner als $f(x_0, y_0)$ annehmen (vgl. die Situation $f'(x_0) = 0$ für Funktionen von $\mathbb{R}$ in $\mathbb{R}$). Dennoch sind die Punkte, die $(f_x, f_y) = (0, 0)$ erfüllen von besonderer Bedeutung.

Ist nämlich $(f_x(x_0, y_0), f_y(x_0, y_0)) \neq (0, 0)$, d. h. die Tangentialebene nicht parallel zur xy-Ebene, so gibt es sicher eine Richtung, längs derer die Funktion lokal streng monoton steigt bzw. fällt (d. h. die Richtungsableitung $\neq 0$ ist). Es kann also keine Umgebung von (x_0, y_0) geben, in der entweder alle Funktionswerte $f(x, y) \leq f(x_0, y_0)$ oder $\geq f(x_0, y_0)$ sind.

Definition. Eine Funktion f aus $\mathbb{R}^p$ in $\mathbb{R}^1$ hat in $x_0 \in \mathbb{R}^p$ ein *relatives Extremum* (und zwar ein *relatives Maximum* bzw. *Minimum*), wenn es eine Umgebung $K(x_0, \delta)$ gibt, so daß für alle $x \in D_f \cap K(x_0, \delta)$ gilt: $f(x) \leq f(x_0)$ bzw. wenn für alle solchen x gilt: $f(x) \geq f(x_0)$.

f hat in x_0 ein *absolutes Extremum* (*absolutes Maximum* bzw. *absolutes Minimum*), wenn für alle $x \in D_f$ gilt: $f(x) \leq f(x_0)$ bzw. für alle $x \in D_f$ gilt: $f(x) \geq f(x_0)$. $\square$

Verallgemeinert man nun die obigen Überlegungen auf Funktionen aus $\mathbb{R}^p$ in $\mathbb{R}^1$, so gelangt man zum folgenden

Satz. Ist die Funktion f aus $\mathbb{R}^p$ in $\mathbb{R}^1$ an der Stelle x_0 total differenzierbar und besitzt f in x_0 ein lokales Extremum, so gilt

$$\operatorname{grad} f|_{x = x_0} = 0 \ . \quad \square$$

Sonderfälle: $p = 1$, also $y = f(x)$.

Hier lautet die notwendige Bedingung für ein lokales Extremum $f'(x_0) = 0$.

$p = 2$, also $z = f(x, y)$.

Hier lautet die Bedingung $(f_x(x_0, y_0), f_y(x_0, y_0)) = (0, 0)$.

Beispiel. $f(x, y) = (x - 1)^2 + (y - 1)^2$ ist total differenzierbar auf $\mathbb{R}^2$. (x_0, y_0) kann daher nur Stelle eines lokalen Extremums sein, wenn

$$f_x(x_0, y_0) = 2(x_0 - 1) = f_y(x_0, y_0) = 2(y_0 - 1) = 0 \ ,$$

d. h.
$$(x_0, y_0) = (1, 1) \ .$$

Man beachte aber, daß die Bedingung $f_x|_{x_0} = f_y|_{x_0} = 0$ nicht hinreichend dafür zu sein braucht, daß $x_0 = (x_0, y_0)$ tatsächlich Stelle eines Extremums ist.

Im gegenständlichen Beispiel sieht man jedoch sofort, daß $f(1, 1) = 0$, aber $f(x, y) = (x - 1)^2 + (y - 1)^2 > 0$ für alle $(x, y) \neq (1, 1)$ ist. D. h. f hat dort tatsächlich ein relatives Extremum, f hat dort sogar ein absolutes Minimum.

Wir werden in Kapitel 12.4 eine hinreichende Bedingung dafür kennenlernen, daß ein Punkt x_0 mit $\operatorname{grad} f|_{x = x_0} = 0$ tatsächlich Stelle eines relativen Extremums von f ist. $\square$

Wir wollen uns nun mit *Extremwertaufgaben für Funktionen f* beschäftigen, *in deren Definitionsbereich* auch *Randpunkte auftreten*. Die Bedingung $\operatorname{grad} f|_{x = x_0} = 0$ ist ja nur für innere Punkte x_0 von D_f, in denen f total differenzierbar ist, aufzustellen.

Für eine Bestimmung des absoluten Maximums bzw. Minimums von f auf D_f müssen also die Extremwerte von f im Inneren von D_f mit den Extremwerten von f am Rand von D_f, den „*Randextrema*", verglichen werden, z. B.:

1) $f: [a, b] \to \mathbb{R}$ sei auf (a, b) differenzierbar. Dann ist $f'(x_0) = 0$ eine notwendige Bedingung für eine Stelle x_0 eines relativen Extremums von x_0 in (a, b). Um

das *absolute Maximum* bzw. *Minimum* zu finden, sind aber noch $f(a)$ und $f(b)$ zu berechnen und mit den Extremwerten von f in (a, b) zu vergleichen.

2) Sei $f\colon B \subseteq \mathbb{R}^2 \to \mathbb{R}$ total differenzierbar im Inneren B^0 von B, wobei B ein beschränkter, abgeschlossener Bereich sein soll, der von einer glatten Kurve im $\mathbb{R}^2$ bzw. einer Kurve, die sich aus endlich vielen glatten Kurven zusammensetzt, umgrenzt wird.

Abb. 70

Dann sind die *absoluten Extrema so zu ermitteln*:
i) Bestimmung der relativen Extrema in B^0.
ii) Bestimmung der relativen Extrema von f längs der einzelnen Randkurven (ohne die „Eckpunkte", d. h. Punkte, in denen der Rand nicht glatt ist)
iii) Vergleich mit den Funktionswerten in den „Eckpunkten".

Hier ist insbesondere noch zu diskutieren, wie man bei ii) vorgehen soll. Gesucht sind hier die *Extrema* von $f(x, y)$ *unter der Nebenbedingung*, daß (x, y) auf der entsprechenden Kurve liegen soll. Die Grundidee besteht nun darin, die Extremwertaufgabe mit Nebenbedingung in eine solche ohne Nebenbedingung umzuwandeln und dann wie früher beschrieben vorzugehen.

2.1) Sei etwa $t \to \mathfrak{x}(t) = \begin{pmatrix} x(t) \\ y(t) \end{pmatrix}$, $t \in [a, b]$, die Parameterdarstellung einer glatten Kurve und wir suchen die *Extrema von $z = f(x, y)$ längs des Kurvenbogens* $\mathfrak{x}(t)$, $t \in (a, b)$.

Dann geht es darum, die Extrema der Funktion

$$t \to f(x(t), y(t)) \ , \quad t \in (a, b)$$

zu ermitteln. Das ist aber eine Extremwertaufgabe ohne Nebenbedingung. Eine notwendige Bedingung für das Auftreten eines Extremums ist

$$\frac{d}{dt}(f(x(t), y(t))) = f_x(x(t), y(t)) \cdot x'(t) + f_y(x(t), y(t)) y'(t) = 0 \ .$$

Beispiel. Gesucht ist das absolute Minimum von

$$f(x, y) = x^2 + y^2$$

längs der Kurve

$$t \to \begin{pmatrix} 1 + \cos t \\ 1 + \sin t \end{pmatrix} \ , \quad t \in [0, 2\pi] \ .$$

Notwendige Bedingung:

$$f_x \cdot x'(t) + f_y \cdot y'(t) = 2(1 + \cos t)(-\sin t) + 2(1 + \sin t)\cos t = 0 \ ,$$

d. h. $\sin t = \cos t$,

oder $t_1 = \dfrac{\pi}{4}$, $t_2 = \dfrac{3\pi}{4}$.

Dabei ist $\mathfrak{x}(t_1) = \begin{pmatrix} 1 + \dfrac{\sqrt{2}}{2} \\[2mm] 1 + \dfrac{\sqrt{2}}{2} \end{pmatrix}$, $\mathfrak{x}(t_2) = \begin{pmatrix} 1 - \dfrac{\sqrt{2}}{2} \\[2mm] 1 - \dfrac{\sqrt{2}}{2} \end{pmatrix}$,

$$f(\mathfrak{x}(t_1)) = 2 \left(1 + \frac{\sqrt{2}}{2} \right)^2 = 3 + 2\sqrt{2} > f(\mathfrak{x}(t_2)) = 2 \left(1 - \frac{\sqrt{2}}{2} \right)^2 = 3 - 2\sqrt{2} \; .$$

Weiters ist für die Randpunkte $t_3 = 0$, $t_4 = 2\pi$.

$$\mathfrak{x}(t_3) = \mathfrak{x}(t_4) = \begin{pmatrix} 2 \\ 1 \end{pmatrix} , \quad f(\mathfrak{x}(t_3)) = 5 > 3 - 2\sqrt{2} \; .$$

(Man könnte die Untersuchung der Randpunkte unterlassen: Erweitert man $D_{\mathfrak{x}}$ zu $[-\varepsilon, 2\pi + \varepsilon]$, $\varepsilon < \dfrac{\pi}{4}$, so bleiben t_1 und t_2 die einzigen Punkte mit

$$f_x \cdot x'(t) + f_y \cdot y'(t) = 0 \; .)$$

Wir wissen also, daß nur $\mathfrak{x}(t_2)$ als Stelle eines absoluten Minimums in Frage kommt.

Da $f(x(t), y(t))$ auf $[0, 2\pi]$ stetig ist, muß f aber ein Minimum auf $[0, 2\pi]$ annehmen. Daher ist $\mathfrak{x}(t_2)$ Stelle des absoluten Minimums.

Die Aufgabe läßt sich auch geometrisch interpretieren: $f(x, y)$ ist das Quadrat des Abstandes von (x, y) vom Ursprung; die Nebenbedingung definiert den Kreis mit Mittelpunkt $(1, 1)$ und Radius 1.

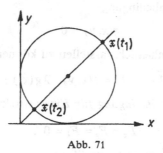

Abb. 71

$f(x, y)$ nimmt seine Extrema in den Schnittpunkten des Kreises mit der 1. Mediane an.   □

2.2) Nehmen wir nun an, wir suchen die *Extrema von* $z = f(x, y)$ *unter der Nebenbedingung* $g(x, y) = 0$ (z. B. implizite Darstellung einer Kurve).

Seien f und g total differenzierbar und $\begin{pmatrix} g_x \\ g_y \end{pmatrix} \neq \mathfrak{o}$, für alle Punkte, die die Nebenbedingung erfüllen. Dann kann man $g(x,y) = 0$ lokal nach x bzw. nach y auflösen. Jedenfalls gibt es in einer Umgebung jedes Punktes, der $g(x,y) = 0$ erfüllt, eine lokale Parameterdarstellung $t \to \mathfrak{x}(t) = \begin{pmatrix} x(t) \\ y(t) \end{pmatrix}$ mit $\begin{pmatrix} x'(t) \\ y'(t) \end{pmatrix} \neq \mathfrak{o}$ für die Punkte, die $g(x,y) = 0$ erfüllen und wir haben daher lokal die Extrema von

$$f(x(t), y(t))$$

zu bestimmen. Wie in 2.1 oben führt dies auf die notwendige Bedingung

$$f_x \cdot x'(t) + f_y \cdot y'(t) = 0 \ . \tag{1}$$

Weiters ist aber auch

$$g(x(t), y(t)) = 0 \ ,$$

d. h.

$$g_x \cdot x'(t) + g_y \cdot y'(t) = 0 \ . \tag{2}$$

Wegen $\begin{pmatrix} x'(t) \\ y'(t) \end{pmatrix} \neq \mathfrak{o}$ hat das Gleichungssystem eine Systemdeterminante

$$\begin{vmatrix} f_x & g_x \\ f_y & g_y \end{vmatrix} = 0 \ .$$

Da $\begin{pmatrix} g_x \\ g_y \end{pmatrix} \neq \mathfrak{o}$, bedeutet die lineare Abhängigkeit von $\begin{pmatrix} f_x \\ f_y \end{pmatrix}$ und $\begin{pmatrix} g_x \\ g_y \end{pmatrix}$, daß $\begin{pmatrix} f_x \\ f_y \end{pmatrix} = -\lambda \cdot \begin{pmatrix} g_x \\ g_y \end{pmatrix}$, $\lambda = \lambda(t) \in \mathbb{R}$.

Wir erhalten also die notwendigen Bedingungen

$$f_x + \lambda g_x = 0$$

und

$$f_y + \lambda g_y = 0 \ .$$

Dazu tritt noch die Nebenbedingung

$$g(x,y) = 0 \ .$$

Um die 3 Bedingungen einheitlich darstellen zu können, bildet man eine Funktion

$$F(x,y,\lambda) = f(x,y) + \lambda g(x,y)$$

und erhält als *notwendige Bedingung für Extremstellen mit* $\begin{pmatrix} g_x \\ g_y \end{pmatrix} \neq \mathfrak{o}$:

$$F_x = F_y = F_\lambda = 0 \ .$$

λ heißt dann *LAGRANGE*[1])*scher Multiplikator*.

Sucht man allgemeiner die *Extrema von*

$$f(x_1, \ldots, x_p)$$

---

[1]) Joseph Louis LAGRANGE, 25. Januar 1736 – 10. April 1813.

unter den k Nebenbedingungen

$$g_j(x_1, \ldots, x_p) = 0 \quad \text{für alle} \quad 1 \le j \le k \ ,$$

so müssen Extremstellen, an denen zumindest eine der FD

$$\frac{\partial(g_1, \ldots, g_k)}{\partial(x_{i_1}, \ldots, x_{i_k})} \neq 0$$

ist ($\{i_1, \ldots, i_k\} \subseteq \{1, \ldots, p\}$), folgende Bedingung erfüllen:

Mit

$$F(x_1, \ldots, x_p, \lambda_1, \ldots, \lambda_k) = f + \sum_{j=1}^{k} \lambda_j g_j$$

gilt

$$F_{x_i} \left(= f_{x_i} + \sum_{j=1}^{k} \lambda_j \frac{\partial g_j}{\partial x_i} \right) = 0 \quad \text{für} \quad 1 \le i \le p \ ,$$

sowie

$$F_{\lambda_i} (= g_i) = 0 \quad \text{für} \quad 1 \le i \le k \ .$$

Beispiel. Gesucht sind die Extrema von $f(x, y) = x^2 + y^2$ unter der Nebenbedingung $g(x, y) = x^2 - 2x + y^2 - 2y + 1 = 0$.

Wir haben $f_x = 2x$, $f_y = 2y$, $g_x = 2x - 2$, $g_y = 2y - 2$. $\begin{pmatrix} g_x \\ g_y \end{pmatrix} = \begin{pmatrix} 0 \\ 0 \end{pmatrix}$ gilt nur für $(x, y) = (1, 1)$, es ist aber $g(1, 1) \neq 0$. Daher müssen alle Stellen, an denen Extrema auftreten, folgende Bedingung erfüllen:

Ist

$$F(x, y, \lambda) = f + \lambda g = x^2 + y^2 + \lambda(x^2 - 2x + y^2 - 2y + 1) \ ,$$

so muß

$$F_x = 2x + \lambda(2x - 2) = 0$$

$$F_y = 2y + \lambda(2y - 2) = 0$$

und

$$F_\lambda = x^2 - 2x + y^2 - 2y + 1 = 0$$

sein. Aus den ersten beiden Gleichungen folgt

$$x(1 + \lambda) = y(1 + \lambda) = \lambda \ .$$

Damit ist $\lambda \neq -1$ und

$$x = y = \frac{\lambda}{1 + \lambda} \ .$$

Die dritte Gleichung ist äquivalent zu

$$(x - 1)^2 + (y - 1)^2 = 1 \ ,$$

d.h. es muß gelten

$$\left(\frac{-1}{1 + \lambda} \right)^2 + \left(\frac{-1}{1 + \lambda} \right)^2 = 1$$

oder

$$(1 + \lambda)^2 = 2 \ ,$$

$$\lambda_1 = \sqrt{2} - 1, \quad \lambda_2 = -\sqrt{2} - 1.$$

Damit ist

$$x_1 = y_1 = 1 - \frac{\sqrt{2}}{2} \ , \quad x_2 = y_2 = 1 + \frac{\sqrt{2}}{2} \ .$$

Die Punkte $\left(1-\dfrac{\sqrt{2}}{2},\ 1-\dfrac{\sqrt{2}}{2}\right)$, sowie $\left(1+\dfrac{\sqrt{2}}{2},\ 1+\dfrac{\sqrt{2}}{2}\right)$ sind also die möglichen Stellen von Extrema. Um nachzuweisen, daß es sich tatsächlich um Stellen von Extrema handelt und den *„Charakter des Extremums"* (d.h. Maximum oder Minimum) zu bestimmen, wären allerdings, ähnlich wie in 2.1 oben, weitere Überlegungen notwendig. $\square$

Achtung! Die Bedingung $\begin{pmatrix} g_x \\ g_y \end{pmatrix} \neq o$ von oben, bzw. im allgemeineren Fall die Bedingung über die FD sind notwendig:

Beispiel. Wir suchen die Extrema von $f(x,y) = x^2 + y^2$ unter der Nebenbedingung $g(x,y) = (x-1)^3 - y^2 = 0$.

Bilden wir
$$F(x,y,\lambda) = x^2 + y^2 + \lambda((x-1)^3 - y^2)$$
und setzen
$$F_x = 2x + \lambda \cdot 3(x-1)^2 = 0$$
$$F_y = 2y + \lambda \cdot (-2y) = 0$$
$$F_\lambda = (x-1)^3 - y^2 = 0\ .$$

Die 2. Gleichung ergibt $y = 0$ oder $\lambda = 1$.

Sei $y = 0$. Dann ist nach der 3. Gleichung $x = 1$, ein Widerspruch zur 1. Gleichung.

Sei $\lambda = 1$. Dann besitzt $2x + 3(x-1)^2 = 3x^2 - 4x + 3 = 0$ keine reellen Lösungen.

Wir finden also nach dem Verfahren der Lagrangeschen Multiplikatoren keine Extremstellen.

Setzen wir die Nebenbedingung $y^2 = (x-1)^3$ direkt in $f(x,y)$ ein, so sind die Extrema von
$$h(x) = x^2 + (x-1)^3$$
zu suchen, für $x \in [1, +\infty[$ (da nur für $x \geq 1$ $y^2 = (x-1)^3 \geq 0$ ist).
$$h'(x) = 2x + 3(x-1)^2 = 0$$
besitzt wieder keine reellen Lösungen. Es bleibt also der Randpunkt $x_0 = 1$ zu untersuchen. Da $h'(x) > 0$ für $x \geq x_0$, ist x_0 Stelle eines absoluten Minimums von $h(x)$, d.h.
$$(x_0, y_0) = (1, 0)$$
Stelle eines absoluten Minimums von $f(x,y)$ unter der Nebenbedingung $g(x,y) = 0$.

In $(1,0)$ ist nun $\begin{pmatrix} g_x \\ g_y \end{pmatrix} = \begin{pmatrix} 0 \\ 0 \end{pmatrix}$, die Bedingungen des Verfahrens der Lagrangeschen Multiplikatoren brauchen also nicht erfüllt zu sein.

10.4 Die Mittelwertsätze

Wir haben bei der Untersuchung der stetigen Funktionen bereits einige wichtige Eigenschaften derartiger Funktionen von einem Intervall $[a,b] \subseteq \mathbb{R}$ in $\mathbb{R}$ kennengelernt. Insbesondere wissen wir, daß jede derartige Funktion auf $[a,b]$ ein Maximum und Minimum annimmt. Wir wollen nun weitere Erkenntnisse gewinnen für den Fall, daß die Funktion auf (a,b) differenzierbar ist:

Satz von ROLLE[1]). Sei $f: [a,b] \rightarrow \mathbb{R}$ stetig auf $[a,b]$ und differenzierbar auf (a,b) und $f(a) = f(b)$. Dann existiert $\xi \in (a,b)$, so daß $f'(\xi) = 0$.

Beweis. Sei x_1 Stelle des Maximums, x_2 Stelle des Minimums von f in $[a,b]$. Ist x_1 oder $x_2 \in (a,b)$, so gilt nach Abschnitt 10.3

$$f'(x_1) = 0 \quad \text{oder} \quad f'(x_2) = 0 \ .$$

Ist $x_1 = x_2$, d.h. Minimum gleich Maximum, so ist f konstant auf $[a,b]$, d.h. $f'(\xi) = 0$ für alle $\xi \in (a,b)$.

Ist $x_1 = a$, $x_2 = b$, so gilt wegen $f(a) = f(b)$ dasselbe, analog für $x_1 = b$, $x_2 = a$. $\square$

Der Satz besagt, daß die Tangente an den Graphen an der Stelle ξ horizontal ist, d.h. parallel zur Verbindungssehne der Punkte $(a, f(a))$ und $(b, f(b))$. Dieser Sachverhalt wird im folgenden Satz verallgemeinert:

1. Mittelwertsatz der Differentialrechnung. Sei $f: [a,b] \subseteq \mathbb{R} \rightarrow \mathbb{R}$ stetig auf $[a,b]$ und differenzierbar auf (a,b). Dann existiert $\xi \in (a,b)$, so daß

$$f'(\xi) = \frac{f(b) - f(a)}{b - a} \ .$$

Beweis. Die Verbindungsgerade der Punkte $(a, f(a))$ und $(b, f(b))$ ist der Graph der Funktion

$$g(x) = (x-a) \cdot \frac{f(b) - f(a)}{b - a} + f(a) \ .$$

Sei

$$h(x) = f(x) + f(a) - g(x) = f(x) - (x-a) \cdot \frac{f(b) - f(a)}{b - a} \ .$$

Dann ist h stetig auf $[a,b]$, differenzierbar auf (a,b) und

$$h(a) = f(a) + f(a) - g(a) = f(a) \ ,$$

sowie

$$h(b) = f(b) + f(a) - g(b) = f(a) \ ,$$

d.h. $h(a) = h(b)$.

---

[1]) Michel ROLLE, 1652–1719.

Nach dem Satz von Rolle existiert $\xi \in (a,b)$, so daß

$$0 = h'(\xi) = f'(\xi) - g'(\xi) = f'(\xi) - \frac{f(b)-f(a)}{b-a},$$

d.h. $\qquad\qquad\qquad f'(\xi) = \frac{f(b)-f(a)}{b-a}$. $\square$

Eine weitere Verallgemeinerung betrifft den Quotienten zweier Funktionen.

2. Mittelwertsatz der Differentialrechnung. Seien f und $g \colon [a,b] \subseteq \mathbb{R} \to \mathbb{R}$ stetig auf $[a,b]$ und differenzierbar auf (a,b). Sei weiters $g(a) \neq g(b)$ und $g'(x) \neq 0$ für alle $x \in (a,b)$. Dann existiert $\xi \in (a,b)$, so daß

$$\frac{f'(\xi)}{g'(\xi)} = \frac{f(b)-f(a)}{g(b)-g(a)} .$$

Beweis. Die Funktion

$$h(x) = f(x) - (g(x) - g(a)) \cdot \frac{f(b)-f(a)}{g(b)-g(a)}$$

ist stetig auf $[a,b]$ und differenzierbar auf (a,b). Weiters ist $h(a) = f(a)$, $h(b) = f(a)$.

Nach dem Satz von Rolle existiert also $\xi \in (a,b)$ mit

$$0 = h'(\xi) = f'(\xi) - g'(\xi) \cdot \frac{f(b)-f(a)}{g(b)-g(a)},$$

d.h. $\qquad\qquad\qquad \frac{f'(\xi)}{g'(\xi)} = \frac{f(b)-f(a)}{g(b)-g(a)}$. $\square$

Bemerkungen. 1) Die Bedingung $g(a) \neq g(b)$ folgt eigentlich bereits aus der Bedingung $g'(x) \neq 0$ für alle $x \in (a,b)$ nach dem Satz von Rolle.

2) Die Bedingung $g'(x) \neq 0$ für alle $x \in (a,b)$ ist wesentlich, z.B.:

$$f(x) = x^2 , \quad g(x) = x^3 , \quad [a,b] = [-1,1] .$$

Dann ist $\qquad\qquad\qquad \frac{f(b)-f(a)}{g(b)-g(a)} = 0 .$

Wäre nun $\dfrac{f'(\xi)}{g'(\xi)} = 0$ für ein $\xi \in (a,b)$, so müßte $f'(\xi) = 2\xi = 0$ sein, also $\xi = 0$. Es ist jedoch auch $g'(0) = 0$, d.h. $\dfrac{f'(0)}{g'(0)} = \dfrac{0}{0}$, ein unbestimmter Ausdruck.

3) Der 2. Mittelwertsatz ergibt sich nicht unmittelbar aus dem 1. Mittelwertsatz, indem man

$$\frac{f(b)-f(a)}{g(b)-g(a)} = \frac{\dfrac{f(b)-f(a)}{b-a}}{\dfrac{g(b)-g(a)}{b-a}}$$

umformt:

Man weiß dann zwar, daß es ξ_1 bzw. $\xi_2 \in (a,b)$ gibt, so daß der Zähler gleich $f'(\xi_1)$ bzw. der Nenner gleich $g'(\xi_2)$ ist, jedoch ist natürlich nicht klar, ob man ein solches ξ finden kann, das für Zähler und Nenner gleichzeitig die gewünschte Beziehung erfüllt. Man weiß also damit nur:

Es existieren $\xi_1, \xi_2 \in (a,b)$, so daß

$$\frac{f(b)-f(a)}{g(b)-g(a)} = \frac{f'(\xi_1)}{g'(\xi_2)} .$$

4) Die Mittelwertsätze werden oft auch in etwas anderer Darstellung angeschrieben. Die Voraussetzungen über f, g von oben seien auf dem Intervall $[x, x+h]$ erfüllt ($h > 0$).

Dann läßt sich die „Zwischenstelle" ξ schreiben als $x + \vartheta h$ mit $0 < \vartheta < 1$.

Der 1. Mittelwertsatz besagt dann: Es existiert ϑ mit $0 < \vartheta < 1$, so daß

$$f'(x+\vartheta h) = \frac{f(x+h)-f(x)}{h} ,$$

bzw. $\qquad\qquad f(x+h) = f(x) + h \cdot f'(x+\vartheta h) .$

Der 2. Mittelwertsatz besagt: Es existiert ϑ mit $0 < \vartheta < 1$, so daß

$$\frac{f'(x+\vartheta h)}{g'(x+\vartheta h)} = \frac{f(x+h)-f(x)}{g(x+h)-g(x)} . \qquad \square$$

Eine wichtige Folgerung aus dem 1. Mittelwertsatz ist der folgende

Satz. Sei $f: (a,b) \to \mathbb{R}$ auf (a,b) differenzierbar und $f'(x) \equiv 0$ auf (a,b). Dann ist f auf (a,b) konstant.

Beweis. Sei $[x_1, x_2] \subseteq (a,b)$. Dann ist f auf $[x_1, x_2]$ stetig und auf (x_1, x_2) differenzierbar. Nach dem 1. Mittelwertsatz existiert $\xi \in (x_1, x_2)$ mit

$$f'(\xi) = \frac{f(x_2)-f(x_1)}{x_2-x_1} .$$

Da aber $f'(\xi) = 0$, ist $f(x_1) = f(x_2)$.

Diese Aussage gilt für je zwei Elemente $x_1, x_2 \in (a,b)$ mit $x_1 < x_2$, daher ist f auf (a,b) konstant. $\square$

Eine *differenzierbare Funktion* $f: (a,b) \to \mathbb{R}$ ist also *genau dann konstant, wenn* $f'(x) \equiv 0$ *ist.*

Wir wissen aus den Überlegungen in 10.1, daß die Abbildung $f(x) \to f'(x)$ auf der Menge der differenzierbaren Funktionen $f: (a, b) \to \mathbb{R}$ eine *lineare Abbildung* ist. Die obige Aussage besagt dann: Der *Kern* dieser linearen Abbildung besteht genau aus den konstanten Funktionen.

Die Abbildung $f(x) \to f'(x)$ ist also nicht invertierbar. Jedoch läßt sich zu jedem Bild die Menge aller Urbilder beschreiben:

Definition. Sei $f(x)$ definiert auf (a, b). Sei weiters $F(x)$ differenzierbar auf (a, b) und $F'(x) = f(x)$. Dann heißt $F(x)$ eine *Stammfunktion von $f(x)$* auf (a, b). $\square$

Unsere obigen Überlegungen ergeben dann den

Satz. Ist $F(x)$ Stammfunktion von $f(x)$ auf (a, b), so ist die Menge aller Stammfunktionen von $f(x)$ gegeben durch

$$\{F(x) + c \,|\, c \in \mathbb{R}\} \ . \quad \square$$

Man beachte allerdings, daß wir damit noch kein Verfahren gefunden haben, zumindest eine Stammfunktion $F(x)$ von $f(x)$ zu bestimmen, sofern wir nicht zufällig eine Funktion $F(x)$ kennen, die $F'(x) = f(x)$ erfüllt. Wir werden im Abschnitt 11 jedoch für eine spezielle Klasse von Funktionen $f(x)$ einen Zusammenhang zwischen den Stammfunktionen von $f(x)$ und dem „bestimmten Integral" von $f(x)$ kennenlernen, der es etwa erlaubt, diese numerisch näherungsweise zu berechnen.

Beispiel. 1) Die Menge aller Stammfunktionen zu $f(x) = x^n$, $n \in \mathbb{N}$, auf $\mathbb{R}$ ist

$$\left\{ \frac{x^{n+1}}{n+1} + c \,\middle|\, c \in \mathbb{R} \right\}.$$

2) Analog für $f(x) = \sin x$: $\{-\cos x + c \,|\, c \in \mathbb{R}\}$.

10.5 Höhere Ableitungen

In diesem Abschnitt betrachten wir Funktionen, deren Ableitung selbst wiederum differenzierbar ist, und definieren „höhere Ableitungen" durch Iteration des einmaligen Differenzierens:

Definition. Sei $f(x)$ eine Funktion aus $\mathbb{R}$ in $\mathbb{R}$. Existiert $f'(x_0)$, so heißt $f'(x_0)$ auch die 1. Ableitung von f an der Stelle x_0, symbolisch $f^{(1)}(x_0)$.

Die *höheren Ableitungen von f an der Stelle x_0* werden nun rekursiv definiert durch: Sei $n \in \mathbb{N} - \{0\}$: $f^{(n+1)}(x_0)$ existiert genau dann, wenn $f^{(n)}(x)$ auf einer Umgebung von x_0 existiert und an der Stelle x_0 selbst differenzierbar ist. Es gilt dann

$$f^{(n+1)}(x_0) = (f^{(n)})'(x_0) \ .$$

Oft wird auch $f^{(0)}(x) = f(x)$ gesetzt.

Für die Ableitungen $f^{(0)}, f^{(1)}, f^{(2)}, f^{(3)}, f^{(4)}, f^{(5)}, f^{(6)}, \ldots$ sind die Bezeichnungen $f^{(0)} = f, f', f'', f''', f^{IV}, f^{(5)}, f^{(6)}, \ldots$ gebräuchlich. Statt $f^{(n)}(x)$ wird auch $\dfrac{d^n}{dx^n} f(x)$ geschrieben. □

Beispiel.
$$f(x) = \sin x \Rightarrow f^{(0)}(x) = \sin x, \quad f'(x) = \cos x, \quad f''(x) = -\sin x,$$

$$f'''(x) = -\cos x, \quad f^{IV}(x) = \sin x = f^{(0)}(x)$$

$$\Rightarrow f^{(n)}(x) = \begin{cases} \sin x & \text{für} \quad n \equiv 0\,(4) \\ \cos x & \text{für} \quad n \equiv 1\,(4) \\ -\sin x & \text{für} \quad n \equiv 2\,(4) \\ -\cos x & \text{für} \quad n \equiv 3\,(4) \end{cases}. \quad \square$$

Definition. f heißt ∞-*oft differenzierbar*, wenn $f^{(n)}(x)$ für alle $n \in \mathbb{N}$ existiert.
f heißt *n-mal (stetig) differenzierbar*, wenn $f^{(n)}(x)$ existiert (und stetig ist). □

Beispiel. $\sin x$ ist auf $\mathbb{R}$ ∞-oft stetig differenzierbar. □

Aus der Linearität der 1. Ableitung ergibt sich sofort die Regel

$$(\lambda f + \mu g)^{(n)} = \lambda \cdot f^{(n)} + \mu \cdot g^{(n)} \quad \text{für alle} \quad \lambda, \mu \in \mathbb{R}.$$

Für die n-te Ableitung eines Produkts $f \cdot g$ zeigt man mit vollständiger Induktion unter Zuhilfenahme der Produktregel für die 1. Ableitung leicht die

Leibnizsche Produktregel.
$$(f \cdot g)^{(n)} = \sum_{k=0}^{n} \binom{n}{k} f^{(k)} g^{(n-k)}.$$

Beispiel. Gesucht ist die n-te Ableitung von

$$h(x) = (x^2 + x + 1) \cdot \sin x.$$

Wir setzen $f(x) = x^2 + x + 1$, $g(x) = \sin x$.
Dann ist $f'(x) = 2x + 1$, $f''(x) = 2$ und $f^{(n)}(x) = 0$ für $n \geq 3$. Damit ist

$$(f \cdot g)^{(n)} = \sum_{k=0}^{n} \binom{n}{k} f^{(k)} g^{(n-k)} = \sum_{k=0}^{\min\{2,n\}} \binom{n}{k} f^{(k)} g^{(n-k)}$$

Also
$$(f \cdot g)' = (2x+1) \cdot \sin x + (x^2 + x + 1) \cos x,$$

sowie für $n \geq 2$

$$(f \cdot g)^{(n)} = (x^2 + x + 1) \sin^{(n)}(x) + n(2x+1) \sin^{(n-1)}(x) + \frac{n(n-1)}{2} \cdot 2 \cdot \sin^{(n-2)}(x),$$

wobei die früher gewonnene Formel für die höheren Ableitungen von $\sin x$ nun eingesetzt werden könnte. □

Die *höheren Ableitungen einer zusammengesetzten Funktion* ergeben sich durch mehrmalige Anwendung von Kettenregel bzw. Produktregel, z. B.:

$$f(g(x))'' = (f(g(x))')' = (f'(g(x)) \cdot g'(x))' = (f'(g(x)))' \cdot g'(x) + f'(g(x)) \cdot g''(x)$$

$$= f''(g(x)) \cdot g'(x) \cdot g'(x) + f'(g(x)) \cdot g''(x)$$

$$= f''(g(x)) \cdot g'(x)^2 + f'(g(x)) \cdot g''(x) \; .$$

Bemerkung. Es gibt eine, allerdings recht komplizierte, *geschlossene Formel für* $f(g(x))^{(n)}$:

Sei π eine „Partition" der Menge $\{1, \ldots, n\}$, d. h. eine Klasseneinteilung, z. B. sind

$$\{1,2,3\} \; ; \quad \{1\}, \{2,3\} \; ; \quad \{1\}, \{2\}, \{3\}$$

$$\{2\}, \{1,3\}$$

$$\{3\}, \{1,2\}$$

alle Partitionen von $\{1,2,3\}$.

Mit $v_k(\pi)$ sei die Anzahl der k-elementigen Klassen in π bezeichnet $(1 \le k \le n)$, z. B.: $\pi = (\{1\}, \{2,3\}) \Rightarrow v_1(\pi) = 1$, $v_2(\pi) = 1$, $v_3(\pi) = 0$.

Dann heißt das Polynom in n Unbestimmten

$$Y_n(x_1, x_2, \ldots, x_n) = \sum_{\substack{\text{Alle Partitionen } \pi \\ \text{von } \{1,2,\ldots,n\}}} x_1^{v_1(\pi)} \ldots x_n^{v_n(\pi)}$$

das *n-te Bellpolynom.*

Z. B.: $Y_3(x_1, x_2, x_3) = x_3 + 3x_1x_2 + x_1^3$.

Es gilt nun die *Formel von* FAÀ DI BRUNO[1]):

$$(f(g(x)))^{(n)} = Y_n(x_1, \ldots, x_n)\big|_{x_1^{k_1} \ldots x_n^{k_n} \to f^{(k_1 + k_2 + \cdots + k_n)}(g(x)) \cdot (g')^{k_1}(g'')^{k_2} \ldots (g^{(n)})^{k_n}} \; \cdot$$

Beispiel.

$$f(g(x))^{(3)} = x_1^3 + 3x_1x_2 + x_3\big|_{x_1^{k_1}x_2^{k_2}x_3^{k_3} \to f^{(k_1 + k_2 + k_3)}(g(x)) \cdot (g')^{k_1} \cdot (g'')^{k_2} \cdot (g''')^{k_3}}$$

$$= f'''(g(x)) \cdot g'(x)^3 + 3 \cdot f''(g(x)) \cdot g'(x) \cdot g''(x) + f'(g(x)) \cdot g'''(x) \; .$$

$\square$

Wir betrachten nun Funktionen in mehreren Veränderlichen:

Definition. Sei $f(x_1, \ldots, x_p)$ eine Funktion aus $\mathbb{R}^p$ in $\mathbb{R}^1 = \mathbb{R}$. Die partiellen Ableitungen $\dfrac{\partial f}{\partial x_1} = f_{x_1}, \ldots, \dfrac{\partial f}{\partial x_p} = f_{x_p}$ heißen partielle Ableitungen 1. Ordnung.

Die *partiellen Ableitungen $(n+1)$-ster Ordnung* werden rekursiv durch diejenigen n-ter Ordnung definiert:

$$\frac{\partial^{n+1} f}{\partial z_1 \ldots \partial z_{n+1}} = \frac{\partial}{\partial z_{n+1}} \left(\frac{\partial^n f}{\partial z_1 \ldots \partial z_n} \right) ,$$

falls $z_1, \ldots, z_{n+1} \in \{x_1, \ldots, x_p\}$.

---

[1]) Francesco FAÀ DI BRUNO, 1825 – 27. März 1888.

In anderer Schreibweise

$$f_{z_1\ldots z_{n+1}} = (f_{z_1\ldots z_n})_{z_{n+1}} = \frac{\partial}{\partial z_{n+1}} f_{z_1\ldots z_n} \ . \quad \square$$

Beispiel.

$$f(x,y) = x^4 + x^3 y + x^2 y^2 + xy^3 + y^3$$

$$f_x = \frac{\partial f}{\partial x} = 4x^3 + 3x^2 y + 2xy^2 + y^3$$

$$f_{xx} = \frac{\partial^2 f}{\partial x^2} = 12x^2 + 6xy + 2y^2$$

$$\left(\frac{\partial^2 f}{\partial x^2} \text{ wird als Kurzschreibweise für } \frac{\partial^2 f}{\partial x \partial x} \text{ gebraucht!} \right)$$

$$f_{xxy} = \frac{\partial^2 f}{\partial x^2 \partial y} = 6x + 4y$$

$$f_{xy} = 3x^2 + 4xy + 3y^2$$

$$f_y = x^3 + 2x^2 y + 3xy^2 + 3y^2$$

$$f_{yx} = 3x^2 + 4xy + 3y^2 \ .$$

Es ist also in diesem Beispiel $f_{xy} = f_{yx}$. Das folgende Beispiel zeigt jedoch, daß beim Bilden der partiellen Ableitungen im allgemeinen die Reihenfolge wesentlich ist:

Beispiel.
$$f(x,y) = \begin{cases} xy\,\dfrac{x^2 - y^2}{x^2 + y^2} & \text{für} \quad (x,y) \neq (0,0) \\ 0 & \text{für} \quad (x,y) = (0,0) \ . \end{cases}$$

Dann ist

$$f_x(0,y) = \lim_{x \to 0} \frac{f(x,y) - f(0,y)}{x} = \lim_{x \to 0} y \cdot \frac{x^2 - y^2}{x^2 + y^2} = -y \quad \text{für alle} \quad y \in \mathbb{R} \ ,$$

sowie

$$f_y(x,0) = \lim_{y \to 0} \frac{f(x,y) - f(x,0)}{y} = \lim_{y \to 0} x \cdot \frac{x^2 - y^2}{x^2 + y^2} = x \quad \text{für alle} \quad x \in \mathbb{R} \ .$$

Daher erhalten wir

$$f_{xy}(0,0) = \frac{\partial f_x}{\partial y}(0,0) = \lim_{y \to 0} \frac{f_x(0,y) - f_x(0,0)}{y} = -1 \ ,$$

aber

$$f_{yx}(0,0) = \frac{\partial f_y}{\partial x}(0,0) = \lim_{x \to 0} \frac{f_y(x,0) - f_y(0,0)}{x} = 1 \ . \quad \square$$

Der folgende Satz zeigt, daß diese Situation nicht eintreten kann, wenn f_{xy} und f_{yx} an der betreffenden Stelle stetig sind:

Satz von Schwarz. Sei f eine Funktion aus $\mathbb{R}^2$ in $\mathbb{R}^1$. Wenn die partiellen Ableitungen f_{xy} und f_{yx} in einer Umgebung von (x_0, y_0) existieren und in (x_0, y_0) stetig sind, so ist

$$f_{xy}(x_0, y_0) = f_{yx}(x_0, y_0) \ . \quad \Box$$

(Ohne Beweis.)

Definition. $f(x_1, \ldots, x_p)$ heißt *n-mal (stetig) differenzierbar*, wenn alle partiellen Ableitungen n-ter Ordnung existieren (und stetig sind). Die partielle Ableitung $f_{z_1 z_2 \ldots z_n}$ heißt *gemischte Ableitung* zur Multimenge $\{z_1, \ldots, z_n\}$. $\quad \Box$

Dann ergibt sich das folgende

Korollar zum Satz von Schwarz. Sei f aus $\mathbb{R}^p$ in $\mathbb{R}$ n-mal stetig differenzierbar. Dann sind alle gemischten Ableitungen der Ordnung $\leq n$ zu einer festen Multimenge von Variablen gleich; m.a.W.: Für alle $1 \leq j \leq n$ gilt

$$f_{z_1 \ldots z_j} = f_{w_1 \ldots w_j} \ , \quad \text{wenn} \quad \{z_1, \ldots, z_j\} = \{w_1, \ldots, w_j\} \text{ als Multimengen} \ . \quad \Box$$

Enthält die Multimenge $\{z_1, \ldots, z_n\}$ das Element x_1 k_1-mal, x_2 k_2-mal, $\ldots$, x_p k_p-mal, und ist f n-mal stetig differenzierbar, so gilt also

$$f_{z_1 \ldots z_n} = \frac{\partial^n f}{\partial x_1^{k_1} \partial x_2^{k_2} \ldots \partial x_p^{k_p}} \ .$$

Wir betrachten nun die Ableitungen einer Funktion g aus $\mathbb{R}$ in $\mathbb{R}$, die durch Zusammensetzung einer Funktion $f \to \begin{pmatrix} x(t) \\ y(t) \end{pmatrix}$ aus $\mathbb{R}$ in $\mathbb{R}^2$ und einer Funktion $f(x,y)$ aus $\mathbb{R}^2$ in $\mathbb{R}$ entsteht, es sei also

$$g(t) = f(x(t), y(t)) \ .$$

Bezeichnen wir Ableitungen nach t durch Punkte, so ergibt sich aus der Kettenregel

$$\dot{g} = \frac{dg}{dt} = f_x \dot{x} + f_y \dot{y}$$

und weiter

$$\ddot{g} = (f_x \dot{x})^{\cdot} + (f_y \dot{y})^{\cdot} = (f_{xx} \dot{x} + f_{xy} \dot{y}) \dot{x} + f_x \ddot{x} + (f_{yx} \dot{x} + f_{yy} \dot{y}) \dot{y} + f_y \ddot{y} \ .$$

Ist f zweimal stetig differenzierbar, so ergibt sich nach dem Satz von Schwarz

$$\ddot{g} = f_{xx} \dot{x}^2 + 2 f_{xy} \dot{x} \dot{y} + f_{yy} \dot{y}^2 + f_x \ddot{x} + f_y \ddot{y} \ .$$

Seien nun speziell $x(t)$ und $y(t)$ lineare Polynome, d.h.

$$x(t) = at + a_0 \ , \quad y(t) = bt + b_0 \ , \quad a, b, a_0, b_0 \in \mathbb{R} \ .$$

Dann ist $\ddot{x} = \ddot{y} = 0$, $\dot{x} = a$, $\dot{y} = b$, d.h.

$$\frac{d^2 g}{dt^2} = \ddot{g} = a^2 f_{xx} + 2ab f_{xy} + b^2 f_{yy} \ .$$

In Kurzschreibweise („Operatorschreibweise"):

Für $\begin{Bmatrix} x(t) = a\,t + a_0 \\ y(t) = b\,t + b_0 \end{Bmatrix}$ gilt:

$$\frac{d^2}{dt^2} f(x(t), y(t)) = \left(a^2 \frac{\partial^2}{\partial x^2} + 2ab \frac{\partial}{\partial x} \frac{\partial}{\partial y} + b^2 \frac{\partial^2}{\partial y^2} \right) f(x,y)$$

$$= \left(a \frac{\partial}{\partial x} + b \frac{\partial}{\partial y} \right)^2 f(x,y) \ .$$

Durch vollständige Induktion erhält man

$$\frac{d^n}{dt^n} f(x(t), y(t)) = \sum_{k=0}^{n} \binom{n}{k} a^k b^{n-k} \frac{\partial^k}{\partial x^k} \frac{\partial^{n-k}}{\partial y^{n-k}} f(x,y)$$

$$= \left(a \frac{\partial}{\partial x} + b \frac{\partial}{\partial y} \right)^n f(x,y) \ .$$

Eine analoge Formel gilt für die Zusammensetzung von $t \rightarrow \begin{bmatrix} a_{11} t + a_{10} \\ \vdots \\ a_{p1} t + a_{p0} \end{bmatrix}$

aus $\mathbb{R}$ in $\mathbb{R}^p$ mit einer Funktion $f(x_1, \ldots, x_p)$ aus $\mathbb{R}^p$ in $\mathbb{R}$.

11 Integralrechnung I

11.1 Das Riemann-Integral

Der Begriff des bestimmten Integrals ist aus der Problemstellung entstanden, den *Inhalt ebener Flächenstücke* zu berechnen. Genauer wollen wir uns zunächst der Fragestellung zuwenden, wie die Fläche eines Bereichs B bestimmt werden kann, dessen oberer Rand durch den Graphen einer Funktion $y = f(x)(\geqslant 0)$ gegeben ist, während die anderen Begrenzungen durch die x-Achse im Intervall $[a, b]$ bzw. Strecken parallel zur y-Achse gegeben sind.

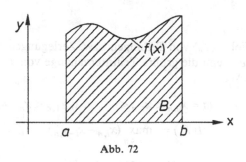

Abb. 72

Wir wollen dabei nur verlangen, daß $f(x)$ *auf* $[a, b]$ *beschränkt* ist, lassen aber auch unstetige Funktionen zu.

Ist

$$g = \inf_{x \in [a,b]} f(x) \ , \quad G = \sup_{x \in [a,b]} f(x) \ ,$$

so soll für einen sinnvollen Inhaltsbegriff für den Bereich B sicher gelten:

$$g \cdot (b - a) \leq \text{Inhalt von } B \leq G \cdot (b - a) \ .$$

Eine „genauere" Abschätzung für den Inhalt wird man anschaulich erwarten, wenn wir das Intervall $[a, b]$ unterteilen und die obige Überlegung auf jedes Teilintervall anwenden. (Man beachte allerdings, daß wir den „Inhalt von B" noch nicht definiert haben. Unsere Überlegungen haben vielmehr den Sinn, eine derartige Definition zu finden, die mit den „anschaulichen" Forderungen an einen Inhaltsbegriff in Einklang steht.)

Sei also $a = x_0 < x_1 < \ldots < x_{n-1} < x_n = b$ eine *Teilung* bzw. *Zerlegung* des Intervalls $I = [a, b]$ und

$$I_i = [x_{i-1}, x_i] \quad \text{für} \quad 1 \leq i \leq n \ .$$

Da f beschränkt ist, existieren

$$g_i = \inf_{x \in I_i} f(x) \quad \text{und} \quad G_i = \sup_{x \in I_i} f(x)$$

für $1 \leq i \leq n$ und wir erhalten die Forderung

$$U(f, T_n) = \sum_{i=1}^{n} g_i(x_i - x_{i-1}) \leq \text{Inhalt von } B \leq \sum_{i=1}^{n} G_i(x_i - x_{i-1}) = O(f, T_n) .$$

Dabei steht T_n für die obige Zerlegung. $U(f, T_n) = \sum_{i=1}^{n} g_i(x_i - x_{i-1})$ heißt die zu T_n gehörige *Untersumme*, $O(f, T_n) = \sum_{i=1}^{n} G_i(x_i - x_{i-1})$ die zu T_n gehörige *Obersumme* von f.

Wie man leicht sieht, ist die Anzahl der Teilungspunkte kein ausreichendes Maß für die Güte der Zerlegung, da etwa $I_0 = [x_0, x_1]$ immer das Intervall $\left[a, a + \dfrac{b-a}{2} \right]$ sein könnte, egal wie groß n ist. Man führt daher ein anderes Maß ein:

Definition. Eine Folge $\langle T_n \rangle$ von Teilungen bzw. Zerlegungen heißt *ausgezeichnete Zerlegungsfolge*, wenn die größte Teilintervallänge von T_n für $n \to \infty$ gegen 0 konvergiert, m.a.W.:

Ist für

$$T_n = \{a = x_{0,n} < x_{1,n} < \ldots < x_{n-1,n} < x_{n,n} = b\}$$

$$l(T_n) = \max_{1 \leq i \leq n} (x_{i,n} - x_{i-1,n}) ,$$

so muß gelten:

$$\lim_{n \to \infty} l(T_n) = 0. \quad \square$$

Es gilt nun der folgende

Satz. Sei f beschränkt auf $I = [a, b]$ und $\langle T_n \rangle$ eine ausgezeichnete Zerlegungsfolge des Intervalls I. Dann konvergiert die Folge $\langle U(f, T_n) \rangle$ der Untersummen gegen einen Grenzwert, der unabhängig ist von der Wahl der speziellen ausgezeichneten Zerlegungsfolge $\langle T_n \rangle$.

Analoges gilt für die Folge $\langle O(f, T_n) \rangle$ der Obersummen. $\quad \square$

(Ohne Beweis.)

Definition. Ist f beschränkt auf $I = [a, b]$, so heißt der gemeinsame Grenzwert der Untersummen zu ausgezeichneten Zerlegungsfolgen das *untere Integral von f über dem Intervall I*, analog heißt der entsprechende gemeinsame Grenzwert der Obersummen das *obere Integral von f über I*.

Symb.: $\displaystyle\underline{\int_a^b} f(x)\,dx \quad$ bzw. $\quad \overline{\int_a^b} f(x)\,dx .\quad \square$

Aufgrund der Definitionen gilt sicher

$$\underset{\underline{a}}{\overset{b}{\int}} f(x)\,dx \leq \overset{\overline{b}}{\underset{a}{\int}} f(x)\,dx \ .$$

Unteres und oberes Integral können übereinstimmen, müssen es aber nicht:

Beispiele. $I = [a,b]$.

1) $f(x) \equiv 1$.

Dann ist für jede Teilung T_n

$$U(f,T_n) = 1 \cdot (b-a) = O(f,T_n) \ ,$$

d.h.
$$\underset{\underline{a}}{\overset{b}{\int}} f(x)\,dx = \overset{\overline{b}}{\underset{a}{\int}} f(x)\,dx = b-a \ .$$

2) $f(x) = \begin{cases} 1 & \text{für } x \in \mathbb{Q} \ , \\ 0 & \text{für } x \notin \mathbb{Q} \ . \end{cases}$

Da in jedem Intervall positiver Länge sowohl rationale als auch irrationale Zahlen liegen, gilt für jede Teilung T_n

$$U(f,T_n) = 0 \cdot (b-a) = 0 \ ,$$
jedoch
$$O(f,T_n) = 1 \cdot (b-a) = 1 \ ,$$
d.h.
$$\underset{\underline{a}}{\overset{b}{\int}} f(x)\,dx = 0 \ , \quad \text{aber} \quad \overset{\overline{b}}{\underset{a}{\int}} f(x)\,dx = 1 \ .$$

($f(x)$ heißt auch DIRICHLET[1])sche Sprungfunktion.) □

Definition. f heißt auf $[a,b]$ (eigentlich-) *integrierbar im Riemannschen Sinn*, wenn das untere und das obere Integral von f über $[a,b]$ gleich sind. Man setzt dann

$$\overset{\overline{b}}{\underset{a}{\int}} f(x)\,dx = \underset{\underline{a}}{\overset{b}{\int}} f(x)\,dx = \int_a^b f(x)\,dx \ . \quad □$$

Beispiele. 1) $f(x) \equiv 1$ ist auf $[a,b]$ integrierbar mit

$$\int_a^b f(x)\,dx = b-a \ .$$

2) Die Dirichletsche Sprungfunktion ist auf $[a,b]$ mit $a < b$ nicht integrierbar. □

Man beachte, daß selbst bei Kenntnis der Integrierbarkeit von f über $[a,b]$ die praktische Berechnung als Limes von Unter- bzw. Obersummen sehr mühsam sein wird, da für die einzelnen Intervalle der Teilungen stets Infimum bzw. Supremum der Funktionswerte zu bestimmen sind.

[1]) Peter Gustav Lejeune DIRICHLET, 13. Februar 1805 – 5. Mai 1859.

Tatsächlich können jedoch im Falle der Integrierbarkeit Infimum bzw. Supremum durch beliebige Funktionswerte im betreffenden Teilintervall ersetzt werden:

Sei nämlich T_n die Zerlegung

$$a = x_0 < x_1 < \ldots < x_{n-1} < x_n = b$$

und $\xi_i \in [x_{i-1}, x_i]$ eine beliebige „Zwischenstelle" des Intervalls $[x_{i-1}, x_i]$. Sei weiters $\Delta x_i = x_i - x_{i-1}$. Dann ist

$$U(f, T_n) = \sum_{i=1}^{n} g_i \Delta x_i \leq \sum_{i=1}^{n} f(\xi_i) \Delta x_i \leq \sum_{i=1}^{n} G_i \Delta x_i = O(f, T_n) ,$$

da
$$g_i = \inf_{x \in [x_{i-1}, x_i]} f(x) \leq f(\xi_i) \leq G_i = \sup_{x \in [x_{i-1}, x_i]} f(x) .$$

Da im Fall der Integrierbarkeit $\langle U(f, T_n) \rangle$ und $\langle O(f, T_n) \rangle$ gegen einen gemeinsamen Grenzwert konvergieren, muß auch jede, auf die oben beschriebene Weise gewonnene, Folge

$$\left\langle \sum_{i=1}^{n} f(\xi_i) \Delta x_i \right\rangle_{n \in \mathbb{N}}$$

gegen $\int_a^b f(x)\,dx$ konvergieren.

Definition. Sei $T_n = \{a = x_0 < x_1 < \ldots < x_{n-1} < x_n = b\}$ eine Teilung von $[a, b]$ und $Z_n = \{\xi_1 \leq \xi_2 \leq \ldots \leq \xi_n\}$ Zwischenstellen mit $\xi_i \in [x_{i-1}, x_i]$ für $1 \leq i \leq n$. Dann heißt

$$R(f, T_n, Z_n) = \sum_{i=1}^{n} f(\xi_i) \Delta x_i$$

eine *Riemannsche Zwischensumme* zu f und der Teilung T_n von $[a, b]$. ☐

Ist f integrierbar auf $[a, b]$, so konvergiert für jede ausgezeichnete Zerlegungsfolge $\langle T_n \rangle$ auch jede Folge $\langle R(f, T_n, Z_n) \rangle$ von Zwischensummen gegen $\int_a^b f(x)\,dx$.

Wir wollen nun einige *Klassen von Riemann-integrierbaren Funktionen* identifizieren:

Satz. Ist f monoton auf $[a, b]$, so ist f Riemann-integrierbar auf $[a, b]$.

Beweis. Sei o.B.d.A. f monoton wachsend. Sei weiters T_n die Zerlegung von $[a, b]$ in n gleichlange Teilintervalle.
    Dann ist

$$\lim_{n \to \infty} l(T_n) = \lim_{n \to \infty} \frac{b-a}{n} = 0 ,$$

d.h. $\langle T_n \rangle$ ist eine ausgezeichnete Zerlegungsfolge. Wegen der Monotonie von f ist

$$g_i = \inf_{x \in [x_{i-1}, x_i]} f(x) = f(x_{i-1}) \, ,$$

$$G_i = \sup_{x \in [x_{i-1}, x_i]} f(x) = f(x_i) \, ,$$

und damit

$$O(f, T_n) - U(f, T_n) = \sum_{i=1}^{n} (f(x_i) - f(x_{i-1})) \cdot \frac{b-a}{n}$$

$$= (f(x_n) - f(x_{n-1}) + f(x_{n-1}) \mp \ldots - f(x_0)) \cdot \frac{b-a}{n}$$

$$= (f(b) - f(a)) \cdot \frac{b-a}{n} \, .$$

Daher ist

$$\lim_{n \to \infty} (O(f, T_n) - U(f, T_n)) = 0 \, ,$$

d.h. f integrierbar. $\square$

Satz. Ist f stetig auf $[a, b]$, so ist f Riemann-integrierbar auf $[a, b]$.

Beweis. Ist f stetig auf $[a, b]$, so ist f auch gleichmäßig stetig auf $[a, b]$.

Sei nun $\langle \varepsilon_n \rangle$ eine Folge in $\mathbb{R}^+$ mit $\lim\limits_{n \to \infty} \varepsilon_n = 0$. Dann existiert zu ε_n ein $\delta_n = \delta_n(\varepsilon_n) > 0$, so daß für $|x - y| < \delta_n$ ($x, y \in [a, b]$) gilt:

$$|f(x) - f(y)| < \varepsilon_n \, .$$

Sei weiters $\langle T_n \rangle$ eine ausgezeichnete Zerlegungsfolge mit $l(T_n) < \delta_n$ (solche Zerlegungen lassen sich sicher finden). Da eine stetige Funktion auf einem kompakten Intervall ein Minimum und Maximum annimmt, gilt insbesondere

$$g_i = \inf_{x \in [x_{i-1}, x_i]} f(x) = f(\xi_i) \quad \text{mit} \quad \xi_i \in [x_{i-1}, x_i] \, ,$$

$$G_i = \sup_{x \in [x_{i-1}, x_i]} f(x) = f(\eta_i) \quad \text{mit} \quad \eta_i \in [x_{i-1}, x_i] \, .$$

Wegen $\xi_i, \eta_i \in [x_{i-1}, x_i]$ ist

$$|\eta_i - \xi_i| \le x_i - x_{i-1} \le l(T_n) < \delta_n \, ,$$

wenn x_{i-1}, x_i zur Teilung T_n gehören. Damit ist aber

$$|f(\eta_i) - f(\xi_i)| = G_i - g_i < \varepsilon_n$$

und daher

$$O(f, T_n) - U(f, T_n) = \sum_{i=1}^{n} (f(\eta_i) - f(\xi_i)) \Delta x_i \le \varepsilon_n \sum_{i=1}^{n} \Delta x_i = \varepsilon_n (b-a) \, .$$

Da

$$\lim_{n \to \infty} \varepsilon_n = 0, \quad \text{ist} \lim_{n \to \infty} O(f, T_n) = \lim_{n \to \infty} U(f, T_n) \, ,$$

d.h. f integrierbar. $\square$

Wir werden im folgenden eine Charakterisierung der Riemann-integrierbaren Funktionen über die Menge ihrer Unstetigkeitsstellen angeben:

Definition. Eine Teilmenge M von $[a, b]$ heißt (LEBESGUE[1])-)*Nullmenge*, wenn es zu jedem $\varepsilon > 0$ (höchstens) abzählbar viele Intervalle $I_1, I_2, I_3, \ldots$ gibt mit

$$M \subseteq \bigcup_{k=1}^{\infty} I_k \quad \text{und} \quad \sum_{k=1}^{\infty} l(I_k) < \varepsilon \ ,$$

m. a. W. M läßt sich durch (höchstens) abzählbar viele Intervalle beliebig kleiner Gesamtlänge überdecken.

Beispiele. 1) Jede endliche Teilmenge von $[a, b]$ ist eine Nullmenge.

2) Besitzt $M \subseteq [a, b]$ nur endlich viele Häufungspunkte, so ist M eine Nullmenge: Seien nämlich $m_1, \ldots, m_r$ die Häufungspunkte von M, dann enthält

$$\bigcup_{i=1}^{r} \left[m_i - \frac{\varepsilon}{3r}, m_i + \frac{\varepsilon}{3r} \right]$$ fast alle Elemente von M und hat Gesamtlänge $\frac{2\varepsilon}{3}$. Die

verbliebenen endlich vielen Elemente von M lassen sich durch weitere Intervalle

der Gesamtlänge $< \frac{\varepsilon}{3}$ überdecken.

3) Jede abzählbare Teilmenge $M = \{m_1, m_2, \ldots\} \subseteq [a, b]$ ist eine Nullmenge:

$$\bigcup_{i=1}^{\infty} \left[m_i - \frac{\varepsilon}{2^{i+2}}, m_i + \frac{\varepsilon}{2^{i+2}} \right]$$ überdeckt M und hat Gesamtlänge $\frac{\varepsilon}{2}$.

Insbesondere ist also $\mathbb{Q} \cap [a, b]$ eine Nullmenge. $\square$

Es gilt nun der folgende

Satz. Eine beschränkte Funktion $f: [a, b] \to \mathbb{R}$ ist auf $[a, b]$ genau dann Riemann-integrierbar, wenn die Menge ihrer Unstetigkeitsstellen eine Nullmenge bildet.

(Ohne Beweis.)

Beispiele. 1) Die Dirichletsche Sprungfunktion ist in allen $x \in [0, 1]$ unstetig. Sie kann daher nicht Riemann-integrierbar sein.

2) Sei $f(x)$ auf $[0, 1]$ definiert durch

$$f(x) = \begin{cases} 0 & \text{falls} \quad x = 0 \quad \text{oder} \quad x \ \text{irrational} \\ \frac{1}{q} & \text{falls} \quad x > 0 \quad \text{und} \quad x = \frac{p}{q} \quad \text{mit} \quad p, q \in \mathbb{N}^+, \mathrm{ggT}(p, q) = 1 \end{cases} \ .$$

Man kann zeigen, daß f in allen irrationalen Punkten aus $[0, 1]$ stetig ist. Offensichtlich ist f aber in allen rationalen Punkten $\frac{p}{q} > 0$ unstetig, da in jeder Um-

---

[1]) Henri LEBESGUE, 28. Juni 1875 – 26. Juli 1941.

gebung eines derartigen Punktes irrationale Punkte x mit $f(x) = 0$ liegen, während $f\left(\dfrac{p}{q}\right) = \dfrac{1}{q}$ ist.

f ist auf $[0, 1]$ Riemann-integrierbar: Sei dazu T_n die Teilung von $[0, 1]$ in n gleichlange Teilintervalle. Da jedes Teilintervall irrationale Punkte enthält, ist

$$U(f, T_n) = 0 \quad \text{für alle} \quad n \geq 1 \ .$$

Sei nun $\varepsilon > 0$ vorgegeben. Um $O(f, T_n)$ abzuschätzen, betrachtet man die Teilintervalle, in denen

(i) Punkte $x = \dfrac{p}{q}$ mit $f\left(\dfrac{p}{q}\right) = \dfrac{1}{q} > \dfrac{\varepsilon}{2}$ auftreten bzw.

(ii) solche Punkte nicht auftreten.

Der Beitrag der Teilintervalle der Kategorie (ii) zu $O(f, T_n)$ kann durch $\dfrac{\varepsilon}{2} \cdot l([0, 1]) = \dfrac{\varepsilon}{2}$ nach oben abgeschätzt werden.

Von den Teilintervallen der Kategorie (i) gibt es höchstens soviele, wie es Zahlen $x = \dfrac{p}{q}$ in $(0, 1]$ mit $\dfrac{1}{q} > \dfrac{\varepsilon}{2}$ gibt. Bei festem q gibt es für p höchstens die Möglichkeiten $p = 1, 2, \ldots, q$, also höchstens q. Da $q < \dfrac{2}{\varepsilon}$, sind insgesamt höchstens $\dfrac{4}{\varepsilon^2}$ derartige rationale Zahlen vorhanden.

Der Beitrag der Intervalle der Kategorie (i) zu $O(f, T_n)$ ist also

$$\leqslant \text{Anzahl der betroffenen Intervalle mal Intervallänge mal 1} \ ,$$

da

$$f(x) \leq 1 \quad \text{für alle} \quad x \in [0, 1] \ .$$

Der Beitrag ist also

$$\leq \frac{4}{\varepsilon^2 \cdot n} \ .$$

Insgesamt ist daher

$$O(f, T_n) \leq \frac{\varepsilon}{2} + \frac{4}{\varepsilon^2 \cdot n} \ .$$

Für $n > N(\varepsilon) = \dfrac{8}{\varepsilon^3}$ ist damit

$$O(f, T_n) < \frac{\varepsilon}{2} + \frac{\varepsilon}{2} = \varepsilon \ .$$

Daher ist

$$\lim_{x \to \infty} O(f, T_n) = 0 \ .$$

f ist also Riemann-integrierbar mit

$$\int_0^1 f(x)\, dx = 0 \ . \quad \square$$

Folgerung. Die Menge M der Unstetigkeitsstellen von f ist eine Nullmenge; insbesondere also auch $\mathbb{Q} \cap [0, 1] \subseteq M$, in Übereinstimmung mit unserer früheren Beobachtung. $\quad \square$

Wir haben bisher den Ausdruck $\int_a^b f(x)\,dx$ nur für $a < b$ definiert. Es erweist sich als sinnvoll, die Definition in folgender Weise zu ergänzen:

Definition. 1) $\int_a^a f(x)\,dx = 0$.

2) Ist f auf $[a,b]$ mit $a < b$ Riemann-integrierbar, so sei

$$\int_b^a f(x)\,dx = -\int_a^b f(x)\,dx \ . \quad \square$$

Wir legen auch noch die folgenden Sprechweisen fest:

In $\int_a^b f(x)\,dx$ heißt x *Integrationsvariable*, $f(x)$ *Integrand*, a bzw. b heißen *untere* bzw. *obere Integrationsgrenze*.

11.2 Einige Eigenschaften des Riemann-Integrals

Wir wissen, daß die Menge aller Funktionen $f: [a,b] \to \mathbb{R}$ einen Vektorraum bildet. Es gilt nun:

Satz. Die Riemann-integrierbaren Funktionen $f: [a,b] \to \mathbb{R}$ bilden einen Teilraum des Vektorraums aller Funktionen $f: [a,b] \to \mathbb{R}$.

Die Abbildung $f \to \int_a^b f(x)\,dx$ ist linear.

Beweis. Seien f und g Riemann-integrierbar auf $[a,b]$. Dann sind die Mengen M_f bzw. M_g ihrer Unstetigkeitsstellen Nullmengen.

Die Funktion $h = \lambda f + \mu g$ $(\lambda, \mu \in \mathbb{R})$ ist höchstens in $M_f \cup M_g$ unstetig. $M_f \cup M_g$ ist aber, wie man sofort sieht, wieder eine Nullmenge, d.h. h ist Riemann-integrierbar. (h ist klarerweise beschränkt.) Weiter gilt für jede Zwischensumme:

$$\sum_{i=1}^n h(\xi_i)\Delta x_i = \sum_{i=1}^n (\lambda f(\xi_i) + \mu g(\xi_i))\Delta x_i = \lambda \sum_{i=1}^n f(\xi_i)\Delta x_i + \mu \sum_{i=1}^n g(\xi_i)\Delta x_i \ .$$

Liegt eine ausgezeichnete Zerlegungsfolge vor, so konvergiert für $n \to \infty$ also

$$\sum_{i=1}^n h(\xi_i)\Delta x_i \quad \text{gegen} \quad \lambda \int_a^b f(x)\,dx + \mu \int_a^b g(x)\,dx \ . \quad \square$$

Bemerkung. Sei $\langle V, +, K \rangle$ ein Vektorraum. Dann heißt eine lineare Abbildung $A: \langle V, +, K \rangle \to \langle K, +, K \rangle$ auch *„lineares Funktional"*.

Das bestimmte Integral ist also ein lineares Funktional.

Beispiel. Mit $f(x) \equiv 1$ ist also auch $c \cdot f(x) \equiv c$ auf $[a,b]$ integrierbar und es gilt $\int_a^b c \cdot f(x)\,dx = c \cdot (b-a)$. $\quad \square$

Ähnlich wie den letzten Satz beweist man:

Satz. Mit f und g ist auch $f \cdot g$ auf $[a, b]$ Riemann-integrierbar. Existiert eine Konstante $C > 0$ mit $|g(x)| \geq C$ für $x \in [a, b]$, so ist mit f und g auch $\dfrac{f}{g}$ Riemann-integrierbar. $\square$

Seien $[a, b]$ und $[c, d]$ Intervalle, so daß $c \in [a, b]$, d. h.

$$[a, b] \cup [c, d] = [a, d] .$$

Dann ist i. allg.

$$\int\limits_a^d f(x)\,dx \neq \int\limits_a^b f(x)\,dx + \int\limits_c^d f(x)\,dx .$$

(Beispiel: $f(x) \equiv 1$.) Jedoch gilt der

Satz. $\displaystyle\int\limits_a^c f(x)\,dx = \int\limits_a^b f(x)\,dx + \int\limits_b^c f(x)\,dx$,

wenn mindestens zwei der drei Integrale existieren.

Beweis. Sei $a < b < c$ und es mögen die beiden Integrale der rechten Seite existieren. Dann wähle man eine ausgezeichnete Zerlegungsfolge $\langle T_n \rangle$, bei der jede Teilung T_n den Punkt b als Teilungspunkt enthält, d. h.:

$$T_n = T_n' \cup T_n'' ,$$

wobei T_n' eine Teilung von $[a, b]$ und T_n'' eine solche von $[b, c]$ ist. $\langle T_n' \rangle$ und $\langle T_n'' \rangle$ sind dann ausgezeichnete Zerlegungsfolgen und es gilt für jede Zwischensumme

$$U(f, T_n) = U(f, T_n') + U(f, T_n'')$$

sowie

$$O(f, T_n) = O(f, T_n') + O(f, T_n'') ,$$

d. h. $\displaystyle\int\limits_a^c f(x)\,dx$ existiert und ist gleich

$$\int\limits_a^b f(x)\,dx + \int\limits_b^c f(x)\,dx .$$

Alle anderen Fälle können aufgrund der Definitionen

$$\int\limits_a^a f(x)\,dx = 0 , \quad \int\limits_b^a f(x)\,dx = -\int\limits_a^b f(x)\,dx$$

auf diesen zurückgeführt werden, bzw. sind trivial. $\square$

Bemerkung. Faßt man das Riemann-Integral bei festem f als Funktion des Integrationsintervalls auf, so ist es also nur additiv für Intervalle, die keinen inneren Punkt gemeinsam haben. Man sagt auch, es ist ein *subadditives* Mengenfunktional. $\square$

Wir haben $\int\limits_a^b f(x)\,dx$ für $f(x) > 0$ als Fläche zwischen dem Graphen von f und der x-Achse gedeutet. Ist etwa $f(x) \equiv -1$, so ergibt sich für $a < b$

$$\int\limits_a^b f(x)\,dx = -(b-a) < 0 \ ,$$

das Integral ist also gleich dem negativen Flächeninhalt (geometrisch) zwischen der x-Achse und dem Graphen von f. In diesem Fall hat sich, anschaulich gesprochen, der Umlaufsinn geändert, wenn man den betrachteten Bereich von a nach b ausgehend umläuft.

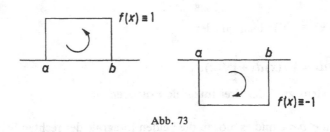

Abb. 73

Man sagt daher auch:

$\int\limits_a^b f(x)\,dx$ mißt den *„orientierten" Flächeninhalt* zwischen der x-Achse und dem Graphen von f.

Um die *geometrische Fläche* dieses Bereichs zu bestimmen, müßte man $[a, b]$ in *Teilintervalle* zerlegen, auf denen $f(x)$ *einheitliches Vorzeichen* besitzt, und anschließend die *Absolutbeträge der Integrale* über diese Teilintervalle *aufaddieren*. Es gilt nämlich:

Satz. Ist $a \le b$ und $f(x) \ge 0$ auf $[a, b]$ und Riemann-integrierbar, so ist

$$\int\limits_a^b f(x)\,dx \ge 0 \ .$$

Beweis. Jede Zwischensumme $R(f, T_n, Z_n)$ ist ≥ 0. $\square$

Bemerkungen. 1) Aus $f(x) \ge 0$ auf $[a, b]$ und $f(x) > 0$ auf einer nichtleeren Teilmenge von $[a, b]$ folgt i. a. *nicht* $\int\limits_a^b f(x)\,dx > 0$. (Vgl. das Beispiel der auf $\mathbb{Q} \cap [0, 1]$ unstetigen Funktion von S. 120; dabei ist $f(x) > 0$ auf einer Nullmenge.)

2) Ist jedoch $f(x)$ stetig, $f(x) \ge 0$ auf $[a, b]$, und existiert $\xi \in [a, b]$ mit $f(\xi) > 0$, so ist auch

$$\int\limits_a^b f(x)\,dx > 0 :$$

Da f stetig ist, existiert nämlich eine Umgebung $[\xi - \delta, \xi + \delta] \cap [a,b]$ von ξ, auf der $f(x) \geq \dfrac{f(\xi)}{2} > 0$ ist. Damit ist aber

$$\int_a^b f(x)\,dx \geq \frac{f(\xi)}{2} \cdot l([\xi - \delta, \xi + \delta] \cap [a,b]) > 0 \ . \quad \square$$

Eine unmittelbare Folgerung des letzten Satzes ist der

Satz. Seien f und g auf $[a,b]$ Riemann-integrierbar und $f(x) \leq g(x)$ für alle $x \in [a,b]\,(a \leq b)$. Dann ist

$$\int_a^b f(x)\,dx \leq \int_a^b g(x)\,dx \ .$$

Beweis. $h(x) = g(x) - f(x)$ ist ≥ 0 auf $[a,b]$.
Daher ist
$$\int_a^b h(x)\,dx \geq 0 \ .$$

Wegen der Linearität ist aber

$$\int_a^b h(x)\,dx = \int_a^b g(x)\,dx - \int_a^b f(x)\,dx \ . \quad \square$$

Bemerkung. Wegen der eben besprochenen Eigenschaft sagt man auch: das bestimmte Integral $\int_a^b f(x)\,dx$, $a < b$, ist ein *positives lineares Funktional.* $\quad \square$

Weitere Eigenschaften, die sich aus der „Positivität" ergeben, fassen die „Mittelwertsätze" zusammen:

1. Mittelwertsatz der Integralrechnung. Sei f auf $[a,b]$ $(a < b)$ Riemann-integrierbar,

$$g = \inf_{x \in [a,b]} f(x) \ , \quad G = \sup_{x \in [a,b]} f(x) \quad \text{und} \quad m \leq g \leq (f(x) \leq) G \leq M \ .$$

Dann existiert ein $\mu \in [g,G] \subseteq [m,M]$ (d.h. $g \leq \mu \leq G$) mit

$$\frac{1}{b-a} \int_a^b f(x)\,dx = \mu \ .$$

Ist f stetig auf $[a,b]$, so existiert ein $\xi \in [a,b]$ mit

$$\frac{1}{b-a} \int_a^b f(x)\,dx = f(\xi) \ .$$

Beweis. Wegen $m \leq g \leq f(x) \leq G \leq M$ ist nach dem vorigen Satz

$$\int_a^b m\,dx \leq \int_a^b g\,dx \leq \int_a^b f(x)\,dx \leq \int_a^b G\,dx \leq \int_a^b M\,dx \ ,$$

also

$$m(b-a) \le g(b-a) \le \int\limits_a^b f(x)\,dx \le G(b-a) \le M(b-a) \; ,$$

woraus die erste Behauptung folgt.

Ist f stetig, so nimmt f den Zwischenwert $\mu \in [g, G]$ mindestens einmal an, d.h. es existiert $\xi \in [a, b]$ mit $f(\xi) = \mu$. □

Bemerkung. Der Satz gilt auch für $\int\limits_a^b f(x)\,dx$ mit $a > b$:

$$\int\limits_a^b f(x)\,dx = - \int\limits_b^a f(x)\,dx = -(a-b)\cdot\mu = (b-a)\cdot\mu$$

mit μ wie oben.

2. Mittelwertsatz der Integralrechnung. Seien f und p auf $[a,b]\,(a < b)$ Riemann-integrierbar, und es gelte $p(x) \ge 0$ auf $[a,b]$, sowie $\int\limits_a^b p(x)\,dx > 0$. Sei weiters

$$g = \inf_{x \in [a,b]} f(x) \; , \qquad G = \sup_{x \in [a,b]} f(x) \quad \text{und} \quad m \le g \le (f(x) \le)\,G \le M \; .$$

Dann existiert ein $\mu \in [g, G] \subseteq [m, M]$ mit

$$\frac{\displaystyle\int\limits_a^b f(x)p(x)\,dx}{\displaystyle\int\limits_a^b p(x)\,dx} = \mu \; .$$

Ist f stetig auf $[a,b]$, so existiert ein $\xi \in [a,b]$ mit

$$\frac{\displaystyle\int\limits_a^b f(x)p(x)\,dx}{\displaystyle\int\limits_a^b p(x)\,dx} = f(\xi) \; .$$

Beweis. Man integriert die Funktionen in der Ungleichungskette

$$m\cdot p(x) \le g\cdot p(x) \le f(x)\cdot p(x) \le G\cdot p(x) \le M\cdot p(x) \; .$$

Der 2. Teil folgt wie beim 1. Mittelwertsatz. □

Bemerkung. 1) Der 2. Mittelwertsatz besagt, daß der Quotient der beiden Integrale (das mit $p(x)$ „*gewichtete Mittel*" von $f(x)$) gleich einem Zwischenwert der Funktionswerte im Intervall ist. $p(x)$ heißt „*Gewichtsfunktion*" des Mittels. Im 1. Mittelwertsatz ist $p(x) \equiv 1$, man sagt,

$$\frac{1}{b-a} \int_a^b f(x)\,dx$$

ist das „arithmetische Mittel" der Funktionswerte.

2) Der 2. Mittelwertsatz kann in der Form

$$\int_a^b f(x)p(x)\,dx = \mu \cdot \int_a^b p(x)\,dx$$

aber auch verwendet werden, um „unangenehme" Bestandteile des Integranden „herauszufiltern" und das Integral näherungsweise zu berechnen.

3) Der obige „2. Mittelwertsatz" heißt in der Literatur oft „ *Verallgemeinerter Mittelwertsatz*". Als 2. Mittelwertsatz wird dann der folgende Satz bezeichnet, den wir ohne Beweis angeben:

Satz. Sei f auf $[a,b]$ stetig, φ auf $[a,b]$ stetig differenzierbar und monoton. Dann existiert ein $\xi \in [a,b]$ derart, daß

$$\int_a^b f(x)\varphi(x)\,dx = \varphi(a) \int_a^\xi f(x)\,dx + \varphi(b) \int_\xi^b f(x)\,dx \ . \quad \square$$

11.3 Unbestimmte Integrale

Sei f auf $[A,B]$ integrierbar, insbesondere also auch beschränkt:

$$m \le f(x) \le M \quad \text{für alle} \quad x \in [A,B] \ .$$

Aus der Definition des Riemann-Integrals folgt sofort, daß f dann auch auf jedem Teilintervall von $[A,B]$ integrierbar ist. Halten wir nun ein $a \in [A,B]$ fest, so ist durch

$$F_a(x) = \int_a^x f(t)\,dt \ , \quad x \in [A,B] \ ,$$

eine Funktion $F_a(x)$ auf $[A,B]$ wohldefiniert. (Achtung: F_a bedeutet hier nicht eine partielle Ableitung!) Wir nennen $F_a(x)$ *unbestimmtes Integral* zur Funktion f auf $[A,B]$. Dann gelten die folgenden Aussagen:

Satz. $F_a(x) = \int_a^x f(t)\,dt$ ist stetig auf $[A,B]$.

Beweis. Sei $h \neq 0$. Dann ist

$$F_a(x+h) - F_a(x) = \int_a^{x+h} f(t)\,dt - \int_a^x f(t)\,dt = \int_x^a f(t)\,dt + \int_a^{x+h} f(t)\,dt = \int_x^{x+h} f(t)\,dt \ .$$

Nach dem 1. Mittelwertsatz der Integralrechnung ist das letzte Integral

$$= h \cdot \mu(h,x) \ , \quad \text{mit} \quad m \leq \mu(h,x) \leq M \ .$$

Es ist also $\mu(h,x)$ beschränkt und damit

$$\lim_{h \to 0} F_a(x+h) = F_a(x) \ . \quad \Box$$

Satz. Ist f stetig auf $[A,B]$, so ist $F_a(x) = \int\limits_a^x f(t)dt \ (a \in [A,B])$ differenzierbar auf (A,B). (In den Randpunkten $x = A$ bzw. $x = B$ liegt einseitige Differenzierbarkeit vor.) Es gilt $\quad \dfrac{dF_a(x)}{dx} = f(x) \ .$

Beweis. Wie im letzten Beweis ist

$$F_a(x+h) - F_a(x) = \int\limits_x^{x+h} f(t)dt \ .$$

Da f stetig ist, existiert nach dem 1. Mittelwertsatz der Integralrechnung ein $\xi_h \in [x,x+h]$ (für $h > 0$; für $h < 0$ ein $\xi_h \in [x+h;x]$), so daß

$$\int\limits_x^{x+h} f(t)dt = h \cdot f(\xi_h) \ .$$

ξ_h läßt sich schreiben als $\xi_h = x + \vartheta(h) \cdot h$ mit $0 \leq \vartheta(h) \leq 1$.
    Also erhalten wir:

$$\lim_{h \to 0} \frac{F_a(x+h) - F_a(x)}{h} = \lim_{h \to 0} f(\xi_h) = f(x)$$

(da f stetig ist). $\quad \Box$

Nach unserer in 10.4 vereinbarten Sprechweise bedeutet dies:

Haupt- oder Kernsatz der Differential- und Integralrechnung. Sei f auf $[A,B]$ stetig, $a \in [A,B]$. Dann ist jedes unbestimmte Integral

$$F_a(x) = \int\limits_a^x f(t)dt$$

eine Stammfunktion von f auf $[A,B]$. Die Menge aller Stammfunktionen von f auf $[A,B]$ ist gegeben durch

$$\int\limits_a^x f(t)dt + C \ , \quad C \text{ eine Konstante.} \quad \Box$$

Wegen des im letzten Satz ausgedrückten Zusammenhangs zwischen Stammfunktion und unbestimmtem Integral einer stetigen Funktion wird für beide meist die Schreibweise

$$\int f(x)dx$$

verwendet, wobei der letzte Ausdruck nur bis auf eine Konstante C eindeutig ist.

Wir können also alle Stammfunktionen einer stetigen Funktion durch Integration ermitteln. Für die Anwendungen noch wichtiger ist die folgende Umkehrung dieses Sachverhalts, die es gestattet, bei Kenntnis einer Stammfunktion einer stetigen Funktion das bestimmte Integral auszuwerten:

Satz. Sei f stetig auf $[a,b]$, F eine Stammfunktion von f auf $[a,b]$ (in den Randpunkten sollen die einseitigen Ableitungen existieren und gleich $f(a)$ bzw. $f(b)$ sein). Dann ist

$$\int_a^b f(x)\,dx = F(b) - F(a) \;\; ; \;\;\; (\text{kurz:} = F(x)|_a^b) \; . \quad \square$$

Beispiele. 1) $\quad \int x^\alpha\,dx = \dfrac{x^{\alpha+1}}{\alpha+1} + C \;$, für alle $\;\alpha \in \mathbb{Q} - \{-1\}\,$,

denn $(x^{\alpha+1})' = (\alpha+1)x^\alpha$. Die Potenz x^{-1} tritt allerdings nie beim Ableiten einer derartigen Potenzfunktion auf.

2) Die Ableitungsformeln

$$(\sin x)' = \cos x$$

$$(\cos x)' = -\sin x$$

$$(\operatorname{tg} x)' = 1 + \operatorname{tg}^2 x = \frac{1}{\cos^2 x}$$

$$(\operatorname{ctg} x)' = -(1 + \operatorname{ctg}^2 x) = -\frac{1}{\sin^2 x}$$

führen zu den Integrationsformeln

$$\int \cos x\,dx = \sin x + C$$

$$\int \sin x\,dx = -\cos x + C$$

$$\int (1 + \operatorname{tg}^2 x)\,dx = \int \frac{1}{\cos^2 x}\,dx = \operatorname{tg} x + C$$

$$\int (1 + \operatorname{ctg}^2 x)\,dx = \int \frac{1}{\sin^2 x}\,dx = -\operatorname{ctg} x + C \; .$$

3) Wegen $(\operatorname{Arcsin} x)' = \dfrac{1}{\sqrt{1-x^2}}$ auf $]-1,1[$ ist

$$\int \frac{dx}{\sqrt{1-x^2}} = \operatorname{Arcsin} x + C \; ,$$

wegen $(\text{Arctg}\, x)' = \dfrac{1}{1+x^2}$ ist

$$\int \frac{dx}{1+x^2} = \text{Arctg}\, x + C \ . \quad \square$$

Im weiteren wollen wir den oben gewonnenen Zusammenhang ausnützen, um *aus Differentiationsregeln solche für die Integration* stetiger Funktionen zu gewinnen:

1) Wegen der Linearität der Ableitung

$$\frac{d}{dx}\,(\lambda F(x) + \mu G(x)) = \lambda \cdot \frac{dF(x)}{dx} + \mu\,\frac{dG(x)}{dx} \ , \quad \lambda, \mu \in \mathbb{R}$$

erhalten wir

$$\int (\lambda F(x) + \mu G(x)) = \lambda \int F(x)\,dx + \mu \int G(x)\,dx$$

bzw. für das bestimmte Integral die schon bewiesene Regel

$$\int\limits_a^b (\lambda F(x) + \mu G(x))\,dx = \lambda \int\limits_a^b F(x)\,dx + \mu \int\limits_a^b G(x)\,dx \ .$$

2) Aus der Produktregel

$$\frac{d}{dx}\,(F(x) \cdot G(x)) = F(x) \cdot G'(x) + F'(x) G(x)$$

wird für unbestimmte Integrale

$$F(x) \cdot G(x) = \int F(x) \cdot G'(x)\,dx + \int F'(x) G(x)\,dx \ ,$$

bzw.

$$\int F(x) \cdot G'(x)\,dx = F(x) \cdot G(x) - \int F'(x) G(x)\,dx \ .$$

In dieser Form wird die Regel benutzt, um Integrale zu berechnen, deren Integrand ein Produkt ist, wobei die Ableitung F' des ersten Faktors bekannt ist (und stetig ist) und eine Stammfunktion des zweiten Faktors ebenfalls bekannt ist. Das Integral $\int F'(x) G(x)\,dx$ ist unter Umständen leichter zu berechnen als $\int F(x) G'(x)\,dx$. Die durch die obige Formel gegebene Integrationsmethode heißt *„Partielle Integration"*.

Für die partielle Integration eines bestimmten Integrals ergibt sich entsprechend die Formel

$$\int\limits_a^b F(x) G'(x)\,dx = [F(x) G(x)]_{x=a}^b - \int\limits_a^b F'(x) G(x)\,dx \ .$$

Beispiel. $\int x \cdot \sin x\,dx = ?$

Wir setzen

$$F(x) = x \ , \quad G'(x) = \sin x \ .$$

Dann ist z. B. $G(x) = -\cos x$, und es ist $F'(x) = 1$, also

$$\int x \sin x\,dx = -x \cos x + \int \cos x\,dx = -x \cos x + \sin x + C \ . \quad \square$$

3) Die Kettenregel besagt für

daß
$$G(u) = F(\varphi(u)) \; ,$$

$$\frac{dG(u)}{du} = \frac{dF(x)}{dx}\bigg|_{x=\varphi(u)} \cdot \frac{d\varphi(u)}{du} \; ;$$

ist also $F(x)$ eine Stammfunktion zu $f(x)$, so ist $F(\varphi(u))$ eine Stammfunktion von $f(\varphi(u)) \cdot \varphi'(u)$, d.h.

bzw.
$$\int F'(\varphi(u))\varphi'(u)\,du = F(\varphi(u)) + C$$

$$\int_a^b F'(\varphi(u))\varphi'(u)\,du = [F(\varphi(u))]_{u=a}^b \; .$$

Die Formel für das unbestimmte Integral lautet also

(*)
$$\int_\alpha^x f(\varphi(u))\varphi'(u)\,du = \int_{a=\varphi(\alpha)}^{\varphi(x)} f(t)\,dt + C \; .$$

Sei nun φ nicht nur stetig differenzierbar, sondern auch streng monoton, z.B. $\varphi'(u) > 0$ für alle u im betrachteten Intervall oder $\varphi'(u) < 0$ für alle derartigen u. Dann existiert die Umkehrfunktion $\psi = \varphi^{-1}$ zu φ.

Wir wählen nun in (*) $\alpha = \psi(a)$, d.h. $a = \varphi(\alpha)$ und setzen $x = \alpha$:

$$0 = \int_a^a f(\varphi(u))\varphi'(u)\,du = \int_a^{\varphi(a)=a} f(t)\,dt + C \; ;$$

es ist also $C = 0$:

$$\int_{\alpha=\psi(a)}^x f(\varphi(u))\varphi'(u)\,du = \int_a^{\varphi(x)} f(t)\,dt$$

bzw.

$$\int_a^x f(t)\,dt = \int_{\alpha=\psi(a)}^{\psi(x)} f(\varphi(u))\varphi'(u)\,du \; ; \quad (\psi = \varphi^{-1}) \; .$$

Für das bestimmte Integral lautet die Regel:

$$\int_a^b f(t)\,dt = \int_{\alpha=\psi(a)}^{\beta=\psi(b)} f(\varphi(u))\varphi'(u)\,du$$

($\psi = \varphi^{-1}$; φ stetig differenzierbar mit $\varphi'(u) > 0$ bzw. < 0 für alle u im Intervall $[\alpha, \beta]$).

Diese Regel heißt *Substitutionsregel*, da für die Variable t im 1. Integranden die Funktion $\varphi(u)$ substituiert wird:

sowie formal
$$t = \varphi(u) \; ,$$

$$dt = \varphi'(u)\,du \; .$$

Beispiel. $\int_1^2 x \cdot \sqrt{1+x^2}\,dx = ?$

1. Variante:
$$x = \sqrt{u-1} = \varphi(u) \Rightarrow x \cdot \sqrt{1+x^2} = \sqrt{u} \cdot \sqrt{u-1} \; ,$$

$$dx = \frac{1}{2\sqrt{u-1}} \cdot du \; ,$$

$$\psi(x) = \varphi^{-1}(x) = 1 + x^2 \; ,$$

d.h. $\quad \psi(1) = 2 \; , \quad \psi(2) = 5 \; .$

Wir haben daher

$$\int_1^2 x\sqrt{1+x^2}\, dx = \int_2^5 \sqrt{u} \cdot \sqrt{u-1} \; \frac{1}{2\sqrt{u-1}}\, du = \frac{1}{2}\int_2^5 \sqrt{u}\, du$$

$$= \frac{1}{2}\frac{u^{3/2}}{3/2}\bigg|_{u=2}^{5} = \frac{5\sqrt{5} - 2\sqrt{2}}{3} \; .$$

2. Variante:

$$u = 1 + x^2 = \psi(x) \Rightarrow \frac{du}{dx} = 2x \Rightarrow du = 2x\,dx \; ,$$

also

$$\int_1^2 \sqrt{1+x^2}\, x\, dx = \frac{1}{2}\int_2^5 \sqrt{u}\, du \quad \text{usw.} \; \square$$

Bemerkungen. 1) Substituieren wir in

$$\int f(x)\,dx = F(x) + C \; , \quad C \in \mathbb{R}$$

linear:

$$x = Au + B \; , \quad A, B \in \mathbb{R} \; , \quad A \neq 0$$

so erhalten wir

$$\int f(Au+B) \cdot A \cdot du = F(Au+B) + C \; , \quad C \in \mathbb{R}$$

bzw.

$$\int f(Au+B)\,du = \frac{F(Au+B)}{A} + C_1 \; , \quad C_1 \in \mathbb{R} \; .$$

2) Für $u = f(x)$ ist

$$\int du = \int f'(x)\,dx \; ,$$

daher wird oft kurz geschrieben:

$$\int f'(x)\,dx = \int df \; .$$

11.4 Logarithmus und Exponentialfunktion

Wir haben in 11.3 Stammfunktionen zu allen Potenzfunktionen $f(x) = x^\alpha$, $\alpha \in \mathbb{Q} - \{-1\}$, angegeben. Für den Fall $\alpha = -1$ ist nach dem Kernsatz

$$L(x) = \int_1^x \frac{1}{t}\, dt \quad \text{mit} \quad D_L = \,]0, +\infty[\, = \mathbb{R}^+$$

eine Stammfunktion, da $\frac{1}{t}$ stetig auf $\mathbb{R}^+$ ist. Ferner ist

$$L'(x) = \frac{1}{x} > 0 \text{ auf } \mathbb{R}^+$$

und daher $L(x)$ streng monoton wachsend.

Wegen

$$L(1) = \int_1^1 f(t)\,dt = 0$$

ist

$$L(x) > 0 \quad \text{für} \quad x > 1 \; ,$$

$$L(1) = 0 \; ,$$

und

$$L(x) < 0 \quad \text{für} \quad 0 < x < 1 \; .$$

Setzen wir $F(x) = L(|x|)$ für $x \neq 0$, so ist $F(x)$ differenzierbar für alle $x \neq 0$, und es gilt

$$F'(x) = \begin{cases} L'(x) = \dfrac{1}{x} & \text{für} \quad x > 0 \\[2ex] \dfrac{dL(-x)}{dx} = -L'(-x) = -\dfrac{1}{-x} = \dfrac{1}{x} & \text{für} \quad x < 0 \; , \end{cases}$$

also

$$F'(x) = \frac{1}{x} \quad \text{für alle} \quad x \neq 0,$$

m. a. W. $L(|x|)$ *ist eine Stammfunktion von* $\dfrac{1}{x}$ *auf* $\mathbb{R} - \{0\}$, d. h. auf jedem zusammenhängenden Teil von $\mathbb{R} - \{0\}$ gilt

$$\int \frac{1}{x}\,dx = L(|x|) + C \; .$$

Weitere Eigenschaften von $L(x)$:

1) $L(a \cdot b) = L(a) + L(b)$ ist eine Funktionalgleichung für die Funktion $L(x)$.

Beweis. $\displaystyle\int_1^{ab} \frac{1}{t}\,dt = \int_1^a \frac{1}{t}\,dt + \int_a^{ab} \frac{1}{t}\,dt = L(a) + \int_a^{ab} \frac{1}{t}\,dt.$

Mit der Substitution $t = s \cdot a$ ist

$$\int_a^{ab} \frac{1}{t}\,dt = \int_1^b \frac{1}{as}\,a\,ds = \int_1^b \frac{1}{s}\,ds = L(b) \; . \quad \square$$

2) $L\left(\dfrac{a}{b}\right) = L(a) - L(b)$, speziell $L\left(\dfrac{1}{b}\right) = L(1) - L(b) = -L(b)$.

Beweis. $L(a) = L\left(b \cdot \dfrac{a}{b}\right) = L(b) + L\left(\dfrac{a}{b}\right) \; . \quad \square$

3) $L(a^n) = nL(a)$ für alle $n \in \mathbb{N}$, ergibt sich leicht mit vollständiger Induktion aus 1). Es gilt sogar:

4) $L(a^r) = rL(a)$ für alle $r \in \mathbb{Q}$.

Beweis. Sei $r = \dfrac{p}{q}$, $p, q \in \mathbb{N}^+$, also $r > 0$.

Zunächst ist

$$L(a) = L((a^{1/q})^q) = q \cdot L(a^{1/q}) \; ,$$

also
$$L(a^{1/q}) = \frac{1}{q} \cdot L(a) \quad \text{für} \quad q \in \mathbb{N}^+ \ .$$

Damit ist aber
$$L(a^{p/q}) = L((a^{1/q})^p) = pL(a^{1/q}) = p \cdot \frac{1}{q} L(a) = \frac{p}{q} \cdot L(a) \ .$$

Ist schließlich $r \in \mathbb{Q}$, $r < 0$, so ist
$$L(a^r) = L\left(\left(\frac{1}{a}\right)^{-r}\right) = (-r)L\left(\frac{1}{a}\right) = (-r)(-L(a)) = rL(a) \ . \quad \square$$

5) $\lim\limits_{x \to +\infty} L(x) = +\infty$

$\quad \lim\limits_{x \to 0+0} L(x) = -\infty \ .$

Beweis. Sei $n \in \mathbb{N}^+$. Dann ist
$$L(n) = \int_1^n \frac{1}{t} \, dt = \sum_{k=1}^{n-1} \int_k^{k+1} \frac{1}{t} \, dt \ .$$

Wegen $\dfrac{1}{t} \geq \dfrac{1}{k+1}$ für $t \in [k, k+1]$ ist damit
$$L(n) \geq \sum_{k=1}^{n-1} \int_k^{k+1} \frac{1}{k+1} \, dt = \sum_{k=1}^{n-1} \frac{1}{k+1} = \frac{1}{2} + \frac{1}{3} + \ldots + \frac{1}{n} \ .$$

Da die harmonische Reihe gegen $+\infty$ divergiert, ist auch
$$\lim_{n \to \infty} \left(\frac{1}{2} + \frac{1}{3} + \ldots + \frac{1}{n}\right) = +\infty \ ,$$

also auch
$$\lim_{n \to \infty} L(n) = +\infty \ .$$

Weil $L(x)$ streng monoton wachsend ist, haben wir damit aber
$$\lim_{x \to +\infty} L(x) = +\infty \ .$$

Mit $L(x) = -L\left(\dfrac{1}{x}\right)$ erhalten wir
$$\lim_{x \to 0+0} L(x) = -\lim_{x \to +\infty} L(x) = -\infty \ . \quad \square$$

Aus 5) und der Stetigkeit von $L(x)$ auf $\mathbb{R}^+$ ergibt sich nach dem Zwischenwertsatz: $W_L = \mathbb{R}$, d.h.

$$L: \mathbb{R}^+ \to \mathbb{R} \ \textit{ist eine bijektive Abbildung}$$

(da surjektiv und streng monoton wachsend).

Damit besitzt L eine *Umkehrfunktion* $E = L^{-1}$:

$$E: \mathbb{R} \to \mathbb{R}^+ \ .$$

Nach den früher gewonnenen Erkenntnissen über Umkehrfunktionen ist E stetig differenzierbar mit

$$E'(x) = \frac{1}{L'(u)}\bigg|_{u=E(x)} = \frac{1}{1/E(x)} = E(x)$$

und streng monoton wachsend auf $\mathbb{R}$.

Wegen $E(L(x)) = L(E(x)) = x$ lassen sich die oben bewiesenen Eigenschaften von L nun in *Eigenschaften von E* übersetzen:

$$L(1) = 0 \qquad\qquad \Rightarrow E(0) = 1$$

$$L(ab) = L(a) + L(b) \qquad \Rightarrow E(a+b) = E(a) \cdot E(b)$$

$$L(a^r) = rL(a) \quad \text{für} \quad r \in \mathbb{Q} \Rightarrow (E(a))^r = E(ra) \quad \text{für} \quad r \in \mathbb{Q} .$$

Setzen wir $a = 1$, so ergibt sich

$$E(r) = (E(1))^r \quad \text{für} \quad r \in \mathbb{Q} ,$$

m.a.W.: Die Werte von $E(x)$ auf $\mathbb{Q}$ sind bereits durch $E(1)$ errechenbar. Um $E(1)$ zu „identifizieren", beachten wir

$$\left(1 + \frac{1}{n}\right)^n = E\left(L\left(1 + \frac{1}{n}\right)^n\right) = E\left(n \cdot L\left(1 + \frac{1}{n}\right)\right) .$$

Nun ist

$$\lim_{n\to\infty} nL\left(1 + \frac{1}{n}\right) = \lim_{h\to 0+0} \frac{L(1+h)}{h} = \lim_{h\to 0+0} \frac{L(1+h)-L(1)}{h} = L'(1) = \frac{1}{1} = 1 .$$

Wegen der Stetigkeit von E bedeutet dies

$$\lim_{n\to\infty}\left(1 + \frac{1}{n}\right)^n = \lim_{n\to\infty} E\left(nL\left(1 + \frac{1}{n}\right)\right) = E(1) .$$

Wir wissen aber bereits, daß $\lim\limits_{n\to\infty}\left(1 + \frac{1}{n}\right)^n = e$, die Eulersche Zahl. Es ist also

$$E(x) = e^x \quad \text{für alle} \quad x \in \mathbb{Q} .$$

Man definiert daher für beliebiges reelles x die *Exponentialfunktion e^x* als stetige Ergänzung, d.h. durch $E(x)$:

Definition. $e^x = E(x)$ für alle $x \in \mathbb{R}$. $\square$

Für die Umkehrfunktion verwendet man die Bezeichnung:

Definition. Die Umkehrfunktion $L(x)$ der Exponentialfunktion $e^x = E(x)$ heißt *„Natürlicher Logarithmus"* oder *„logarithmus naturalis"*, symb.:

$$L(x) = \ln x \quad \text{oder auch} \quad {}_e\log x \quad \text{oder} \quad \log x . \quad \square$$

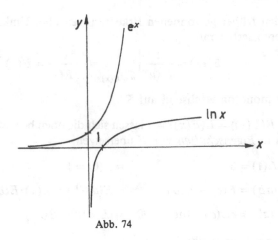

Abb. 74

Damit ist es möglich, die allgemeine Exponentialfunktion für eine beliebige Basis $a \in \mathbb{R}^+$ zu definieren:

Definition. Die *allgemeine Exponentialfunktion* a^x für $a \in \mathbb{R}^+$ ist definiert durch

$$a^x = e^{x \cdot \ln a} \; , \quad (x \in \mathbb{R}) \; . \quad \square$$

Aus den Eigenschaften von E und L ergibt sich sofort:

$$(a^b)^c = a^{bc} \; , \quad \text{sowie} \quad a^{b+c} = a^b \cdot a^c \quad \text{für} \quad a \in \mathbb{R}^+ \; , \quad b, c \in \mathbb{R} \; .$$

Für $a = 1$ ist $\ln a = 0$, also

$$1^x \equiv 1 \; .$$

Für $a > 1$ ist $\ln a > 0$, also a^x streng monoton wachsend, für $a < 1$ ist $\ln a < 0$, also a^x streng monoton fallend. Ist also $a \in \mathbb{R}^+ - \{1\}$, so besitzt a^x eine Umkehrfunktion:

Definition. Ist $a \in \mathbb{R}^+ - \{1\}$, so heißt die Umkehrfunktion zu a^x der *Logarithmus zur Basis a* von x, symb. $_a\log x$. $\quad \square$

Spezialfälle:

$$_e\log x = \ln x \; , \quad \text{der } \textit{„natürliche Logarithmus"} \; ,$$

$$_2\log x = \operatorname{ld} x \; , \quad \textit{„logarithmus dualis"} \; ,$$

$$_{10}\log x = \lg x \; , \quad \text{der } \textit{„dekadische"} \text{ oder}$$
$$\text{„BRIGGS}^1)\text{sche } \textit{Logarithmus"} \; .$$

Wegen

$$x = a^{(_a\log x)} = e^{(_a\log x) \cdot \ln a} = e^{\ln x}$$

und der Injektivität von e^x ist

---

[1]) Henry BRIGGS, 1556–1630.

$$(_a\log x)\cdot \ln a = \ln x \, ,$$

also

$$_a\log x = \frac{\ln x}{\ln a} \, .$$

Aus den Definitionen ergeben sich die folgenden *Ableitungs- bzw. Integrations-formeln:*

$$(\ln x)' = \frac{1}{x} \, , \quad (e^x)' = e^x \, , \quad (e^{cx})' = ce^{cx} \, ,$$

$$(a^x)' = (e^{x\ln a})' = \ln a\cdot e^{x\ln a} = a^x\cdot \ln a \, , \quad (_a\log x)' = \left(\frac{\ln x}{\ln a}\right)' = \frac{1}{x\cdot \ln a} \, .$$

$$\int \frac{1}{x}\, dx = \ln |x| + C \quad \text{für} \quad x \neq 0 \, ,$$

$$\int e^x dx = e^x + C \, ,$$

$$\int a^x dx = \frac{1}{\ln a}\cdot a^x + C \quad (a\in \mathbb{R}^+ - \{1\}) \, .$$

Bei den zugehörigen bestimmten Integralen beachte man, daß

$$\int_a^b \frac{1}{x}\, dx = \ln |b| - \ln |a| = \ln \left|\frac{b}{a}\right|$$

nur für $0\notin [a,b]$ gilt.

Im weiteren wollen wir eine Klasse von Funktionen studieren, die mit der Funktion e^x sehr eng zusammenhängen, nämlich die *hyperbolischen Funktionen* und ihre *Umkehrfunktionen*:

Wir haben bereits früher festgelegt, daß eine Funktion $f\colon \mathbb{R}\to \mathbb{R}$ mit der Eigenschaft

$$f(-x) = f(x)$$

gerade Funktion, eine solche mit der Eigenschaft

$$f(-x) = -f(x)$$

ungerade Funktion heißt. Es gilt nun der folgende

Hilfssatz: Jede Funktion $f\colon \mathbb{R}\to \mathbb{R}$ läßt sich als Summe einer geraden Funktion $g\colon \mathbb{R}\to \mathbb{R}$ und einer ungeraden Funktion $h\colon \mathbb{R}\to \mathbb{R}$ schreiben, also

$$f(x) = g(x) + h(x) \, , \quad g \text{ gerade} \, , \quad h \text{ ungerade} \, .$$

Beweis. Setzt man $g(x) = \dfrac{f(x)+f(-x)}{2}$, $h(x) = \dfrac{f(x)-f(-x)}{2}$, so ist

$$g(x) + h(x) = 2\cdot \frac{f(x)}{2} = f(x) \, ,$$

sowie

$$g(-x) = g(x) \, , \quad h(-x) = -h(-x) \, . \quad \square$$

Der auf diese Art gewonnene „gerade" bzw. „ungerade" Bestandteil von e^x erhält nun eine spezielle Bezeichnung:

Definition (*Hyperbolische Funktionen*).

$$\mathfrak{Cof}\, x\; (= \cosh x = \mathrm{ch}\, x = \mathrm{Cos}\, x) = \frac{e^x + e^{-x}}{2} \;,\quad x \in \mathbb{R}$$

„Cosinus hyperbolicus"

$$\mathfrak{Sin}\, x\; (= \sinh x = \mathrm{sh}\, x = \mathrm{Sin}\, x) = \frac{e^x - e^{-x}}{2} \;,\quad x \in \mathbb{R}$$

„Sinus hyperbolicus"

$$\mathfrak{Tg}\, x = \frac{\mathfrak{Sin}\, x}{\mathfrak{Cof}\, x} \;,\quad x \in \mathbb{R} \;,\quad \text{„Tangens hyperbolicus"}$$

$$(= \mathrm{tgh}\, x = \mathrm{th}\, x = \mathrm{Tg}\, x = \tanh x)$$

$$\mathfrak{Ctg}\, x = \frac{\mathfrak{Cof}\, x}{\mathfrak{Sin}\, x} \;,\quad x \in \mathbb{R} \backslash \{0\} \;,\quad \text{„Cotangens hyperbolicus"}$$

$$(= \mathrm{ctgh}\, x = \mathrm{cth}\, x = \mathrm{Ctg}\, x = \coth x)\;.\quad \Box$$

Die Schaubilder der hyperbolischen Funktionen haben folgende Form:

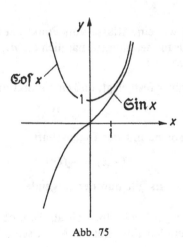

Abb. 75

Aus der Definition ergeben sich sofort die folgenden *Eigenschaften*:

$$\mathfrak{Cof}^2 x - \mathfrak{Sin}^2 x = 1$$

$$\left(\left(\frac{e^x + e^{-x}}{2} \right)^2 - \left(\frac{e^x - e^{-x}}{2} \right)^2 = \frac{e^{2x} + 2 + e^{-2x} - e^{2x} + 2 - e^{-2x}}{4} = 1 \right)$$

$$\frac{d\mathfrak{Sin}\, x}{dx} = \frac{d}{dx}\left(\frac{e^x - e^{-x}}{2}\right) = \frac{e^x + e^{-x}}{2} = \mathfrak{Cof}\, x$$

$$\frac{d\mathfrak{Cof}\, x}{dx} = \frac{d}{dx}\left(\frac{e^x + e^{-x}}{2}\right) = \frac{e^x - e^{-x}}{2} = \mathfrak{Sin}\, x$$

$$\frac{d\mathfrak{Tg}\, x}{dx} = \frac{\mathfrak{Cof}^2 x - \mathfrak{Sin}^2 x}{\mathfrak{Cof}^2 x} = \frac{1}{\mathfrak{Cof}^2 x} = 1 - \mathfrak{Tg}^2 x$$

$$\frac{d\mathfrak{Ctg}\, x}{dx} = \frac{\mathfrak{Sin}^2 x - \mathfrak{Cof}^2 x}{\mathfrak{Sin}^2 x} = -\frac{1}{\mathfrak{Sin}^2 x} = 1 - \mathfrak{Ctg}^2 x\;.$$

$\mathfrak{Sin}\, x$ ist also streng monoton wachsend auf $\mathbb{R}$ und besitzt daher eine *Umkehrfunktion*. Um die geometrische Bedeutung des Arguments x in $y = \mathfrak{Sin}\, x$ zu erkennen, betrachten wir die Kurve mit Parameterdarstellung

$$t \mapsto \begin{pmatrix} \mathfrak{Cof}\, t \\ \mathfrak{Sin}\, t \end{pmatrix}$$

im $\mathbb{R}^2$. Wegen $\mathfrak{Cof}^2 t - \mathfrak{Sin}^2 t = 1$ handelt es sich dabei um die Parameterdarstellung eines Astes der Hyperbel $x^2 - y^2 = 1$.

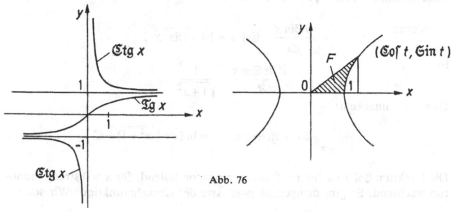

Abb. 76

Berechnen wir nun die laut Skizze vom Hyperbelbogen bis zum Punkt $(\mathfrak{Cof}\, t, \mathfrak{Sin}\, t)$ abgegrenzte Fläche F:

$$F = \frac{\mathfrak{Cof}\, t \cdot \mathfrak{Sin}\, t}{2} - \int\limits_{1}^{\mathfrak{Cof}\, t} \sqrt{x^2 - 1}\; dx\;.$$

Mit der Substitution $x = \mathfrak{Cof}\, u$ ist das Integral gleich

$$\int\limits_{0}^{t} \mathfrak{Sin}\, u \cdot \mathfrak{Sin}\, u\, du = \text{(partielle Integration)} = \mathfrak{Sin}\, u \cdot \mathfrak{Cof}\, u \Big|_0^t - \int\limits_{0}^{t} \mathfrak{Cof}\, u\, \mathfrak{Cof}\, u\, du$$

$$= \mathfrak{Sin}\, t \cdot \mathfrak{Cof}\, t - \int\limits_{0}^{t} (1 + \mathfrak{Sin}^2 u)\, du = \mathfrak{Sin}\, t \cdot \mathfrak{Cof}\, t - t - \int\limits_{0}^{t} \mathfrak{Sin}^2 u\, du\;,$$

d.h.
$$2 \cdot \int\limits_{0}^{t} \mathfrak{Sin}^2 u\, du = \mathfrak{Sin}\, t \cdot \mathfrak{Cof}\, t - t\;.$$

Damit ist
$$F = \frac{t}{2} .$$

t mißt also eine Fläche, die von einem Hyperbelbogen begrenzt wird (teilweise). Die Umkehrfunktionen der hyperbolischen Funktionen erhalten daher den Namen „*Areafunktionen*":

Definition. Die Umkehrfunktion von $\mathfrak{Sin}\, x$ heißt

$\mathfrak{Ar}\,\mathfrak{Sin}\, x (= \text{Ar Sin}\, x = \text{Arsinh}\, x = \text{Arsh}\, x)$,   „Area Sinus hyperbolicus" .   □

Wegen $\mathfrak{Sin}\, x = \dfrac{e^x - e^{-x}}{2}$, gilt für $y = \mathfrak{Ar}\,\mathfrak{Sin}\, x$: $x = \dfrac{e^y - e^{-y}}{2}$.
Sei $z = e^y$. Dann ist $x = \dfrac{z - (1/z)}{2}$,   also $z^2 - 2xz - 1 = 0$.
Damit ist
$$z = e^y = x \pm \sqrt{x^2 + 1} .$$

Da $z = e^y > 0$, muß $z = x + \sqrt{x^2 + 1}$ sein, und wir erhalten:

Satz. $\mathfrak{Ar}\,\mathfrak{Sin}\, x = \ln(x + \sqrt{x^2 + 1})$.   □

Wegen
$$\frac{d\mathfrak{Sin}\, x}{dx} = \mathfrak{Cof}\, x = \sqrt{1 + \mathfrak{Sin}^2 x} ,$$
ist
$$\frac{d\,\mathfrak{Ar}\,\mathfrak{Sin}\, x}{dx} = \frac{1}{\sqrt{1 + x^2}} .$$

Damit ist umgekehrt

$$\int \frac{1}{\sqrt{1 + x^2}}\, dx = \mathfrak{Ar}\,\mathfrak{Sin}\, x + C = \ln(x + \sqrt{x^2 + 1}) + C .$$

Die Funktion $\mathfrak{Cof}\, x$ ist für $x < 0$ streng monoton fallend, für $x > 0$ streng monoton wachsend. Es gibt demgemäß zwei Äste der Umkehrfunktion. Wir setzen:

$$y = \mathfrak{Ar}\,\mathfrak{Cof}\, x \Leftrightarrow \mathfrak{Cof}\, y = x \quad \text{und} \quad y \ge 0 .$$

Wegen $W_{\mathfrak{Cof}\, x} = [1, +\infty[$, ist dabei $D_{\mathfrak{Ar}\,\mathfrak{Cof}\, x} = [1, +\infty[$. Ähnlich wie bei $\mathfrak{Ar}\,\mathfrak{Sin}\, x$ erhält man auch hier eine Darstellung mit Hilfe des natürlichen Logarithmus:

$$\mathfrak{Ar}\,\mathfrak{Cof}\, x = \ln(x + \sqrt{x^2 - 1}) \quad (x \ge 1) .$$

Wegen
$$\frac{d\mathfrak{Cof}\, x}{dx} = \mathfrak{Sin}\, x = \sqrt{\mathfrak{Cof}^2 x - 1} ,$$
ist
$$\frac{d\,\mathfrak{Ar}\,\mathfrak{Cof}\, x}{dx} = \frac{1}{\sqrt{x^2 - 1}} ,$$

bzw. $\displaystyle\int \frac{1}{\sqrt{x^2 - 1}}\, dx = \mathfrak{Ar}\,\mathfrak{Cof}\, x + C = \ln(x + \sqrt{x^2 - 1}) + C \quad (x > 1)$.

$\mathfrak{Tg}\, x$ ist streng monoton wachsend auf $\mathbb{R}$ mit $W_{\mathfrak{Tg}\, x} = \,]-1,1[$. Daher ist die Umkehrfunktion

$$\mathfrak{Ar}\,\mathfrak{Tg}\, x \quad \text{definiert für} \quad |x| < 1 \ .$$

Setzt man in

$$x = \mathfrak{Tg}\, y = \frac{e^y - e^{-y}}{e^y + e^{-y}}$$

$z = e^y$, so ergibt sich

$$x = \frac{z - (1/z)}{z + (1/z)} = \frac{z^2 - 1}{z^2 + 1} \ ,$$

oder

$$z^2 = \frac{1+x}{1-x} \ .$$

Damit ist

$$y = \mathfrak{Ar}\,\mathfrak{Tg}\, x = \frac{1}{2} \ln \frac{1+x}{1-x} \quad (|x| < 1) \ .$$

Wegen

$$\frac{d\,\mathfrak{Tg}\, x}{dx} = 1 - \mathfrak{Tg}^2 x$$

ist

$$\frac{d\,\mathfrak{Ar}\,\mathfrak{Tg}\, x}{dx} = \frac{1}{1-x^2} \quad (|x| < 1)$$

oder umgekehrt

$$\int \frac{1}{1-x^2}\, dx = \mathfrak{Ar}\,\mathfrak{Tg}\, x + C = \frac{1}{2} \ln \frac{1+x}{1-x} + C \quad (|x| < 1) \ .$$

Schließlich ist $\mathfrak{Ctg}\, x$ streng monton fallend für $x < 0$, sowie für $x > 0$ und $W_{\mathfrak{Ctg}\, x} = \,]-\infty, -1\,[\cup]\,1, +\infty[$. Da $\mathfrak{Ctg}\, x$ injektiv ist, existiert eine eindeutig bestimmte Umkehrfunktion

$$\mathfrak{Ar}\,\mathfrak{Ctg}\, x \quad \text{mit Definitionsbereich} \quad \{x \in \mathbb{R} \,|\, |x| > 1\} \ .$$

Wir haben mit $x = \mathfrak{Ctg}\, y = \dfrac{e^y + e^{-y}}{e^y - e^{-y}}$ und $z = e^y$:

$$x = \frac{z + (1/z)}{z - (1/z)} = \frac{z^2 + 1}{z^2 - 1} \ , \quad \text{d.h.} \quad z^2 = \frac{x+1}{x-1} \ ,$$

so daß

$$\mathfrak{Ar}\,\mathfrak{Ctg}\, x = \frac{1}{2} \ln \frac{x+1}{x-1} \quad (|x| > 1) \ .$$

Bemerkung. Die Darstellungen von $\mathfrak{Ar}\,\mathfrak{Tg}$ bzw. $\mathfrak{Ar}\,\mathfrak{Ctg}$ mit Hilfe des natürlichen Logarithmus lassen sich so zusammenfassen:

$$\frac{1}{2} \ln \left| \frac{x+1}{x-1} \right| = \begin{cases} \mathfrak{Ar}\,\mathfrak{Tg}\, x & \text{für} \quad |x| < 1 \\ \mathfrak{Ar}\,\mathfrak{Ctg}\, x & \text{für} \quad |x| > 1 \ . \end{cases} \quad \square$$

Wegen

$$\frac{d\,\mathfrak{Ctg}\, x}{dx} = 1 - \mathfrak{Ctg}^2 x$$

ist
$$\frac{d\,\mathfrak{Ar}\,\mathfrak{Ctg}\,x}{dx} = \frac{1}{1-x^2} \quad (|x| > 1)$$

sowie
$$\int \frac{1}{1-x^2}\,dx = \mathfrak{Ar}\,\mathfrak{Ctg}\,x + C = \frac{1}{2}\ln\frac{x+1}{x-1} + C \quad (|x| > 1) \; .$$

Insgesamt also:
$$\int \frac{dx}{1-x^2} = \frac{1}{2}\cdot\ln\left|\frac{x+1}{x-1}\right| + C \; , \quad \text{für} \quad |x| \neq 1 \; .$$

Wir haben bereits früher

(*)
$$\int x^\alpha\,dx = \frac{x^{\alpha+1}}{\alpha+1} + C \quad \text{für} \quad \alpha \in \mathbb{Q}-\{-1\} \; , \quad x \in D_{x^\alpha} \; ,$$

gezeigt. In diesem Abschnitt ist die Formel

$$\int x^{-1}\,dx = \ln|x| + C$$

hinzugekommen. Wir können nun allerdings x^α für beliebiges $\alpha \in \mathbb{R}$ integrieren:
Sei
$$\alpha \in \mathbb{R}-\{-1\} \quad \text{und} \quad x > 0 \; .$$

Dann ist
$$x^\alpha = e^{\alpha\cdot\ln x}$$

und daher
$$(x^\alpha)' = (e^{\alpha\ln x})' = e^{\alpha\ln x}\cdot\alpha\cdot\frac{1}{x} = x^\alpha\cdot\alpha\cdot\frac{1}{x} = \alpha\cdot x^{\alpha-1}$$

bzw.
$$\int x^\alpha\,dx = \frac{x^{\alpha+1}}{\alpha+1} + C \; .$$

Weiters lassen sich zu allen Funktionen der Form $\dfrac{f'(x)}{f(x)}$ mit Hilfe des natürlichen Logarithmus Stammfunktionen finden (Substitution $t = f(x)$):

$$\int \frac{f'(x)}{f(x)}\,dx = \int \frac{dt}{t} = \ln|t| + C = \ln|f(x)| + C \; .$$

Schließlich können wir auch alle Integrale

$$\int P_n(x)\cdot e^x\,dx \; , \quad P_n(x) \in \mathbb{R}[x] \quad \text{mit} \quad \text{Grad}\,P_n(x) = n \; ,$$

durch partielle Integration berechnen:

$$\int P_n(x)\cdot e^x\,dx = P_n(x)e^x - \int P_n'(x)e^x\,dx \; , \quad \text{mit} \quad \text{Grad}\,P_n'(x) = n-1 \; .$$

Nach n Schritten verbleibt $\int \bar{P}_0(x)e^x\,dx = \int a e^x\,dx = a e^x + C$.
Es ist also
$$\int P_n(x)e^x\,dx = Q_n(x)e^x + C \; ,$$

wobei
$$Q_n(x) \in \mathbb{R}[x] \quad \text{mit} \quad \text{Grad}\,Q_n(x) = n \; .$$

Wir können nun $\int P_n(x)e^x dx$ berechnen, indem wir einen Ansatz der obigen Gestalt mit unbekannten Koeffizienten von $Q_n(x)$ machen, die Gleichung differenzieren:

$$P_n(x)e^x = Q_n(x)e^x + Q'_n(x)e^x \ ,$$

wegen $e^x \neq 0$ äquivalent zu

$$P_n(x) = Q_n(x) + Q'_n(x) \ ,$$

und durch Koeffizientenvergleich in dieser Polynomgleichung ein lineares Gleichungssystem für die Koeffizienten von $Q_n(x)$ gewinnen.

Beispiel. $\int (x^2 + 3x + 5)e^x dx = Q_2(x) \cdot e^x + C = (ax^2 + bx + c)e^x + C$

$$\Rightarrow (x^2 + 3x + 5)e^x = (ax^2 + bx + c)e^x + (2ax + b)e^x$$

$$\Rightarrow x^2 + 3x + 5 = ax^2 + (2a + b)x + (b + c) \ .$$

Koeffizientenvergleich: $\qquad x^2 \ldots 1 = a$

$$x^1 \ldots 3 = 2a + b$$

$$x^0 \ldots 5 = b + c \ ,$$

d.h.

$$a = 1 \ , \quad b = 1 \ , \quad c = 4 \ .$$

Daher ist

$$\int (x^2 + 3x + 5)e^x dx = (x^2 + x + 4)e^x + C \ .$$

11.5 Integration rationaler Funktionen

In diesem Abschnitt wollen wir uns mit der Integration rationaler Funktionen

$$f(x) = \frac{P(x)}{Q(x)} \ , \quad P(x), Q(x) \in \mathbb{R}[x] \ ,$$

beschäftigen.

Für einige Spezialfälle kennen wir bereits Stammfunktionen: Ist

$$f(x) = P(x) = \sum_{k=0}^{n} a_k x^k$$

ein Polynom, so gilt

$$\int \sum_{k=0}^{n} a_k x^k dx = \sum_{k=0}^{n} a_k \cdot \frac{x^{k+1}}{k+1} + C \ .$$

Weiters ist

$$\int \frac{dx}{x^k} = \int x^{-k} dx = \frac{x^{-k+1}}{-k+1} + C = \frac{1}{1-k} \cdot \frac{1}{x^{k-1}} + C \quad \text{für} \quad k \neq 1 \ ,$$

$$\int \frac{dx}{x} = \ln |x| + C \ ,$$

$$\int \frac{dx}{1+x^2} = \operatorname{Arctg} x + C \; ,$$

$$\int \frac{dx}{1-x^2} = \frac{1}{2} \ln \left| \frac{1+x}{1-x} \right| + C \; .$$

Sei nun eine rationale Funktion

$$\frac{P(x)}{Q(x)} \; , \quad P(x), Q(x) \in \mathbb{R}[x]$$

gegeben. Ist Grad $Q(x) \le$ Grad $P(x)$, so können wir durch Division mit Rest Polynome $F(x)$ sowie $R(x)$ finden, mit

(∗) $$P(x) = F(x) \cdot Q(x) + R(x)$$

und

$$R(x) \equiv 0 \quad \text{oder} \quad \text{Grad } R(x) < \text{Grad } Q(x) \; .$$

Aus (∗) ergibt sich $\qquad \dfrac{P(x)}{Q(x)} = F(x) + \dfrac{R(x)}{Q(x)} \; .$

Die Integration des Polynoms $F(x)$ ist trivial; der Restbestandteil ist entweder $\equiv 0$ oder eine rationale Funktion, wobei der Grad des Zählers kleiner als der des Nenners ist. Wir beschränken uns daher im weiteren auf

$$\frac{P(x)}{Q(x)} \quad \text{mit} \quad \text{Grad } P(x) < \text{Grad } Q(x) \; .$$

Ist $\alpha \in \mathbb{C}$ gemeinsame Nullstelle von $P(x)$ und $Q(x)$, so können wir den Bruch durch den Linearfaktor $x - \alpha$ kürzen. Wir können daher im weiteren auch annehmen, daß $P(x)$ und $Q(x)$ keine gemeinsamen Nullstellen besitzen, d.h. $\dfrac{P(x)}{Q(x)}$

die „*gekürzte Darstellung*" der rationalen Funktion ist.

Sei nun $\alpha_1 \in \mathbb{C}$ eine Nullstelle von $Q(x)$ mit der Vielfachheit λ_1, d.h.

$$Q(x) = (x - \alpha_1)^{\lambda_1} \cdot Q_1(x) \; .$$

Dann ist $\qquad \dfrac{P(x)}{Q(x)} = \dfrac{P(x)}{(x - \alpha_1)^{\lambda_1} Q_1(x)} \; ,$

wobei

$$\lim_{x \to \alpha_1} \frac{P(x)}{Q_1(x)} = \frac{P(\alpha_1)}{Q_1(\alpha_1)} \; .$$

Nun ist

$$\frac{P(x)}{Q(x)} - \frac{1}{(x-\alpha_1)^{\lambda_1}} \cdot \frac{P(\alpha_1)}{Q_1(\alpha_1)} = \frac{P(x) \cdot Q_1(\alpha_1) - P(\alpha_1) Q_1(x)}{(x-\alpha_1)^{\lambda_1} \cdot Q_1(x) \cdot Q_1(\alpha_1)} = \frac{R(x)}{(x-\alpha_1)^{\lambda_1} \cdot Q_1(x)} \; ,$$

und $\qquad R(\alpha_1) = \dfrac{1}{Q_1(\alpha_1)} \left(P(\alpha_1) Q_1(\alpha_1) - P(\alpha_1) Q_1(\alpha_1) \right) = 0 \; .$

Daher ist das Polynom $R(x)$ durch $x - \alpha_1$ teilbar, und wir erhalten

$$\frac{P(x)}{Q(x)} = \frac{P(\alpha_1)}{Q_1(\alpha_1)} \cdot \frac{1}{(x-\alpha_1)^{\lambda_1}} + \frac{R_1(x)}{(x-\alpha_1)^{\lambda_1-1} \cdot Q_1(x)}$$

(wobei $R(x) = (x-\alpha_1) \cdot R_1(x)$).

Setzt man dieses Verfahren sukzessiv fort, so gelangt man nach endlich vielen Schritten zur folgenden Darstellung:

Besitzt $Q(x)$ die komplexen Nullstellen

$$\alpha_1, \ldots, \alpha_r \quad \text{mit Vielfachheiten} \quad \lambda_1, \ldots, \lambda_r \ ,$$

so existieren Zahlen $A_{ij} \in \mathbb{C}$, so daß

$$\frac{P(x)}{Q(x)} = \sum_{i=1}^{r} \sum_{j=1}^{\lambda_i} \frac{A_{ij}}{(x-\alpha_i)^j} \ .$$

Diese Darstellung heißt die *Partialbruchzerlegung* von $\frac{P(x)}{Q(x)}$ über $\mathbb{C}$.

Praktische Bestimmung der A_{ij}:

A) Man führt das oben beschriebene sukzessive Verfahren durch; oder

B) man setzt die A_{ij} zunächst unbestimmt an und gewinnt aus der Polynomgleichung

$$P(x) = Q(x) \sum_{i=1}^{r} \sum_{j=1}^{\lambda_i} \frac{A_{ij}}{(x-\alpha_i)^j}$$

ein Gleichungssystem für die A_{ij}, entweder durch Koeffizientenvergleich oder durch Einsetzen spezieller Werte für x.

Beispiel. Gesucht ist die Partialbruchzerlegung von

$$\frac{2x+5}{x^2-5x+6} \ .$$

Der Nenner besitzt die Nullstellen $\alpha_1 = 2$ und $\alpha_2 = 3$ mit Vielfachheiten $\lambda_1 = \lambda_2 = 1$, d.h.

$$x^2 - 5x + 6 = (x-2)(x-3) \ .$$

Daher machen wir den Ansatz

$$\frac{2x+5}{x^2-5x+6} = \frac{A_{11}}{x-2} + \frac{A_{21}}{x-3} \ .$$

Multiplikation mit $x^2 - 5x + 6$ ergibt

$$2x + 5 = A_{11}(x-3) + A_{21}(x-2) \ .$$

Koeffizientenvergleich der Potenzen:

$$x^1 \ldots 2 = A_{11} + A_{21}$$
$$x^0 \ldots 5 = -3A_{11} - 2A_{21} \ .$$

Durch Lösen des linearen Gleichungssystems ergibt sich

$$A_{11} = -9 \ , \quad A_{21} = 11 \ ,$$

d.h.

$$\frac{2x+5}{x^2-5x+6} = \frac{-9}{x-2} + \frac{11}{x-3} \ .$$

2. Variante: Wir setzen in

$$2x+5 = A_{11}(x-3) + A_{21}(x-2)$$

die Werte

$$x = 3 \Rightarrow 11 = A_{21}$$

bzw.

$$x = 2 \Rightarrow 9 = -A_{11} \quad \text{ein.} \quad \square$$

Nach durchgeführter Partialbruchzerlegung bleiben also Integrale der Form

(*)

$$I_j = \int \frac{A_j}{(x-\alpha)^j} \, dx$$

zu berechnen.

Fall 1. Alle Nullstellen α_i von $Q(x)$ sind reell. In diesem Fall substituieren wir in (*)

$$u = x - \alpha$$

und erhalten

$$I_j = A_j \cdot \int \frac{du}{u^j} = \begin{cases} \dfrac{1}{1-j} u^{1-j} = \dfrac{1}{1-j} \dfrac{1}{(x-\alpha)^{j-1}} & \text{für} \quad j \neq 1 \\[2mm] \ln |u| \quad\quad = \ln |x-\alpha| & \text{für} \quad j = 1 \ , \end{cases}$$

wobei die Integrationskonstante noch nicht berücksichtigt wurde.

Beispiel. $\displaystyle \int \frac{2x+5}{x^2-5x+6} \, dx = -9 \int \frac{dx}{x-2} + 11 \int \frac{dx}{x-3}$

$$= -9 \ln |x-2| + 11 \cdot \ln |x-3| + C \quad (x \neq 2,3) \ . \quad \square$$

Fall 2. $Q(x)$ besitzt auch nicht reelle Nullstellen. Da $Q(x) \in \mathbb{R}[x]$, tritt mit jeder komplexen Nullstelle α auch die konjugiert komplexe Nullstelle $\bar{\alpha}$ auf, und zwar mit der gleichen Vielfachheit wie α.
Ist

$$\sum_{j=1}^{\lambda} \frac{A_j}{(x-\alpha)^j}$$

der Beitrag von α zur Partialbruchzerlegung von $\dfrac{P(x)}{Q(x)}$, so liefert

$$\sum_{j=1}^{\lambda} \frac{\bar{A}_j}{(x-\bar{\alpha})^j}$$

den entsprechenden Beitrag der Nullstelle $\bar{\alpha}$ (ohne Beweis). Insgesamt ergibt sich damit

$$\sum_{j=1}^{\lambda} \left(\frac{A_j}{(x-\alpha)^j} + \frac{\bar{A}_j}{(x-\bar{\alpha})^j} \right) = \sum_{j=1}^{\lambda} \frac{A_j(x-\bar{\alpha})^j + \bar{A}_j(x-\alpha)^j}{(x-\alpha)^j(x-\bar{\alpha})^j} \ .$$

Dabei ist der Zähler ein Polynom $R_j(x) \in \mathbb{R}[x]$ (da jeweils Summen konjugiert komplexer Zahlen als Koeffizienten auftreten) mit Grad $R_j(x) = j$. Der Nenner ist wegen

$$(x - \alpha)(x - \bar{\alpha}) = x^2 - (\alpha + \bar{\alpha})x + \alpha\bar{\alpha} = x^2 - 2ax + a^2 + b^2 \quad (\alpha = a + ib)$$

gleich

$$(x^2 - 2ax + a^2 + b^2)^j \; .$$

Wir haben also einen gemeinsamen Beitrag von α und $\bar{\alpha}$ der Form

$$\sum_{j=1}^{\lambda} \frac{R_j(x)}{(x^2 - 2ax + a^2 + b^2)^j} \quad (\alpha = a + ib) \; .$$

Durch Division mit Rest ergibt sich

$$R_\lambda(x) = S_{\lambda-2}(x) \cdot (x^2 - 2ax + a^2 + b^2) + B_\lambda x + C_\lambda \; ,$$

wobei $B_\lambda, C_\lambda \in \mathbb{R}$ und $S_{\lambda-2}(x) \in \mathbb{R}[x]$ mit Grad $S_{\lambda-2} = \lambda - 2$. Damit ist

$$\frac{R_\lambda(x)}{(x^2 - 2ax + a^2 + b^2)^\lambda} = \frac{B_\lambda x + C_\lambda}{(x^2 - 2ax + a^2 + b^2)^\lambda} + \frac{S_{\lambda-2}(x)}{(x^2 - 2ax + a^2 + b^2)^{\lambda-1}} \; .$$

Analog gibt es Konstanten $B_{\lambda-1}$ und $C_{\lambda-1}$, sowie ein Polynom $S_{\lambda-3}(x) \in \mathbb{R}[x]$ mit Grad $S_{\lambda-3} = \lambda - 3$, so daß

$$\frac{R_{\lambda-1}(x) + S_{\lambda-2}(x)}{(x^2 - 2ax + a^2 + b^2)^{\lambda-1}} = \frac{B_{\lambda-1}x + C_{\lambda-1}}{(x^2 - 2ax + a^2 + b^2)^{\lambda-1}} + \frac{S_{\lambda-3}(x)}{(x^2 - 2ax + a^2 + b^2)^{\lambda-2}}$$

usw.

Nach endlich vielen Divisionen mit Rest erhalten wir daher als gemeinsamen Beitrag von α und $\bar{\alpha}$

$$\sum_{j=1}^{\lambda} \frac{B_j x + C_j}{(x^2 - 2ax + a^2 + b^2)^j} \; , \quad B_j, C_j \in \mathbb{R} \; , \quad (\alpha = a + ib) \; .$$

Bemerkung. Die Konstanten B_j und C_j können wieder durch unbestimmten Ansatz und Koeffizientenvergleich bestimmt werden.

Hat der Nenner $Q(x)$ die reellen Nullstellen α_k, $1 \le k \le m$, mit Vielfachheiten λ_k, und die konjugiert komplexen Nullstellen $a_k + ib_k$, $1 \le k \le n$, mit Vielfachheiten μ_k, so können wir zur Partialbruchzerlegung den Ansatz

$$\frac{P(x)}{Q(x)} = \sum_{k=1}^{m} \sum_{j=1}^{\lambda_k} \frac{A_{kj}}{(x - \alpha_k)^j} + \sum_{k=1}^{n} \sum_{j=1}^{\mu_k} \frac{B_{kj}x + C_{kj}}{(x^2 - 2a_k x + a_k^2 + b_k^2)^j}$$

machen, um von vornherein die Beiträge konjugiert komplexer Nullstellen zusammenzufassen. $\square$

Wir müssen also noch das Problem lösen, Integrale der Form

$$\int \frac{Bx + C}{(x^2 - 2ax + a^2 + b^2)^j} \, dx \; , \quad B, C, a, b \in \mathbb{R} \; , \quad b \ne 0 \; ,$$

zu berechnen:

Wir substituieren $x - a = t$ und erhalten

$$\int \frac{B't + C'}{(t^2 + b^2)^j} \, dt \ , \quad B', C' \in \mathbb{R} \ .$$

Mit $t = bu$ ergibt sich

$$\int \frac{B''u + C''}{(u^2 + 1)^j} \, du \ .$$

Es bleiben also die Integrale

$$\int \frac{u}{(u^2 + 1)^j} \, du \quad \text{sowie} \quad \int \frac{du}{(u^2 + 1)^j}$$

zu berechnen.

Zur Berechnung des 1. Integrals substituieren wir $v = u^2 + 1$, $dv = 2u\,du$:

$$\int \frac{u\,du}{(u^2 + 1)^j} = \frac{1}{2} \int \frac{dv}{v^j} = \begin{cases} \dfrac{1}{2} \dfrac{1}{1-j} \dfrac{1}{v^{j-1}} + \hat{C} & \text{für} \quad j > 1 \\[2mm] \dfrac{1}{2} \ln |v| + \hat{C} & \text{für} \quad j = 1 \ . \end{cases}$$

Dabei ist

$$v = u^2 + 1 = \frac{t^2}{b^2} + 1 = \frac{(x-a)^2}{b^2} + 1 = \frac{x^2 - 2ax + a^2 + b^2}{b^2}$$

rückzusubstituieren.

Es verbleibt noch die Berechnung von $I_j = \int \dfrac{du}{(u^2 + 1)^j}$: Zunächst ist

$$I_j = \int \frac{(u^2 + 1) - u^2}{(u^2 + 1)^j} \, du = I_{j-1} - \int \frac{u^2}{(u^2 + 1)^j} \, du \ .$$

Weiter ist

$$K_j = \int \frac{u^2}{(1 + u^2)^j} \, du = \int u \cdot \frac{u}{(1 + u^2)^j} \, du$$

mit partieller Integration

$$= u \cdot \frac{1}{2} \cdot \frac{1}{1-j} \frac{1}{(1 + u^2)^{j-1}} + \frac{1}{2} \frac{1}{j-1} \int \frac{du}{(1 + u^2)^{j-1}}$$

$$= \frac{1}{2} \frac{1}{1-j} \frac{u}{(1 + u^2)^{j-1}} + \frac{1}{2} \frac{1}{j-1} I_{j-1} \ .$$

Also insgesamt

$$I_j = I_{j-1} + \frac{1}{2} \frac{1}{j-1} \frac{u}{(1 + u^2)^{j-1}} - \frac{1}{2} \frac{1}{j-1} I_{j-1}$$

oder

$$I_j = \frac{2j - 3}{2(j-1)} I_{j-1} + \frac{1}{2(j-1)} \frac{u}{(1 + u^2)^{j-1}} \quad \text{für} \quad j \geq 2 \ ,$$

sowie

$$I_1 = \int \frac{du}{1 + u^2} = \text{Arctg}\, u + C = \text{Arctg}\, \frac{t}{b} + C = \text{Arctg}\, \frac{x-a}{b} + C \ .$$

Mit Hilfe dieser „linearen Rekursion" 1. Ordnung läßt sich I_j unschwer berechnen.

Beispiel. Zu berechnen ist $\int \dfrac{x}{x^3 - 2x^2 + x - 2}\, dx$.

Nullstellen des Nenners: 2 und $\pm i$, jeweils mit Vielfachheit 1. Daher machen wir zur Partialbruchzerlegung den Ansatz

$$\frac{x}{x^3 - 2x^2 + x - 2} = \frac{A}{x-2} + \frac{Bx+C}{x^2+1} \quad\Big|\; \cdot (x-2)(x^2+1)$$

$$x = A(x^2+1) + (Bx+C)(x-2)$$

$$x = (A+B)x^2 + (-2B+C)x + A - 2C\ .$$

Koeffizientenvergleich:

$$x^2 \ldots 0 = A + B$$

$$x^1 \ldots 1 = -2B + C$$

$$x^0 \ldots 0 = A - 2C\ .$$

Die Lösung des Gleichungssystems ist

$$A = \frac{2}{5}\ ,\quad B = -\frac{2}{5}\ ,\quad C = \frac{1}{5}\ ,$$

d. h.

$$\int \frac{x\,dx}{x^3 - 2x^2 + x - 2} = \frac{2}{5} \int \frac{dx}{x-2} + \int \frac{-2/5\,x + 1/5}{x^2+1}\, dx$$

$$= \frac{2}{5} \cdot \ln\,|x-2| - \frac{1}{5} \int \frac{2x\,dx}{x^2+1} + \frac{1}{5}\,\text{Arctg}\,x$$

$$= \frac{2}{5} \cdot \ln\,|x-2| - \frac{1}{5}\ln\,(x^2+1) + \frac{1}{5}\,\text{Arctg}\,x + C\ . \quad \square$$

Wir haben das Problem der Integration rationaler Funktionen vollständig gelöst und geben nun eine Reihe von *Funktionen* an, *deren Integration auf diejenige rationaler Funktionen zurückgeführt werden kann:*

Im folgenden bedeutet das Symbol $R(x_1, x_2)$ eine rationale Funktion in x_1 und x_2.

1) $\int R(\sin x, \cos x)\,dx$.

Substitution:

$$t = \text{tg}\,\frac{x}{2} \leftrightarrow x = 2\,\text{Arctg}\,t$$

$$dx = \frac{2}{1+t^2}\, dt\ ,$$

$$\sin x = 2 \cdot \sin \frac{x}{2} \cdot \cos \frac{x}{2} = 2\,\text{tg}\,\frac{x}{2} \cdot \cos^2 \frac{x}{2} = 2\,\text{tg}\,\frac{x}{2}\,\frac{1}{1 + \text{tg}^2(x/2)} = \frac{2t}{1+t^2}\ ,$$

$$\cos x = \cos^2 \frac{x}{2} - \sin^2 \frac{x}{2} = \cos^2 \frac{x}{2} \left(1 - tg^2 \frac{x}{2}\right) = \frac{1 - tg^2(x/2)}{1 + tg^2(x/2)} = \frac{1 - t^2}{1 + t^2} .$$

Insgesamt also

$$\int R(\sin x, \cos x) dx = \int R\left(\frac{2t}{1 + t^2}, \frac{1 - t^2}{1 + t^2}\right) \frac{2}{1 + t^2} dt = \int R^*(t) dt$$

mit einer rationalen Funktion R^*.

2) $\int R(e^x) dx$.

Substitution:

$$t = e^x , \quad dt = e^x dx = t dx .$$

$$\int R(e^x) dx = \int R(t) \frac{dt}{t} = \int R^*(t) dt .$$

3) $\int R(\mathfrak{Sin}\, x, \mathfrak{Cof}\, x) dx$.

a) Wegen

$$\mathfrak{Sin}\, x = \frac{e^x - e^{-x}}{2} , \quad \mathfrak{Cof}\, x = \frac{e^x + e^{-x}}{2}$$

ist $R(\mathfrak{Sin}\, x, \mathfrak{Cof}\, x) = R^*(e^x)$ und kann gemäß 2) weiterbehandelt werden; oder:

b) Substitution

$$t = \mathfrak{Tg}\, \frac{x}{2} , \quad dx = \frac{2}{1 - t^2} dt$$

ergibt

$$\mathfrak{Sin}\, x = \frac{2t}{1 - t^2} , \quad \mathfrak{Cof}\, x = \frac{1 + t^2}{1 - t^2}$$

und damit

$$\int R(\mathfrak{Sin}\, x, \mathfrak{Cof}\, x) dx = \int R\left(\frac{2t}{1 - t^2}, \frac{1 + t^2}{1 - t^2}\right) \frac{2}{1 - t^2} dt = \int R^*(t) dt .$$

4) $\int R(x, \sqrt{1 - x^2}) dx \quad (|x| < 1)$.

Substitution

$$x = \sin t , \quad dx = \cos t\, dt \quad (|t| < \frac{\pi}{2})$$

$$\sqrt{1 - x^2} = \cos t$$

ergibt

$$\int R(x, \sqrt{1 - x^2}) dx = \int R(\sin t, \cos t) \cos t\, dt$$

$$= \int R^*(\sin t, \cos t) dt ; \quad \text{weiter gemäß 1)} .$$

5) $\int R(x, \sqrt{x^2 - 1}) dx \quad (|x| > 1)$.

Substitution:

Für $x > 1$: $x = \mathfrak{Cof}\, t ; \quad dx = \mathfrak{Sin}\, t\, dt \quad (t > 0)$.

Für $x < -1$: $x = -\mathfrak{Cof}\, t ; \quad dx = -\mathfrak{Sin}\, t\, dt \quad (t > 0)$

$$\sqrt{x^2 - 1} = \mathfrak{Sin}\, t$$

ergibt
$$\int R(x,\sqrt{x^2-1})\,dx = \int R^*(\mathfrak{Sin}\,t, \mathfrak{Cof}\,t)\,dt \; ; \quad \text{weiter nach 3)}$$
oder:

Substitution:
$$x = \frac{1}{\sin t} \; (0 < |t| < \tfrac{\pi}{2})\;, \quad dx = -\frac{\cos t}{\sin^2 t}\,dt\;,$$

$$\sqrt{x^2-1} = \frac{\cos t}{\sin t}\;(t>0) \quad \text{bzw.} \quad -\frac{\cos t}{\sin t}\;(t<0) \quad \text{ergibt} \quad \int R^*(\sin t, \cos t)\,dt\;.$$

6) $\int R(x,\sqrt{x^2+1})\,dx$.

a) Substitution

$$x = \mathfrak{Sin}\,t\;, \quad dx = \mathfrak{Cof}\,t\,dt\;, \quad \sqrt{x^2+1} = \mathfrak{Cof}\,t\;, \quad \text{führt auf 3)}$$

oder b) Substitution

$$x = \operatorname{tg} t = \frac{\sin t}{\cos t}\;, \quad dx = \frac{1}{\cos^2 t}\,dt\;, \quad \sqrt{x^2+1} = \frac{1}{\cos t} \;\;(|t| < \tfrac{\pi}{2})$$

führt auf 1).

7) $\int R(x,\sqrt{ax^2+bx+c})\,dx$.

Fall 7.1: $a = 0$ und $b = 0$:
$$\int R(x,\sqrt{c})\,dx = \int R^*(x)\,dx\;.$$

Fall 7.2: $a = 0$ und $b \neq 0$:
Substitution $bx + c = t^2$ führt auf
$$\int R(x,\sqrt{bx+c})\,dx = \int R^*(t)\,dt\;.$$

Fall 7.3: $a > 0$:
Dann ist
$$\sqrt{ax^2+bx+c} = \sqrt{a}\cdot\sqrt{x^2+2px+p^2+q}\;.$$

7.3.1: $q = 0$:
$$\sqrt{x^2+2px+p^2} = |x+p| = \begin{cases} x+p & \text{für} \quad x \geq -p \\ -x-p & \text{für} \quad x < -p\;, \end{cases}$$

und man erhält $\int R^*(x)\,dx$.

7.3.2: $q > 0$:
$$\sqrt{x^2+2px+p^2+q} = \sqrt{q}\cdot\sqrt{\left(\frac{x+p}{\sqrt{q}}\right)^2 + 1}\;.$$

Die Substitution $\dfrac{x+p}{\sqrt{q}} = t$ führt auf
$$\int R^*(t,\sqrt{t^2+1})\,dt \quad \text{(Weiter nach 6).)}$$

7.3.3: $q < 0$:
$$\sqrt{x^2+2px+p^2+2q} = \sqrt{|q|}\cdot\sqrt{\left(\frac{x+p}{\sqrt{|q|}}\right)^2 - 1}\;.$$

Die Substitution $\dfrac{x+p}{\sqrt{|q|}} = t$ führt auf

$$\int R^*(t, \sqrt{t^2-1})\,dt \ . \quad \text{(Weiter nach 5).)}$$

Fall 7.4: $a < 0$:

Dann ist

$$\sqrt{ax^2+bx+c} = \sqrt{|a|} \cdot \sqrt{-x^2-2px-p^2+q} = \sqrt{|a|} \cdot \sqrt{q-(x+p)^2}$$

mit $q > 0$. Also

$$\sqrt{q-(x+p)^2} = \sqrt{q} \cdot \sqrt{1 - \left(\frac{x+p}{\sqrt{q}}\right)^2} \ .$$

Mit der Substitution $\dfrac{x+p}{\sqrt{q}} = t$ gelangt man zu

$$\int R^*(t, \sqrt{1-t^2})\,dt \ . \quad \text{(Weiter nach 4).)} \quad \square$$

Für die praktische Anwendung gibt es *Tabellenwerke* von unbestimmten bzw. bestimmten Integralen, z. B. von Ryzhik-Gradshteyn oder von Gröbner-Hofreiter (vgl. Literaturverzeichnis).

Es sei jedoch darauf hingewiesen, daß keineswegs zu jeder stetigen Funktion eine elementar ausdrückbare Stammfunktion existiert. Z. B. sind die Stammfunktionen von $\dfrac{e^x}{x}$, $\sin(x^2)$, $\cos(x^2)$ nicht durch elementare Funktionen (wie Potenz-, Exponential-, trigonometrische oder hyperbolische Funktionen bzw. deren Umkehrfunktionen) ausdrückbar. Auf den nächsten Seiten fassen wir die *Ableitungen bzw. Stammfunktionen einiger wichtiger Funktionen* zusammen:

$f(x)$	$f'(x)$	$\int f(x)\,dx$
x^α	$\alpha \cdot x^{\alpha-1}$	$\begin{cases} \dfrac{x^{\alpha+1}}{\alpha+1}+C & \text{für} \quad \alpha \neq -1 \\[2mm] \ln\|x\|+C & \text{für} \quad \alpha = -1 \ , \quad x \neq 0 \end{cases}$
e^x	e^x	e^x+C
a^x	$a^x \cdot \ln a$	$\dfrac{a^x}{\ln a}+C \quad \text{für} \quad a>0 \ , \quad a \neq 1$
$\ln x$	$\dfrac{1}{x}$	$x \cdot \ln x - x + C \quad \text{für} \quad x>0$
$\sin x$	$\cos x$	$-\cos x + C$

Fortsetzung:

$f(x)$	$f'(x)$	$\int f(x)\,dx$
$\cos x$	$-\sin x$	$\sin x + C$
$\operatorname{tg} x$	$\dfrac{1}{\cos^2 x} = 1 + \operatorname{tg}^2 x$	$-\ln|\cos x| + C, \quad x \neq \dfrac{(2k+1)\cdot\pi}{2}, \ k \in \mathbb{Z}$
$\operatorname{Arcsin} x$	$\dfrac{1}{\sqrt{1-x^2}} \quad$ für $\quad |x| < 1$	
$\dfrac{1}{\sqrt{1-x^2}}$		$\operatorname{Arcsin} x + C \quad$ für $\quad |x| < 1$ $= -\operatorname{Arccos} x + C_1$
$\operatorname{Arccos} x$	$\dfrac{-1}{\sqrt{1-x^2}} \quad$ für $\quad |x| < 1$	
$\operatorname{Arctg} x$	$\dfrac{1}{1+x^2}$	
$\dfrac{1}{1+x^2}$		$\operatorname{Arctg} x + C$
$\mathfrak{Sin}\, x$	$\mathfrak{Cof}\, x$	$\mathfrak{Cof}\, x + C$
$\mathfrak{Cof}\, x$	$\mathfrak{Sin}\, x$	$\mathfrak{Sin}\, x + C$
$\mathfrak{Tg}\, x$	$\dfrac{1}{\mathfrak{Cof}^2 x} = 1 - \mathfrak{Tg}^2 x$	$\ln(\mathfrak{Cof}\, x) + C$
$\mathfrak{Ar}\,\mathfrak{Sin}\, x$	$\dfrac{1}{\sqrt{1+x^2}}$	
$\dfrac{1}{\sqrt{1+x^2}}$		$\mathfrak{Ar}\,\mathfrak{Sin}\, x + C = \ln(x + \sqrt{x^2+1}) + C$
$\mathfrak{Ar}\,\mathfrak{Cof}\, x$	$\dfrac{1}{\sqrt{x^2-1}}$	
$\dfrac{1}{\sqrt{x^2-1}}$		$\mathfrak{Ar}\,\mathfrak{Cof}\, x + C = \ln(x + \sqrt{x^2-1}) + C$ für $\quad x > 1$

Fortsetzung:

$f(x)$	$f'(x)$	$\int f(x)\,dx$
$\mathfrak{Ar\,Tg}\,x$	$\dfrac{1}{1-x^2}$ für $|x|<1$	
$\mathfrak{Ar\,Ctg}\,x$	$\dfrac{1}{1-x^2}$ für $|x|>1$	
$\dfrac{1}{1-x^2}$		$\dfrac{1}{2}\ln\left|\dfrac{x+1}{x-1}\right|+C$ für $|x|\neq 1$ $=\begin{cases}\mathfrak{Ar\,Tg}\,x & \text{für} \quad |x|<1\\ \mathfrak{Ar\,Ctg}\,x & \text{für} \quad |x|>1\end{cases}$

Bemerkung. $\int \ln x\,dx$ kann durch „Produktintegration" bestimmt werden: Man schreibt $\ln x = 1\cdot\ln x$ als Produkt und integriert partiell:

$$\int \ln x\,dx = \int 1\cdot\ln x\,dx = x\cdot\ln x - \int x\cdot\frac{1}{x}\,dx = x\ln x - x + C\ .$$

11.6 Uneigentliche Integrale

Wir haben beim Studium des Riemann-Integrals

$$\int_a^b f(x)\,dx$$

folgende Grundvoraussetzungen getroffen:
1.) f ist beschränkt auf $[a,b]$.
2.) $[a,b]$ ist ein abgeschlossenes Intervall von $\mathbb{R}$, d.h. $-\infty < a,b < +\infty$.
Wir wollen nun auch für Fälle, in denen eine oder beide dieser Voraussetzungen verletzt sind, einen Integralbegriff einführen.
Ist 1.) verletzt, d.h. f nicht beschränkt auf $[a,b]$, so sprechen wir von einem *uneigentlichen Integral 1. Art,*
ist 2.) verletzt, d.h. $a = -\infty$ oder $b = +\infty$ oder beides, so sprechen wir von einem *uneigentlichen Integral 2. Art.*

1) *Uneigentliche Integrale 1. Art:*

Wir nehmen an, daß sich $[a,b]$ in endlich viele Teilintervalle $[x_i,x_{i+1}]$ zerlegen läßt, so daß in jedem Teilintervall nur eine Stelle c_i der Nichtbeschränktheit von f auftritt (d.h. f nimmt in jeder Umgebung von c_i beliebig große Werte an). Sei o.B.d.A. c die einzige Stelle der Nichtbeschränktheit von f in $[a,b]$. Dann soll weiterhin gelten:

(∗)
$$\int\limits_a^b f(x)\,dx = \int\limits_a^c f(x)\,dx + \int\limits_c^b f(x)\,dx \ .$$

Wir können uns also auf den Fall beschränken, daß die Stelle der Nichtbeschränktheit c die untere oder obere Intervallgrenze ist.

Sei etwa $c = b$. f ist auf jedem Intervall $[a, \beta]$, $\beta < b$, beschränkt. Wir können daher die (eigentlichen) Integrale

$$\int\limits_a^\beta f(x)\,dx$$

betrachten:

Definition. Sei b die einzige Stelle der Nichtbeschränktheit von f auf $[a, b]$, $a < b$.

Wenn f auf den Intervallen $[a, \beta]$, $a < \beta < b$, Riemann-integrierbar ist und wenn der Grenzwert

$$\lim_{\beta \to b - 0} \int\limits_a^\beta f(x)\,dx$$

existiert, so sagt man: das *uneigentliche Integral 1. Art* von f auf $[a, b]$ existiert (konvergiert) und

$$\int\limits_a^b f(x)\,dx = \lim_{\beta \to b - 0} \int\limits_a^\beta f(x)\,dx \ .$$

Ist a die einzige Stelle der Nichtbeschränktheit von f auf $[a, b]$, so setzt man analog

$$\int\limits_a^b f(x)\,dx = \lim_{\alpha \to a + 0} \int\limits_\alpha^b f(x)\,dx \ . \qquad \square$$

Bemerkung. Ist $c \in [a, b]$, $a < c < b$, die einzige Stelle der Nichtbeschränktheit von f auf $[a, b]$, so ergibt sich damit und aus (∗):

$$\int\limits_a^b f(x)\,dx = \lim_{\gamma_1 \to c - 0} \int\limits_a^{\gamma_1} f(x)\,dx + \lim_{\gamma_2 \to c + 0} \int\limits_{\gamma_2}^b f(x)\,dx \ .$$

Man beachte, daß zur Existenz der beiden Limiten i. allg. nicht ausreicht, daß

$$\lim_{\varepsilon \to 0 + 0} \left(\int\limits_a^{c - \varepsilon} f(x)\,dx + \int\limits_{c + \varepsilon}^b f(x)\,dx \right)$$

existiert, da im oberen Ausdruck die beiden Grenzübergänge unabhängig voneinander auszuführen sind.

Beispiel. $f(x) = \dfrac{1}{x}$ auf $[-1, 1]$.

$c = 0$ ist die einzige Stelle der Nichtbeschränktheit. Wir haben für $\gamma_1 < 0$, $\gamma_2 > 0$:

$$\int\limits_{-1}^{\gamma_1} \frac{1}{x}\,dx = \ln|x| \, \big|_{-1}^{\gamma_1} = \ln|\gamma_1| - \ln|-1| = \ln|\gamma_1| \to -\infty \quad \text{für} \quad \gamma_1 \to 0 - 0$$

sowie

$$\int_{\gamma_2}^{1} \frac{1}{x}\,dx = \ln |x| \Big|_{\gamma_2}^{1} = \ln 1 - \ln \gamma_2 = -\ln \gamma_2 \to \infty \quad \text{für} \quad \gamma_2 \to 0+0 \ .$$

Das uneigentliche Integral 1. Art

$$\int_{-1}^{1} \frac{dx}{x}$$

existiert also nicht.

Hingegen existiert

$$\lim_{\varepsilon \to 0+0} \left(\int_{-1}^{-\varepsilon} \frac{dx}{x} + \int_{\varepsilon}^{1} \frac{dx}{x} \right)$$

$$= \lim_{\varepsilon \to 0+0} (\ln \varepsilon - \ln \varepsilon) = \lim_{\varepsilon \to 0+0} 0 = 0 \ . \quad \square$$

Definition. Sei c mit $a < c < b$ die einzige Stelle der Nichtbeschränktheit von f auf $[a,b]$. Falls der Grenzwert

$$\lim_{\varepsilon \to 0+0} \left(\int_{a}^{c-\varepsilon} f(x)\,dx + \int_{c+\varepsilon}^{b} f(x)\,dx \right)$$

existiert, so heißt dieser der *Cauchysche Hauptwert* zum *uneigentlichen Integral 1. Art,* symb.

$$\text{CH} \int_{a}^{b} f(x)\,dx \ . \quad \square$$

Falls das uneigentliche Integral 1. Art existiert, so existiert also auch der CH und ist gleich dem uneigentlichen Integral; umgekehrt kann aber nach dem obigen Beispiel der CH existieren, ohne daß das uneigentliche Integral existiert.

Sei nun wieder b die einzige Stelle der Nichtbeschränktheit von f auf $[a,b]$. Dann existiert $\int_{a}^{b} f(x)\,dx$ genau dann, wenn für jede Folge $\langle \beta_n \rangle$ mit $\lim \beta_n = b$ ($\beta_n < b$) gilt:

$$\lim_{n \to \infty} \int_{a}^{\beta_n} f(x)\,dx$$

existiert.

Setzen wir

$$\varphi_n = \int_{\beta_n}^{\beta_{n+1}} f(x)\,dx \ , \quad \beta_0 = a \ ,$$

so ist

$$\int_{a}^{b} f(x)\,dx = \sum_{n=0}^{\infty} \varphi_n \ .$$

Die Konvergenz von $\int_{a}^{b} f(x)\,dx$ ist damit auf die Konvergenz der Zahlenreihen $\sum_{n=0}^{\infty} \varphi_n$ zurückgeführt. Aus dem Cauchyschen Konvergenzkriterium für Reihen ergibt sich damit unmittelbar:

Satz (Cauchysches Konvergenzkriterium für uneigentliche Integrale 1. Art). Sei b die einzige Stelle der Nichtbeschränktheit von f auf $[a,b]$. Dann existiert $\int_a^b f(x)\,dx$ genau dann, wenn zu jedem $\varepsilon > 0$ ein $\delta = \delta(\varepsilon) > 0$ existiert, so daß für alle $\beta, \beta' \in\,]b-\delta, b[$ gilt

$$\left| \int_\beta^{\beta'} f(x)\,dx \right| < \varepsilon \; . \quad \square$$

Definition. Das *uneigentliche Integral* 1. Art $\int_a^b f(x)\,dx$ heißt *absolut konvergent*, wenn $\int_a^b |f(x)|\,dx$ konvergiert. $\quad \square$

Dann gilt der folgende

Satz. Ist $\int_a^b f(x)\,dx$ absolut konvergent, so auch konvergent.

Beweis. Ist $\int_a^b |f(x)|\,dx$ konvergent, so ist die Bedingung des Cauchyschen Konvergenzkriteriums erfüllt. Wegen

$$\left| \int_\beta^{\beta'} f(x)\,dx \right| \leq \int_\beta^{\beta'} |f(x)|\,dx$$

gilt sie dann aber auch für $\int_a^b f(x)\,dx$. $\quad \square$

Weitere Beispiele.

1) $\qquad\qquad \int_0^b \dfrac{dx}{x^\alpha} \quad$ für $\quad b > 0 \quad$ und $\quad \alpha \in \mathbb{R}$.

Fall 1: $\alpha \leq 0$. Dann handelt es sich um ein eigentliches Integral, welches existiert.
Fall 2: $\alpha > 0$. Hier ist 0 einzige Stelle der Nichtbeschränktheit und für $\alpha \neq 1$

$$\int_\gamma^b \frac{dx}{x^\alpha} = \frac{1}{1-\alpha}\,\frac{1}{x^{\alpha-1}}\bigg|_\gamma^b = \frac{1}{1-\alpha}\left(\frac{1}{b^{\alpha-1}} - \frac{1}{\gamma^{\alpha-1}} \right) \; .$$

Daher existiert $\int_0^b \dfrac{dx}{x^\alpha}$ für $\alpha < 1$, aber nicht für $\alpha > 1$. Für $\alpha = 1$ wissen wir bereits, daß es nicht existiert. $\int_0^b \dfrac{dx}{x^\alpha}$ existiert also genau dann, wenn $\alpha < 1$.

2) $\int_0^1 \dfrac{dx}{\sqrt{1-x^2}} = \lim_{\varepsilon \to 0+0} \int_0^{1-\varepsilon} \dfrac{dx}{\sqrt{1-x^2}} = \lim_{\varepsilon \to 0+0} \text{Arcsin}\,(1-\varepsilon) = \text{Arcsin}\,1 = \frac{\pi}{2}$. $\quad \square$

2) *Uneigentliche Integrale 2. Art:*

Definition.
$$\int_{-\infty}^{b} f(x)\,dx = \lim_{a \to -\infty} \int_{a}^{b} f(x)\,dx \ ,$$

$$\int_{a}^{\infty} f(x)\,dx = \lim_{b \to \infty} \int_{a}^{b} f(x)\,dx \ ,$$

$$\int_{-\infty}^{\infty} f(x)\,dx = \lim_{a \to -\infty} \int_{a}^{c} f(x)\,dx + \lim_{b \to \infty} \int_{c}^{b} f(x)\,dx \quad \text{mit} \quad c \in \mathbb{R} \ ,$$

falls die angegebenen Limiten existieren.

Beispiele.

1) $\displaystyle \int_{1}^{\infty} \frac{dx}{x^{\alpha}} = \lim_{b \to \infty} \int_{1}^{b} \frac{dx}{x^{\alpha}} = \lim_{b \to \infty} \frac{1}{1-\alpha} \frac{1}{x^{\alpha-1}} \Big|_{1}^{b} = \frac{1}{1-\alpha} \left(\lim_{b \to \infty} \frac{1}{b^{\alpha-1}} - 1 \right)$ für $\alpha \neq 1$.

Daher existiert das uneigentliche Integral 2. Art

$$\int_{1}^{\infty} \frac{dx}{x^{\alpha}} \quad \text{für} \quad \alpha > 1 \ , \quad \text{jedoch nicht für} \quad \alpha < 1 \ .$$

$\alpha = 1$: $\displaystyle \int_{1}^{\infty} \frac{dx}{x} = \lim_{b \to \infty} \ln |x| \, \big|_{1}^{b} = \lim_{b \to \infty} \ln b = \infty$

existiert nicht (in $\mathbb{R}$).

$\displaystyle \int_{1}^{\infty} \frac{dx}{x^{\alpha}}$ konvergiert also genau dann, wenn $\alpha > 1$.

2)
$$\int_{-\infty}^{\infty} \frac{dx}{1+x^2} = \lim_{a \to -\infty} \int_{a}^{c} \frac{dx}{1+x^2} + \lim_{b \to \infty} \int_{c}^{b} \frac{dx}{1+x^2}$$

$$= \lim_{a \to -\infty} \text{Arctg}\, x \, \big|_{a}^{c} + \lim_{b \to \infty} \text{Arctg}\, x \, \big|_{c}^{b}$$

$$= \text{Arctg}\, c - (-\tfrac{\pi}{2}) + \tfrac{\pi}{2} - \text{Arctg}\, c = \pi \ . \quad \square$$

Definition. Unter dem *Cauchyschen Hauptwert* des *uneigentlichen Integrals 2. Art* $\displaystyle \int_{-\infty}^{\infty} f(x)\,dx$ versteht man $\displaystyle \lim_{a \to \infty} \int_{-a}^{a} f(x)\,dx$, falls dieser Grenzwert existiert.

Symb. $\displaystyle \text{CH} \int_{-\infty}^{\infty} f(x)\,dx \ . \quad \square$

Analog zum Cauchyschen Konvergenzkriterium für uneigentliche Integrale 1. Art gilt dann:

Satz (Cauchysches Konvergenzkriterium für uneigentliche Integrale 2. Art). Sei $f: [a, +\infty[\to \mathbb{R}$ auf jedem Intervall $[a, c]$, $a < c$, $c \in \mathbb{R}$, eigentlich Riemann-

integrierbar. Dann existiert $\int\limits_{a}^{\infty} f(x)\,dx$ genau dann, wenn es zu jedem $\varepsilon > 0$ ein
$N = N(\varepsilon) > a$ gibt, so daß für $\beta, \beta' > N$ gilt

$$\left| \int\limits_{\beta}^{\beta'} f(x)\,dx \right| < \varepsilon \ . \quad \square$$

Eine wichtige Anwendung ist der

Satz (Integralkriterium für die Konvergenz unendlicher Reihen).
Sei f: $[0, \infty[\to [0, \infty[$ gegeben, derart daß das uneigentliche Integral 2. Art
$\int\limits_{0}^{\infty} f(x)\,dx$ existiert. Sei weiters $\sum\limits_{n=0}^{\infty} a_n$ eine Reihe mit $a_n \in \mathbb{R}$ bzw. $\mathbb{C}$ und

$$|a_n| \le f(x) \quad \text{für} \quad n-1 < x \le n \ .$$

Dann ist $\sum\limits_{n=0}^{\infty} a_n$ absolut konvergent.

Beweis. Sei $g(0) = 0$ und $g(x) = |a_n|$ falls $n-1 < x \le n$, $n \in \mathbb{N}^+$. Dann ist
$0 \le g(x) \le f(x)$ für alle $x \ge 0$, und $g(x)$ erfüllt die Bedingungen des Cauchyschen
Konvergenzkriteriums für $\int\limits_{0}^{\infty} g(x)\,dx$, da $0 \le \int\limits_{\beta}^{\beta'} g(x)\,dx \le \int\limits_{\beta}^{\beta'} f(x)\,dx$ für $\beta \le \beta'$
und $\int\limits_{0}^{\infty} f(x)\,dx$ existiert. Damit existiert $\int\limits_{0}^{\infty} g(x)\,dx = \sum\limits_{n=1}^{\infty} |a_n|$. $\quad \square$

Beispiel. $\sum\limits_{n=1}^{\infty} \dfrac{1}{n^{\alpha}} = \sum\limits_{n=0}^{\infty} \dfrac{1}{(n+1)^{\alpha}}$ ist für $\alpha > 1$ konvergent, da

$$\int\limits_{0}^{\infty} \frac{1}{(x+1)^{\alpha}}\,dx = \int\limits_{1}^{\infty} \frac{dx}{x^{\alpha}}$$

konvergiert und

$$\frac{1}{(n+1)^{\alpha}} \le \frac{1}{(x+1)^{\alpha}} \ \text{für} \ n-1 < x \le n. \quad \square$$

Für uneigentliche Integrale 1. bzw. 2. Art ergibt sich aus dem Cauchyschen
Konvergenzkriterium sehr leicht der folgende

Satz (Vergleichskriterien für uneigentliche Integrale).

1) *Für uneigentliche Integrale 1. Art:*
  i) Sei $|f(x)| \le g(x)$ für alle $x \in [a, b]$. Konvergiert $\int\limits_{a}^{b} g(x)\,dx$, so konvergiert
$\int\limits_{a}^{b} f(x)\,dx$ absolut, und es gilt

$$\int\limits_{a}^{b} |f(x)|\,dx \le \int\limits_{a}^{b} g(x)\,dx \ .$$

ii) Sei $0 \le g(x) \le f(x)$ für alle $x \in [a,b]$. Ist dann $\int\limits_{a}^{b} g(x)\,dx$ divergent, so auch $\int\limits_{a}^{b} f(x)\,dx$.

2) *Für uneigentliche Integrale 2. Art:*
  i) Sei $|f(x)| \le g(x)$ für alle $x \ge a$. Konvergiert $\int\limits_{a}^{\infty} g(x)\,dx$, so konvergiert $\int\limits_{a}^{\infty} f(x)\,dx$ absolut, und es gilt

$$\int\limits_{a}^{\infty} |f(x)|\,dx \le \int\limits_{a}^{\infty} g(x)\,dx .$$

  ii) Sei $0 \le g(x) \le f(x)$ für alle $x \ge a$. Ist dann $\int\limits_{a}^{\infty} g(x)\,dx$ divergent, so auch $\int\limits_{a}^{\infty} f(x)\,dx$. $\square$

Beispiel. $\int\limits_{\pi}^{\infty} \dfrac{\sin x}{x^2}\,dx$ ist absolut konvergent, da $\left|\dfrac{\sin x}{x^2}\right| \le \dfrac{1}{x^2}$ und $\int\limits_{\pi}^{\infty} \dfrac{1}{x^2}\,dx$ konvergiert. $\square$

Uneigentliche Integrale treten auch bei der Definition verschiedener in der Technik wichtiger Funktionen auf. Ein besonders bedeutsames Beispiel ist die *Eulersche Gammafunktion:*

Definition. $\Gamma(x) = \int\limits_{0}^{\infty} e^{-t} \cdot t^{x-1}\,dt$ für $x \in (0, \infty)$. $\square$

Um zu zeigen, daß diese Definition sinnvoll ist, beweisen wir, daß für alle $x \in (0, \infty)$ das Integral

(1) $\int\limits_{0}^{1} e^{-t} t^{x-1}\,dt$ existiert

(für $x \in (0,1)$ handelt es sich um ein uneigentliches Integral 1. Art), sowie, daß für alle $x \in (0, \infty)$ das uneigentliche Integral 2. Art

(2) $\int\limits_{1}^{\infty} e^{-t} t^{x-1}\,dt$

ebenfalls existiert.

Zu (1) beachten wir $e^{-t} \cdot t^{x-1} \le t^{x-1}$ für alle $t \in (0, \infty)$, sowie die Existenz von

$$\int\limits_{0}^{1} \frac{dt}{t^{\alpha}} \quad \text{für} \quad \alpha < 1 ,$$

die wir oben schon bewiesen haben. Mit $\alpha = 1 - x$ ergibt sich nach dem Vergleichskriterium die Konvergenz von (1).

Zu (2) halten wir zunächst fest, daß wegen

$$\lim_{t \to \infty} e^{-t/2} \cdot t^{x-1} = 0$$

eine Konstante $C > 0$ existiert mit

$$e^{-t/2} \cdot t^{x-1} \leq C \quad \text{für alle} \quad t \in [1, \infty) .$$

Damit ist aber

$$e^{-t} \cdot t^{x-1} \leq C \cdot e^{-t/2} ,$$

und da

$$\int_0^\infty e^{-t/2} dt = \lim_{M \to \infty} \int_0^M e^{-t/2} dt = \lim_{M \to \infty} (-2e^{-t/2} |_0^M) = 2$$

existiert, so existiert nach dem Vergleichskriterium auch (2).

Eine sehr wichtige Eigenschaft der Γ-Funktion ist die Gültigkeit der folgenden *Funktionalgleichung*:

Satz. Für alle $x > 0$ gilt: $\Gamma(x+1) = x \cdot \Gamma(x)$.

Beweis. $\Gamma(x+1) = \lim_{M \to \infty} \int_0^M e^{-t} \cdot t^x dt$.

Mit partieller Integration folgt

$$\int_0^M e^{-t} t^x dt = -e^{-t} \cdot t^x |_0^M + x \int_0^M e^{-t} t^{x-1} dt ,$$

wobei der erste Summand für $M \to \infty$ gegen 0 strebt. $\square$

Da $\Gamma(1) = \int_0^\infty e^{-t} dt = 1$, ergibt sich aus der Funktionalgleichung die wichtige

Folgerung. $\Gamma(n+1) = n!$ für alle $n = 0, 1, 2, \ldots$ $\square$

Die Γ-Funktion „interpoliert" also die diskrete Funktion der Faktoriellenbildung. Man kann sogar zeigen, daß unter einer sehr anschaulichen Zusatzvoraussetzung die Γ-Funktion die einzige Lösung der obigen Funktionalgleichung ist:

Definition. Eine Funktion $f(x)$ heißt auf $[a, b]$ (nach unten) *konvex*, wenn für alle $x_1, x_2 \in [a, b]$ und alle $\alpha, \beta > 0$ mit $\alpha + \beta = 1$ gilt:

$$\alpha \cdot f(x_1) + \beta \cdot f(x_2) \geq f(\alpha x_1 + \beta x_2) . \quad \square$$

Anschaulich bedeutet dies: die Sehne zwischen zwei Punkten des Graphen von $f(x)$ verläuft nie unter dem Graphen:

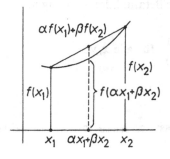

Abb. 77

Nun gilt der

Satz (von BOHR[1]) und MOLLERUP). Sei f definiert auf $(0, \infty)$, so daß $f(x) > 0$ für alle $x > 0$. Weiters habe f die folgenden Eigenschaften:

i) $\ln f(x)$ ist eine konvexe Funktion,
ii) $f(x+1) = x \cdot f(x)$ für alle $x \in (0, \infty)$,
iii) $f(1) = 1$.

Dann gilt $f(x) = \Gamma(x)$ für alle $x \in (0, \infty)$. $\square$

(Ohne Beweis.)

Die Funktionalgleichung kann auch verwendet werden, um der Funktion $\Gamma(x)$ für alle negativen nicht ganzzahligen x einen Wert zuzuweisen, z. B.:

$$(-\tfrac{1}{2}) \cdot \Gamma(-\tfrac{1}{2}) = \Gamma(-\tfrac{1}{2}+1) = \Gamma(\tfrac{1}{2}) \ ,$$

d. h. $$\Gamma(-\tfrac{1}{2}) = -2 \cdot \Gamma(\tfrac{1}{2}) \ .$$

Die Definition der Γ-Funktion kann darüber hinaus auf komplexe Argumente ausgedehnt werden, worauf wir hier aber nicht im Detail eingehen können.

Als weiteres Beispiel einer durch ein uneigentliches Integral definierten Funktion nennen wir die *Betafunktion*:

Definition. $B(x,y) = \int\limits_0^1 t^{x-1} (1-t)^{y-1} dt$ für alle $x, y > 0$. $\square$

Zur Existenz des für $x < 1$ bzw. $y < 1$ uneigentlichen Integrals 1. Art beachten wir:
Wegen $x > 0$ ist $x - 1 > -1$, d. h.

$$\int\limits_0^{1/2} t^{x-1}(1-t)^{y-1} dt \le C_1 \cdot \int\limits_0^{1/2} t^{x-1} dt$$

existiert, wegen $y > 0$ ist $y - 1 > -1$, d. h.

$$\int\limits_{1/2}^1 t^{x-1}(1-t)^{y-1} dt \le C_2 \cdot \int\limits_{1/2}^1 (1-t)^{y-1} dt$$

existiert.
Tatsächlich hängt die Betafunktion sehr eng mit der Gammafunktion zusammen.

Satz. $B(x,y) = \dfrac{\Gamma(x) \cdot \Gamma(y)}{\Gamma(x+y)}$ für alle $x, y > 0$. $\square$

(Ohne Beweis.)

---

[1] Harald BOHR, 22. April 1887 – 22. Januar 1951, Bruder des berühmten Atomphysikers Niels Bohr.

Beispiel. Zur Berechnung von $\Gamma(\frac{1}{2})$ beachten wir

$$B(\tfrac{1}{2}, \tfrac{1}{2}) = \frac{\Gamma(\tfrac{1}{2})^2}{\Gamma(1)} = \Gamma(\tfrac{1}{2})^2 \; .$$

Nun ist

$$B(\tfrac{1}{2}, \tfrac{1}{2}) = \int\limits_0^1 t^{-1/2}(1-t)^{-1/2} dt$$

mit $t = \sin^2 \varphi$, $dt = 2 \sin \varphi \cos \varphi \, d\varphi$, gleich

$$2 \cdot \int\limits_0^{\pi/2} d\varphi = \pi \; .$$

Damit erhalten wir

$$\Gamma(\tfrac{1}{2}) = \sqrt{\pi} \; .$$

Berechnen wir andererseits nach der Definition

$$\Gamma(\tfrac{1}{2}) = \int\limits_0^{\infty} e^{-t} \cdot t^{-1/2} dt \; ,$$

so ergibt sich mit $u = t^{1/2}$, $du = \frac{1}{2} \cdot t^{-1/2} dt$,

$$\Gamma(\tfrac{1}{2}) = 2 \cdot \int\limits_0^{\infty} e^{-u^2} du = \sqrt{\pi} \; ,$$

und damit die wichtige Formel

$$\int\limits_{-\infty}^{\infty} e^{-u^2} du \left(= 2 \cdot \int\limits_0^{\infty} e^{-u^2} du \right) = \sqrt{\pi} \; .$$

12 Funktionenfolgen und Funktionenreihen

12.1 Konvergenz und gleichmäßige Konvergenz

Sei X eine Menge und für jedes $n \in \mathbb{N}$ f_n eine Abbildung $f_n \colon X \to \mathbb{R}^m$ (m fest). (Z. B.: $f_n \colon X \to \mathbb{R}^2 \cong \mathbb{C}$.) Dann heißt $\langle f_n \rangle$ eine *Funktionenfolge* auf X. Sonderfall: Eine Funktionenfolge $\langle s_n \rangle$ der Form $s_n = \sum\limits_{k=0}^{n} f_k$ für alle $n \in \mathbb{N}$, $f_n \colon X \to \mathbb{R}^m$, heißt Partialsummenfolge zur *Funktionenreihe* $\sum\limits_{k=0}^{\infty} f_k$. Die Konvergenz einer Funktionenfolge bzw. -reihe kann zunächst punktweise definiert werden.

Definition. Die *Funktionenfolge* $\langle f_n \rangle$ *konvergiert im Punkt* $x_0 \in X$ *genau dann, wenn* die Vektorfolge $\langle f_n(x_0) \rangle$ in $\mathbb{R}^m$ konvergiert. $\langle f_n \rangle$ *konvergiert punktweise auf* X (gegen die Funktion $f \colon X \to \mathbb{R}^m$) genau dann, wenn $\langle f_n \rangle$ in jedem Punkt $x_0 \in X$ konvergiert (gegen $f(x_0)$); symb. $\langle f_n \rangle \to f$. $\square$

Für viele Zwecke ist jedoch ein stärkerer Konvergenzbegriff zweckmäßig. Zunächst setzen wir fest:

Definition. Sei $f \colon X \to \mathbb{R}^m$. Dann ist

$$\|f\|_\infty = \sup_{x \in X} |f(x)| \ ,$$

wobei $\|f\|_\infty = \infty$ gesetzt wird, wenn f auf X unbeschränkt ist. $\square$

$\|f\|_\infty$ *hat folgende Eigenschaften:*

1) $\qquad \|f\|_\infty \geq 0 \quad$ und $\quad \|f\|_\infty = 0 \Leftrightarrow f(x) \equiv 0 \quad$ auf $\quad X$,

2) $\qquad \|\lambda \cdot f\|_\infty = \sup_{x \in X} |\lambda \cdot f(x)| = \sup_{x \in X} |\lambda| \cdot |f(x)|$

$$\qquad\qquad = |\lambda| \cdot \sup_{x \in X} |f(x)| = |\lambda| \cdot \|f\|_\infty \ ,$$

3) $\qquad \|f+g\|_\infty = \sup_{x \in X} |f(x)+g(x)| \leq \sup_{x \in X} (|f(x)| + |g(x)|)$

$$\qquad\qquad \leq \sup_{x \in X} |f(x)| + \sup_{x \in X} |g(x)| = \|f\|_\infty + \|g\|_\infty \ .$$

$\|f\|_\infty$ ist also auf der Menge der beschränkten Funktionen $f \colon X \to \mathbb{R}^m$ eine Norm.

$\|f\|_\infty$ heißt die *Supremumsnorm* von f auf X. Durch diese Norm wird eine Metrik und damit ein Konvergenzbegriff festgelegt:

Definition. Eine Funktionenfolge $\langle f_n \rangle$, f_n: $X \rightarrow \mathbb{R}^m$, heißt *gleichmäßig konvergent auf X gegen f*: $X \rightarrow \mathbb{R}^m$ genau dann, wenn $\lim \|f_n - f\|_\infty = 0$.
Symb. $\langle f_n \rangle \underset{\text{glm.}}{\longrightarrow} f$. $\square$

Die Definitionen der Konvergenz bzw. gleichmäßigen Konvergenz lassen sich auch so umformulieren:

Hilfssatz: 1) $\langle f_n \rangle$ konvergiert punktweise gegen f genau dann, wenn zu jedem $x \in X$ und zu jedem $\varepsilon > 0$ ein $N(\varepsilon, x)$ existiert, so daß

$$|f_n(x) - f(x)| < \varepsilon \quad \text{für alle} \quad n > N(\varepsilon, x) \ .$$

2) $\langle f_n \rangle$ konvergiert auf X gleichmäßig gegen f genau dann, wenn es zu jedem $\varepsilon > 0$ ein $N(\varepsilon)$ gibt, so daß

$$|f_n(x) - f(x)| < \varepsilon \quad \text{für alle} \quad n > N(\varepsilon) \quad \text{und alle} \quad x \in X \ .$$

Beweis. 1) folgt sofort aus der Definition der Konvergenz.
2) $\langle f_n \rangle$ konvergiert genau dann gleichmäßig gegen f, wenn es zu jedem $\varepsilon > 0$ ein $N(\varepsilon)$ gibt, so daß

(*) $\|f_n - f\|_\infty < \varepsilon \quad \text{für alle} \quad n > N(\varepsilon) \ .$

(*) ist aber äquivalent zu $\sup\limits_{x \in X} |f_n(x) - f(x)| < \varepsilon$, d.h.

$$|f_n(x) - f(x)| < \varepsilon' < \varepsilon \quad \text{für alle} \quad x \in X \ . \quad \square$$

Insbesondere *folgt* also *aus der gleichmäßigen* Konvergenz *die punktweise Konvergenz*. Die *Umkehrung* ist jedoch *i. allg. nicht richtig:*

Beispiel. Sei $X = [0, 1]$, $f_n(x) = x^n$ (f_n: $[0, 1] \rightarrow \mathbb{R}$).
Dann konvergiert $\langle f_n \rangle$ punktweise gegen f mit

$$f(x) = \begin{cases} 0 & \text{für} \quad 0 \le x < 1 \\ 1 & \text{für} \quad x = 1 \ . \end{cases}$$

Die Konvergenz ist aber nicht gleichmäßig:

$$\|f - f_n\|_\infty = \sup\limits_{x \in [0, 1]} |f(x) - f_n(x)| = \sup\limits_{x \in [0, 1[} |f(x) - f_n(x)|$$

$$= \sup\limits_{x \in [0, 1[} x^n = 1 \quad \text{für alle} \quad n \in \mathbb{N} \ .$$

Hingegen ist $\langle f_n \rangle$ auf jedem abgeschlossenen Teilintervall $[0, b]$, $b < 1$, von $[0, 1[$ gleichmäßig konvergent: Wie vorher errechnet man

$$\|f - f_n\|_\infty = \sup\limits_{x \in [0, b]} x^n = b^n \rightarrow 0 \quad \text{für} \quad n \rightarrow \infty \ . \quad \square$$

Bemerkung. Ohne Beweis sei der folgende Satz zitiert, der für viele Sonderfälle die gleichmäßige Konvergenz aus der punktweisen Konvergenz zu folgern gestattet:

Satz (Dini[1]). Sei $X \subseteq \mathbb{R}^p$ folgenkompakt (also z.B. ein abgeschlossenes Intervall in $\mathbb{R}$) und $\langle f_n \rangle$ eine Folge stetiger Funktionen $f_n : X \to \mathbb{R}$, welche punktweise und monoton gegen eine stetige Funktion $f : X \to \mathbb{R}$ konvergiert. Dann ist die Konvergenz gleichmäßig. $\square$

Für den gleichmäßigen Limes einer Folge stetiger Funktionen gilt der

Satz. Sei $X \subseteq \mathbb{R}^p$, $f_n, f : X \to \mathbb{R}^m$, und es konvergiere $\langle f_n \rangle$ gleichmäßig gegen f. Sind alle f_n stetig in $x_0 \in X$, so ist auch f stetig in x_0.
Sind insbesondere alle f_n stetig auf X, so ist auch f stetig auf X.

Beweis. Sei $f_n \xrightarrow[\text{glm.}]{} f$ und alle f_n stetig in x_0. Sei $\varepsilon > 0$ vorgegeben. Dann gibt es ein $N(\varepsilon/3)$, so daß

$$\| f_n - f \|_\infty < \varepsilon/3 \quad \text{für alle} \quad n > N(\varepsilon/3) \; .$$

Sei nun $n > N(\varepsilon/3)$. Da f_n stetig ist in x_0, existiert ein $\delta > 0$, so daß für alle $x \in X$ mit $|x - x_0| < \delta$ gilt:

$$|f_n(x) - f_n(x_0)| < \varepsilon/3 \; .$$

Für $|x - x_0| < \delta$ gilt also

$$\begin{aligned} |f(x) - f(x_0)| &= |f(x) - f_n(x) + f_n(x) - f_n(x_0) + f_n(x_0) - f(x_0)| \\ &\leq |f(x) - f_n(x)| + |f_n(x) - f_n(x_0)| + |f_n(x_0) - f(x_0)| \\ &< \| f - f_n \|_\infty + \varepsilon/3 + \| f_n - f \|_\infty < \varepsilon/3 + \varepsilon/3 + \varepsilon/3 = \varepsilon \; . \end{aligned}$$

Daher ist f stetig in x_0. $\square$

Beispiele. 1) Sei wieder $f_n(x) = x^n$, $f_n : [0,1] \to \mathbb{R}$.
Jede Funktion $f_n(x)$ ist stetig auf $[0,1]$. Hingegen ist der punktweise Grenzwert $f(x) = \delta_{1,x}$ nicht stetig in $x_0 = 1$. Daher kann die Konvergenz nicht gleichmäßig sein.

2) Umgekehrt kann jedoch eine Folge unstetiger Funktionen auch gleichmäßig gegen eine stetige Funktion konvergieren:
Sei

$$f_n(x) = \begin{cases} 1/n & \text{für} \quad x \in \mathbb{Q} \\ 0 & \text{für} \quad x \in \mathbb{R} \setminus \mathbb{Q} \; . \end{cases}$$

Dann ist $\| f_n \|_\infty = 1/n \to 0$, $n \to \infty$; d.h. $\langle f_n \rangle$ konvergiert gleichmäßig gegen die stetige Funktion $f(x) \equiv 0$, obwohl alle f_n in jedem Punkt $x_0 \in \mathbb{R}$ unstetig sind. $\square$

---

[1] Ulisse Dini, 14. November 1845 – 28. Oktober 1918.

Für die punktweise bzw. gleichmäßige Konvergenz läßt sich natürlich wieder das Cauchysche Konvergenzkriterium anwenden:

Satz (Cauchysches Konvergenzkriterium für punktweise bzw. gleichmäßige Konvergenz).

1) $\langle f_n \rangle$ konvergiert auf X punktweise genau dann, wenn zu jedem $x \in X$ und zu jedem $\varepsilon > 0$ ein $N = N(\varepsilon, x)$ existiert, so daß für alle $n, m > N$ gilt:

$$|f_n(x) - f_m(x)| < \varepsilon \ .$$

2) $\langle f_n \rangle$ konvergiert auf X gleichmäßig genau dann, wenn es zu jedem $\varepsilon > 0$ ein $N = N(\varepsilon)$ gibt, so daß für alle $n, m > N$ gilt:

$$|f_n(x) - f_m(x)| < \varepsilon \quad \text{für alle} \quad x \in X \quad \text{bzw.} \quad \|f_n - f_m\|_\infty < \varepsilon \ . \quad \square$$

Alle bisher für Funktionenfolgen eingeführten Begriffe übertragen sich natürlich auch auf Funktionenreihen, indem man die Partialsummenfolge studiert. Wir führen noch die folgende Bezeichnung ein:

Definition. Die Funktionenreihe $\sum\limits_{n=0}^{\infty} f_n$ konvergiert *punktweise absolut* bzw.

gleichmäßig absolut, wenn $\sum\limits_{n=0}^{\infty} |f_n|$ punktweise bzw. gleichmäßig konvergiert. $\quad \square$

Dann gilt das folgende wichtige Kriterium:

Satz (Kriterium von Weierstrass). Gilt für die Reihenglieder f_n einer Funktionenreihe $\|f_n\|_\infty \le a_n$ (d.h. $|f_n(x)| \le a_n$ für alle $x \in X$) und ist $\sum\limits_{n=0}^{\infty} a_n$ konvergent, so konvergiert $\sum\limits_{n=0}^{\infty} f_n$ gleichmäßig absolut.

Beweis. Sei $\bar{s}_n = \sum\limits_{k=0}^{n} |f_k|$. Sei weiters $\varepsilon > 0$. Da $\sum\limits_{n=0}^{\infty} a_n$ konvergent ist, existiert $N(\varepsilon)$, so daß für alle $n \ge m > N(\varepsilon)$ gilt: $\sum\limits_{k=m}^{n} a_k < \varepsilon$.

Damit ist aber auch

$$\|\bar{s}_n - \bar{s}_m\|_\infty = \left\| \sum_{k=m+1}^{n} |f_k| \right\|_\infty \le \sum_{k=m+1}^{n} \|f_k\|_\infty \le \sum_{k=m+1}^{n} a_k < \varepsilon \ ,$$

und nach dem Cauchyschen Konvergenzkriterium ist $\langle \bar{s}_n \rangle$ gleichmäßig konvergent, d.h. $\sum\limits_{n=0}^{\infty} f_n$ konvergiert gleichmäßig absolut. $\quad \square$

Beispiel. Sei $f_0(x) = |x|$ für $x \in [-\frac{1}{2}, \frac{1}{2}]$ und $f_0(x+1) = f_0(x)$ für alle $x \in \mathbb{R}$. Dann ist f_0 stetig auf $\mathbb{R}$ mit $\|f_0\|_\infty = \frac{1}{2}$.

Sei weiters $f_n(x) = \frac{1}{4^n} f_0(4^n \cdot x)$. Dann ist jedes f_n stetig und $\|f_n\|_\infty =$ $\frac{1}{4^n} \|f_0\|_\infty = \frac{1}{2 \cdot 4^n}$. Da $\sum\limits_{n=0}^{\infty} \frac{1}{2 \cdot 4^n}$ konvergiert, ist die Funktionenreihe $\sum\limits_{n=0}^{\infty} f_n(x)$ nach dem Kriterium von Weierstrass gleichmäßig absolut konvergent.

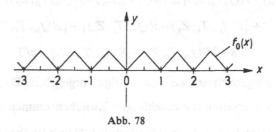

Abb. 78

Daher ist $f(x) = \sum\limits_{n=0}^{\infty} f_n(x)$ stetig auf $\mathbb{R}$. Man kann zeigen, daß $f(x)$ jedoch an keiner Stelle $x_0 \in \mathbb{R}$ differenzierbar ist. $\quad\square$

Im weiteren geben wir einige Sätze an, die sich auf die *Vertauschbarkeit von Grenzprozessen bei gleichmäßiger Konvergenz* beziehen:

1) Sei $\langle f_n \rangle$ eine Folge *stetiger Funktionen* und $f_n \underset{\text{glm.}}{\longrightarrow} f$. Wir wissen, daß dann auch f stetig ist.

Damit gilt:
$$\lim_{x \to x_0} \lim_{n \to \infty} f_n(x) = \lim_{x \to x_0} f(x) = f(x_0) = \lim_{n \to \infty} f_n(x_0)$$
$$= \lim_{n \to \infty} \lim_{x \to x_0} f_n(x) .$$

2) *Integration:* Hier gilt der folgende

Satz. Sei $[a,b] \subseteq \mathbb{R}$, $f_m : [a,b] \to \mathbb{R}$ Riemann-integrierbar auf $[a,b]$ und $\langle f_m \rangle$ konvergiere auf $[a,b]$ gleichmäßig gegen $f : [a,b] \to \mathbb{R}$. Dann ist auch f auf $[a,b]$ Riemann-integrierbar und es gilt
$$\int\limits_a^b f(x)\,dx = \int\limits_a^b \lim_{m \to \infty} f_m(x)\,dx = \lim_{m \to \infty} \int\limits_a^b f_m(x)\,dx .$$

(Integration und Grenzübergang sind vertauschbar.) $\quad\square$

Beweis. Wir haben für jede Riemannsche Zwischensumme
$$|R(f, T_n, Z_n) - R(f_m, T_n, Z_n)| = \left| \sum_{i=1}^{n} (f(\xi_i) - f_m(\xi_i)) \Delta x_i \right|$$
$$\leq \sum_{i=1}^{n} |f(\xi_i) - f_m(\xi_i)| \Delta x_i \leq \|f - f_m\|_\infty \cdot \sum_{i=1}^{n} \Delta x_i = \|f - f_m\|_\infty \cdot (b - a) .$$

Sei nun $\varepsilon > 0$ vorgegeben. Dann existiert wegen $\lim\limits_{m \to \infty} \|f - f_m\|_\infty = 0$ ein $N = N(\varepsilon)$, so daß für alle $m > N(\varepsilon)$ gilt:

(*) $|R(f, T_n, Z_n) - R(f_m, T_n, Z_n)| < \varepsilon/3$ für alle n .

Weiter gilt

$$|R(f, T_n, Z_n) - R(f, T_r, Z_r)| \le |R(f, T_n, Z_n) - R(f_m, T_n, Z_n)|$$

$$+ |R(f_m, T_n, Z_n) - R(f_m, T_r, Z_r)| + |R(f_m, T_r, Z_r) - R(f, T_r, Z_r)|$$

$$\le \varepsilon/3 + |R(f_m, T_n, Z_n) - R(f_m, T_r, Z_r)| + \varepsilon/3 .$$

Sei nun eine ausgezeichnete Zerlegungsfolge vorgegeben. Da f_m Riemann-integrierbar ist, konvergieren die zugehörigen Zwischensummen gegen $\int\limits_a^b f_m(x)\,dx$. Sie bilden insbesondere auch eine Cauchyfolge. Damit ist aber für genügend große n und r

$$|R(f_m, T_n, Z_n) - R(f_m, T_r, Z_r)| < \varepsilon/3 ,$$

d.h. für genügend große n und r

$$|R(f, T_n, Z_n) - R(f, T_r, Z_r)| < \varepsilon .$$

Die Zwischensummen zu f bilden daher auch eine Cauchyfolge, und es existiert $I(f, T, Z) = \lim\limits_{n \to \infty} R(f, T_n, Z_n)$. Gehen wir in (*) mit $n \to \infty$, so ergibt sich: Für alle $m > N(\varepsilon)$ gilt

$$\left| I(f, T, Z) - \int\limits_a^b f_m(x)\,dx \right| \le \varepsilon/3 ,$$

d.h. $$\lim\limits_{m \to \infty} \int\limits_a^b f_m(x)\,dx = I(f, T, Z) = \lim\limits_{n \to \infty} R(f, T_n, Z_n)$$

für alle ausgezeichneten Zerlegungsfolgen $\langle T_n \rangle$ und Zwischenwerte $\langle Z_n \rangle$. Daher ist f auf $[a, b]$ integrierbar und

$$\int\limits_a^b f(x)\,dx = \lim\limits_{m \to \infty} \int\limits_a^b f_m(x)\,dx . \quad \square$$

3) Differentiation:

Satz. Sei $[a, b] \subseteq \mathbb{R}$ und $f_n: [a, b] \to \mathbb{R}$ differenzierbar für alle $n \in \mathbb{N}$. Weiters existiere ein $x_0 \in [a, b]$, so daß $\langle f_n(x_0) \rangle$ konvergiert, und außerdem konvergiere $\langle f_n' \rangle$ gleichmäßig auf $[a, b]$. Dann gilt
   i) $\langle f_n \rangle$ konvergiert gleichmäßig auf $[a, b]$ und
   ii) $f = \lim f_n$ ist differenzierbar auf $[a, b]$, und es gilt

$$f' = \lim f_n' .$$

(Ohne Beweis.) $\square$

12.2 Potenzreihen

Definition. Eine Funktionenreihe $\mathscr{P}(z; z_0) = \sum\limits_{n=0}^{\infty} f_n(z) = \sum\limits_{n=0}^{\infty} a_n(z - z_0)^n$ mit festen $a_n, z_0 \in \mathbb{C}$ und variablem $z \in \mathbb{C}$ heißt *Potenzreihe* mit der Anschlußstelle $z_0 \in \mathbb{C}$. Die $a_n (n \geq 0)$ heißen die Koeffizienten der Potenzreihe.

Beispiel. $\mathscr{P}(z; 0) = \sum\limits_{n=0}^{\infty} \frac{1}{n+1} \cdot z^n$ ist eine Potenzreihe mit Anschlußstelle $z_0 = 0$.

Sei $|z| < 1$. Dann ist $\sqrt[n]{\left| \frac{1}{n+1} z^n \right|} = |z| \frac{1}{\sqrt[n]{n+1}} < |z| < 1$ und $\sum\limits_{n=0}^{\infty} \frac{1}{n+1} z^n$

nach dem Wurzelkriterium absolut konvergent. Weiters ist $\sum\limits_{n=0}^{\infty} \frac{1}{n+1} z^n$ für $|z| > 1$ divergent.

Für $|z| = 1$ ist das Konvergenzverhalten nicht einheitlich:

Für $z = 1$ ist $\sum\limits_{n=0}^{\infty} \frac{1}{n+1}$ divergent (harmonische Reihe),

für $z = -1$ ist $\sum\limits_{n=0}^{\infty} \frac{(-1)^n}{n+1}$ konvergent nach dem Kriterium von Leibniz. $\quad\square$

Allgemein gilt:

Satz. Sei $\mathscr{P}(z; z_0)$ eine Potenzreihe $\sum\limits_{n=0}^{\infty} a_n(z - z_0)^n$. Dann existiert ein R mit $0 \leq R \leq +\infty$ mit folgenden Eigenschaften:
1) $\mathscr{P}$ konvergiert punktweise absolut auf

$$K(z_0; R) = \{z \in \mathbb{C} \mid |z - z_0| < R\}.$$

2) $\mathscr{P}$ konvergiert gleichmäßig absolut auf jeder abgeschlossenen Kreisscheibe

$$\bar{K}(z_0; r) = \{z \in \mathbb{C} \mid |z - z_0| \leq r\} \quad \text{mit} \quad r < R.$$

3) $\mathscr{P}$ divergiert in jedem z mit $|z - z_0| > R$.

R heißt der *Konvergenzradius* von $\mathscr{P}(z; z_0)$, symb. $R = R(\mathscr{P})$, und es gilt:

$$R = \frac{1}{\limsup \sqrt[n]{|a_n|}}$$

(Formel von CAUCHY-HADAMARD [1])).

Bemerkung. Ist $\limsup \sqrt[n]{|a_n|} = 0$, so ist $R = \infty$ zu setzen, ist $\limsup \sqrt[n]{|a_n|} = +\infty$, so ist $R = 0$.

Beweis des Satzes. Sei $R = \dfrac{1}{\limsup \sqrt[n]{|a_n|}}$.

---

[1]) Jacques HADAMARD, 8. Dezember 1866 – 17. Oktober 1963.

1) Sei $|z - z_0| < R$.

Dann ist $\limsup \sqrt[n]{|a_n(z - z_0)^n|} = |z - z_0| \cdot \limsup \sqrt[n]{|a_n|} < 1$, und $\mathscr{P}(z; z_0)$ ist nach dem Wurzelkriterium in Limesform absolut konvergent.

2) Sei $|z - z_0| \leq r < R$.

Dann ist $|a_n(z - z_0)^n| \leq |a_n| r^n$ und nach 1) ist die Zahlenreihe $\sum\limits_{n=0}^{\infty} |a_n| r^n$ konvergent. Nach dem Kriterium von Weierstraß ist dann $\mathscr{P}(z; z_0)$ gleichmäßig absolut konvergent auf $\{z \in \mathbb{C} \mid |z - z_0| \leq r\}$.

3) Sei $|z - z_0| > R$.

Dann ist $\limsup \sqrt[n]{|a_n(z - z_0)^n|} = |z - z_0| \limsup \sqrt[n]{|a_n|} > 1$, und $\mathscr{P}(z; z_0)$ ist nach dem Wurzelkriterium in Limesform divergent. $\quad\square$

Bemerkung. 1) Für $|z - z_0| = R$ kann über das Konvergenzverhalten von $\mathscr{P}(z; z_0)$ keine allgemeine Aussage gemacht werden.

Wir haben oben mit $\sum\limits_{n=0}^{\infty} \dfrac{1}{n+1} z^n$ ein Beispiel einer Potenzreihe $\mathscr{P}(z; 0)$ kennengelernt mit $R = 1$, die in $z = 1$ divergent und in $z = -1$ konvergent ist. Sei nun

$$\mathscr{P}(z; 0) = \sum\limits_{n=0}^{\infty} \frac{1}{(n+1)^2} z^n .$$

Dann ist

$$\limsup \sqrt[n]{|a_n|} = \lim \frac{1}{\sqrt[n]{(n+1)^2}} = 1 , \quad \text{also} \quad R = 1 .$$

$\mathscr{P}(z; 0)$ ist dann aber auch für alle Punkte z mit $|z| = 1$ konvergent, da für $|z| = 1$

$$\sum\limits_{n=0}^{\infty} \left| \frac{1}{(n+1)^2} z^n \right| = \sum\limits_{n=0}^{\infty} \frac{1}{(n+1)^2}$$

konvergent ist.

Sei schließlich $\mathscr{P}(z; 0) = \sum\limits_{n=0}^{\infty} z^n$. Dann ist wieder $R = 1$. Diesmal ist aber $\mathscr{P}(z; 0)$ für alle z mit $|z| = 1$ divergent, da $\langle z^n \rangle$ für $|z| = 1$ keine Nullfolge bildet $(|z^n| = |z|^n = 1$ für alle $n \in \mathbb{N}!)$.

2) Beschränkt man sich auf Potenzreihen $\mathscr{P}(x; x_0) = \sum a_n(x - x_0)^n$ mit $a_n, x_0 \in \mathbb{R}$ und Argument x aus $\mathbb{R}$, so konvergiert nach dem obigen Satz $\mathscr{P}(x; x_0)$ für $x \in]x_0 - R, x_0 + R[$ absolut, während $\mathscr{P}(x; x_0)$ für $x \notin [x_0 - R, x_0 + R]$ divergent ist. Der Konvergenzbereich ist also in diesem Fall ein Intervall $\subseteq \mathbb{R}$. $\quad\square$

Wir wollen uns nun mit einigen *algebraischen Operationen für Potenzreihen* beschäftigen:

1) *Addition:*

Seien $\mathscr{P}_1(z; z_0) = \sum\limits_{n=0}^{\infty} a_n(z - z_0)^n$ sowie $\mathscr{P}_2(z; z_0) = \sum\limits_{n=0}^{\infty} b_n(z - z_0)^n$ zwei Potenzreihen. Dann ist die Summe definiert durch

$$\mathscr{P}_1(z; z_0) + \mathscr{P}_2(z; z_0) = \sum\limits_{n=0}^{\infty} (a_n + b_n)(z - z_0)^n .$$

Diese Definition ist verträglich mit den Rechenregeln für Grenzwerte: Hat nämlich $\mathscr{P}_1$ den Konvergenzradius R_1, $\mathscr{P}_2$ den Konvergenzradius R_2, dann stellt die oben definierte Potenzreihe für $|z-z_0| < \min(R_1, R_2)$ die Summe der Funktionen $f_1(z) = \mathscr{P}_1(z; z_0)$ und $f_2(z) = \mathscr{P}_2(z; z_0)$ dar.

Wegen

$$R(\mathscr{P}_1 + \mathscr{P}_2) = \frac{1}{\limsup \sqrt[n]{|a_n + b_n|}} \geq \min(R_1, R_2)$$

ist nämlich $\mathscr{P}_1 + \mathscr{P}_2$ konvergent, und nach den Rechenregeln für den Grenzwert unendlicher Reihen ist

$$\sum_{n=0}^{\infty} a_n(z-z_0)^n + \sum_{n=0}^{\infty} b_n(z-z_0)^n = \sum_{n=0}^{\infty} (a_n + b_n)(z-z_0)^n .$$

Man beachte, daß $R(\mathscr{P}_1 + \mathscr{P}_2) > \min(R_1, R_2)$ sein kann:

Beispiel. $\mathscr{P}_1(z; 0) = \sum_{n=0}^{\infty} z^n$, $\mathscr{P}_2(z; 0) = \sum_{n=0}^{\infty} (-1) \cdot z^n$.

Dann ist $\mathscr{P}_1 + \mathscr{P}_2 = \sum_{n=0}^{\infty} 0 \cdot z^n$ mit $R(\mathscr{P}_1 + \mathscr{P}_2) = \infty$, während $R_1 = R_2 = 1$. $\square$

Für die oben definierte Summe von Potenzreihen gelten Abgeschlossenheit und Assoziativ-Gesetz. Weiters ist $\sum_{n=0}^{\infty} 0 \cdot (z-z_0)^n$ ein Einheitselement und $\sum_{n=0}^{\infty} (-a_n)(z-z_0)^n$ invers zu $\sum_{n=0}^{\infty} a_n(z-z_0)^n$. Schließlich ist die Addition für $a_n \in \mathbb{R}$ bzw. $\mathbb{C}$ auch kommutativ.

Wir haben also eine *abelsche Gruppe* vorliegen.

2) *Multiplikation mit einem Skalar:* Sei

$$\mathscr{P}(z; z_0) = \sum_{n=0}^{\infty} a_n(z-z_0)^n , \quad \lambda \in \mathbb{C} .$$

Dann ist

$$\lambda \cdot \mathscr{P}(z; z_0) = \sum_{n=0}^{\infty} (\lambda a_n)(z-z_0)^n .$$

Wie man sofort sieht, ist

$$R(\lambda \cdot \mathscr{P}) = \begin{cases} R(\mathscr{P}) & \text{für} \quad \lambda \neq 0 \\ \infty & \text{für} \quad \lambda = 0 . \end{cases}$$

Die Definition ist wieder mit der entsprechenden Eigenschaft des Grenzwerts unendlicher Reihen verträglich: Für $|z-z_0| < R(\mathscr{P})$ gilt

$$\sum_{n=0}^{\infty} (\lambda a_n)(z-z_0)^n = \lambda \cdot \sum_{n=0}^{\infty} a_n(z-z_0)^n$$

für die Grenzwerte der Funktionenreihen. Mit der in 1) eingeführten Addition und der obigen skalaren Multiplikation bilden die Potenzreihen $\mathscr{P}(z; z_0)$ mit Koeffizienten aus $\mathbb{C}$ (bzw. $\mathbb{R}$) einen *Vektorraum* über $\mathbb{C}$ (bzw. $\mathbb{R}$).

Insbesondere bilden die Potenzreihen $\mathscr{P}(z; z_0)$ mit Konvergenzradius $R(\mathscr{P}) \geq \varrho (> 0)$, ϱ fest, ebenfalls einen Vektorraum.

Ordnet man jeder derartigen Potenzreihe die durch $\mathscr{P}(z; z_0)$ für $|z| < \varrho$ definierte Funktion $f(z)$ zu, so ist nach den bisherigen Überlegungen diese Abbildung linear.

3) *Multiplikation von Potenzreihen:* Seien

$$\mathscr{P}_1(z; z_0) = \sum_{n=0}^{\infty} a_n (z - z_0)^n \quad \text{bzw.} \quad \mathscr{P}_2(z; z_0) = \sum_{n=0}^{\infty} b_n (z - z_0)^n$$

mit dem Konvergenzradius R_1 bzw. R_2. Dann ist das (Cauchy-)Produkt definiert durch

$$\mathscr{P}_1(z; z_0) \cdot \mathscr{P}_2(z; z_0) = \sum_{n=0}^{\infty} \left(\sum_{k=0}^{n} a_k b_{n-k} \right) (z - z_0)^n$$

$$= \sum_{n=0}^{\infty} \left(\sum_{k+l=n} a_k b_l \right) (z - z_0)^n \ .$$

Es gilt $R(\mathscr{P}_1 \cdot \mathscr{P}_2) \geq \min (R_1, R_2)$, und für $|z - z_0| < \min (R_1, R_2)$ ist die Definition verträglich mit der entsprechenden Regel für den Grenzwert absolut konvergenter Reihen:

$$\left(\sum_{n=0}^{\infty} a_n (z - z_0)^n \right) \cdot \left(\sum_{n=0}^{\infty} b_n (z - z_0)^n \right) = \sum_{n=0}^{\infty} \left(\sum_{k=0}^{n} a_k b_{n-k} \right) (z - z_0)^n \ .$$

Die Potenzreihen $\mathscr{P}(z; z_0)$ bilden mit Addition und Multiplikation einen *kommutativen Ring, mit Einselement* $\sum_{n=0}^{\infty} \delta_{n,0} (z - z_0)^n$.

Beschränkt man sich auf $\mathscr{P}(z; z_0)$ mit $R(\mathscr{P}) \geq \varrho (> 0)$, ϱ fest, so erhält man ebenfalls einen Ring und die Zuordnung der durch den Grenzwert von $\mathscr{P}(z; z_0)$ definierten Funktion ist ein Ringhomomorphismus.

Wir wollen nun untersuchen, zu welchen Potenzreihen

$$\mathscr{P}(z; z_0) = \sum_{n=0}^{\infty} a_n (z - z_0)^n$$

es ein *multiplikatives Inverses* gibt:

Sei $\tilde{\mathscr{P}}(z; z_0) = \sum_{n=0}^{\infty} b_n (z - z_0)^n$ eine Potenzreihe, so daß

$$\mathscr{P}(z; z_0) \cdot \tilde{\mathscr{P}}(z; z_0) = \sum_{n=0}^{\infty} \delta_{n,0} (z - z_0)^n \quad \text{gilt.}$$

Wegen

$$\mathscr{P}(z; z_0) \cdot \tilde{\mathscr{P}}(z; z_0) = \sum_{n=0}^{\infty} \left(\sum_{k=0}^{n} a_k b_{n-k} \right) (z - z_0)^n$$

ist die Beziehung erfüllt, wenn

$$a_0 b_0 = 1$$

$$a_0 b_1 + a_1 b_0 = 0$$

$$a_0 b_2 + a_1 b_1 + a_2 b_0 = 0 \quad \text{usw.}$$

Damit $a_0 b_0 = 1$ gelten kann, muß aber $a_0 \neq 0$ sein. Dann haben wir

$$b_0 = \frac{1}{a_0}$$

(*) $$b_1 = -\frac{1}{a_0} \cdot a_1 b_0$$

$$b_2 = -\frac{1}{a_0} (a_1 b_1 + a_2 b_0) \quad \text{usw.}$$

Ist also $a_0 \neq 0$, so läßt sich aus (*) eine Potenzreihe ermitteln, die zu $\mathscr{P}(z; z_0)$ multiplikativ invers ist.

Für $a_0 = 0$ kann es kein multiplikativ Inverses $\tilde{\mathscr{P}}$ geben, da

$$\mathscr{P}(z_0; z_0) = \sum_{n=0}^{\infty} a_n (z_0 - z_0)^n = a_0 = 0 \; ,$$

und

$$b_0 = \tilde{\mathscr{P}}(z_0; z_0) = \frac{1}{\mathscr{P}(z_0; z_0)}$$

gelten müßte.

Man kann zeigen, daß für $a_0 \neq 0$ und $R(\mathscr{P}) > 0$ die nach (*) berechnete Potenzreihe $\tilde{\mathscr{P}} = \dfrac{1}{\mathscr{P}}$ Konvergenzradius $R\left(\dfrac{1}{\mathscr{P}}\right) > 0$ hat. Dieser kann aber durchaus von $R(\mathscr{P})$ verschieden sein:

Beispiel. $\mathscr{P}(z; 0) = \displaystyle\sum_{n=0}^{\infty} z^n$ hat $R(\mathscr{P}) = 1$.

Für $\dfrac{1}{\mathscr{P}}(z; 0) = \displaystyle\sum_{n=0}^{\infty} b_n z^n$ ergibt sich nach (*)

$$b_0 = \frac{1}{a_0} = 1$$

$$b_1 = -1 \cdot 1 \cdot 1 = -1$$

$$b_2 = -1(-1 + 1) = 0$$

$$b_3 = -1(-1 + 1 + 0) = 0 \quad \text{usw.,}$$

also

$$\frac{1}{\mathscr{P}}(z; 0) = 1 - z \quad \text{mit} \quad R\left(\frac{1}{\mathscr{P}}\right) = \infty \; .$$

Da für $|z| < 1$ der Grenzwert von $\mathscr{P}(z; 0)$ durch

$$\sum_{n=0}^{\infty} z^n = \frac{1}{1-z} \quad \text{(geometrische Reihe)}$$

gegeben ist, wird man für die nach (*) berechnete Reihe $\dfrac{1}{\mathscr{P}}$ von vornherein das

Ergebnis $1 - z$ erwarten. Man beachte allerdings, daß wir noch nicht wissen, ob bei Darstellung einer konkreten Funktion als Grenzwert einer Potenzreihe $\tilde{\mathscr{P}}(z; z_0)$ die Koeffizienten eindeutig bestimmt sind! $\square$

Im folgenden beschränken wir uns auf *Potenzreihen* $\mathscr{P}(x; x_0)$ *über* $\mathbb{R}$ und untersuchen mit Hilfe der in 12.1 für Funktionenfolgen, und damit auch Funktionenreihen, gewonnenen Erkenntnisse die als Grenzwert von Potenzreihen definierten Funktionen auf *Stetigkeit*, *Differenzierbarkeit* und *Integrierbarkeit*:

1) *Stetigkeit:* $\mathscr{P}(x; x_0) = \displaystyle\sum_{n=0}^{\infty} a_n(x - x_0)^n$ habe $R(\mathscr{P}) > 0$.

$a_n(x - x_0)^n$ ist stetig für alle $n \in \mathbb{N}$. Da $\displaystyle\sum_{n=0}^{\infty} a_n(x - x_0)^n$ auf jedem abgeschlossenen Teilintervall von $]x_0 - R, x_0 + R[$ gleichmäßig konvergiert, ist auch die Grenzfunktion

$$f(x) = \sum_{n=0}^{\infty} a_n(x - x_0)^n$$

stetig in jedem $x \in]x_0 - R, x_0 + R[$ (da jedes solche x in einem abgeschlossenen Teilintervall dieses Intervalls liegt).

2) *Differenzierbarkeit:* $\mathscr{P}(x; x_0) = \displaystyle\sum_{n=0}^{\infty} a_n(x - x_0)^n$ habe wieder Konvergenzradius $R > 0$.

Es ist $(a_n(x - x_0)^n)' = n \cdot a_n(x - x_0)^{n-1}$, und die Potenzreihe der Ableitungen

$$\sum_{n=1}^{\infty} n a_n(x - x_0)^{n-1} = \sum_{n=0}^{\infty} (n+1) a_{n+1}(x - x_0)^n$$

hat Konvergenzradius R: Multiplizieren wir nämlich die Reihe mit $x - x_0$, so bleibt für $x \neq x_0$ das Konvergenzverhalten unverändert; also ist der Konvergenzradius von $\displaystyle\sum_{n=0}^{\infty} (n+1) a_{n+1}(x - x_0)^n$ gleich demjenigen von

$$\sum_{n=0}^{\infty} (n+1) a_{n+1}(x - x_0)^{n+1} = \sum_{n=1}^{\infty} n a_n(x - x_0)^n \ ,$$

und dieser ist

$$\frac{1}{\limsup \sqrt[n]{|n a_n|}} = \frac{1}{\limsup \sqrt[n]{n} \sqrt[n]{|a_n|}} = \frac{1}{\limsup \sqrt[n]{|a_n|}} = R \ .$$

Die Potenzreihe der Ableitungen

$$\sum_{n=1}^{\infty} n a_n(x - x_0)^{n-1}$$

ist also auf jedem abgeschlossenen Teilintervall von $]x_0 - R, x_0 + R[$ gleichmäßig konvergent. Weiters ist für $x = x_0$ die ursprüngliche Reihe konvergent. Nach einem Satz aus 12.1 (S. 170) ist dann die durch

$$f(x) = \sum_{n=0}^{\infty} a_n (x - x_0)^n$$

gegebene Funktion differenzierbar, und es gilt:

$$f'(x) = \sum_{n=1}^{\infty} n a_n (x - x_0)^{n-1} \quad \text{für} \quad |x - x_0| < R .$$

Die Ableitung kann also durch gliedweises Differenzieren gewonnen werden.

Da der Konvergenzradius unverändert bleibt, kann das obige Argument auch auf $f'(x)$ angewendet werden, und man erhält

$$f''(x) = \sum_{n=2}^{\infty} n(n-1) a_n (x - x_0)^{n-2} , \ldots,$$

allgemein

$$f^{(k)}(x) = \sum_{n=k}^{\infty} n(n-1) \ldots (n-k+1)(x - x_0)^{n-k} \quad \text{für} \quad |x - x_0| < R .$$

Setzt man in der letzten Gleichung $x = x_0$, so ergibt sich

$$f^{(k)}(x_0) = k \cdot (k-1) \ldots (k-k+1) a_k = k! \, a_k , \quad \text{bzw.} \quad a_k = \frac{f^{(k)}(x_0)}{k!} .$$

Damit haben wir gezeigt:

Satz. Ist $f(x) = \sum_{n=0}^{\infty} a_n (x - x_0)^n$ als Grenzwert einer Potenzreihe mit Konvergenzradius $R > 0$ gegeben (d. h. durch diese Potenzreihe dargestellt), so ist f auf $]x_0 - R, x_0 + R[$ beliebig oft differenzierbar, und es gilt

$$f^{(k)}(x) = \sum_{n=k}^{\infty} n(n-1) \ldots (n-k+1) a_n (x - x_0)^{n-k} .$$

Weiters sind die Koeffizienten a_n durch f eindeutig bestimmt, und es gilt

$$a_n = \frac{f^{(n)}(x_0)}{n!} . \quad \Box$$

Wenn sich also eine Funktion $f(x)$ durch eine Potenzreihe $\mathscr{P}(x; x_0)$ mit $R(\mathscr{P}) > 0$ darstellen läßt, man sagt auch: um x_0 in eine Potenzreihe entwickeln läßt, so sind die Koeffizienten dieser Entwicklung eindeutig bestimmt („*Identitätssatz*" für die Potenzreihenentwicklung).

3) *Integration:* Ist $f(x) = \sum_{n=0}^{\infty} a_n (x - x_0)^n$ mit $R > 0$, so ist wegen der gleichmäßigen Konvergenz auf jedem abgeschlossenen Teilintervall von $]x_0 - R, x_0 + R[$ die Potenzreihe gliedweise integrierbar:

$$\int f(x)\,dx = \sum_{n=0}^{\infty} a_n \frac{(x-x_0)^{n+1}}{n+1} + C \ .$$

12.3 Die Taylorentwicklung

Läßt sich eine Funktion $f(x)$ in $]x_0 - R, x_0 + R[$ als Grenzwert einer Potenzreihe darstellen

$$f(x) = \sum_{k=0}^{\infty} a_k (x-x_0)^k \ ,$$

so gilt nach 12.2:

$$a_k = \frac{f^{(k)}(x_0)}{k!}.$$

Wir nennen nun allgemein für eine n-mal differenzierbare Funktion f die Partialsumme

$$\sum_{k=0}^{n} \frac{f^{(k)}(x_0)}{k!} (x-x_0)^k$$

das *Taylorsche Näherungspolynom n-ter Ordnung* für $f(x)$ mit der Anschlußstelle x_0. Ist $f(x)$ beliebig oft differenzierbar, so nennen wir die Funktionenreihe

$$\sum_{k=0}^{\infty} \frac{f^{(x)}(x_0)}{k!} (x-x_0)^k$$

die *Taylorreihe* von $f(x)$ mit der Anschlußstelle x_0. Für den Spezialfall $x_0 = 0$ heißt

$$\sum_{k=0}^{\infty} \frac{f^{(k)}(0)}{k!} x^k$$

die MACLAURIN[1])-*Reihe* der Funktion $f(x)$.

Beispiele. 1) Sei $f(x) = \dfrac{1}{1-x}, \ x\in]-1,1[$.

Dann ist

$$f'(x) = ((1-x)^{-1})' = 1\cdot (1-x)^{-2}$$
$$f''(x) = 1\cdot 2\cdot (1-x)^{-3}$$
$$\cdots$$
$$f^{(k)}(x) = 1\cdot 2 \ldots k(1-x)^{-(k+1)} = k!\,(1-x)^{-(k+1)}$$

und damit

$$\frac{f^{(k)}(0)}{k!} = 1 \quad \text{für alle} \quad k\in \mathbb{N} \ .$$

Die MacLaurin-Reihe von $\dfrac{1}{1-x}$ ist daher $\sum\limits_{k=0}^{\infty} x^k$. Wir wissen bereits, daß die geometrische Reihe $\sum\limits_{k=0}^{\infty} x^k$ gegen $\dfrac{1}{1-x}$ konvergiert.

In diesem Fall ist also $f(x) = \sum\limits_{k=0}^{\infty} \dfrac{f^{(k)}(0)}{k!} x^k$.

---

[1]) Colin MACLAURIN, 1698–1746.

Die Taylorreihe einer Funktion braucht jedoch keineswegs immer gegen die Funktion zu konvergieren:

2) Sei $f(x) = \begin{cases} e^{-1/x^2} & \text{für } x \in \mathbb{R} - \{0\} \\ 0 & \text{für } x = 0 \end{cases}$.

Dann ist $f(0) = 0$,

$$f'(0) = \lim_{x \to 0} \frac{f(x) - f(0)}{x - 0} = \lim_{x \to 0} \frac{e^{-1/x^2}}{x} = 0$$

$$\left(\lim_{x \to 0} \frac{x}{e^{-1/x^2}} = \lim_{x \to +\infty} \frac{1}{x} \cdot e^{x^2} = \lim_{x \to +\infty} e^{(-\ln x + x^2)} = +\infty \right. ,$$

$$\text{da} \;\; -\ln x + x^2 = -\int_1^x \frac{dt}{t} + \int_0^x 2t \, dt + 1 > \int_1^x \frac{2t^2 - 1}{t} \, dt$$

$$\left. > \int_1^x \frac{t^2}{t} \, dt = \frac{x^2}{2} - \frac{1}{2} \;\; \text{für} \;\; x > 1 \;. \right)$$

Allgemein ist

$$f^{(k+1)}(0) = \lim_{x \to 0} \frac{f^{(k)}(x) - f^{(k)}(0)}{x - 0} \;.$$

Dabei ist

$$f^{(k)}(x) = P\left(\frac{1}{x}\right) \cdot e^{-1/x^2} \;, \quad P \in \mathbb{R}[x] \;, \quad \text{für} \;\; x \neq 0 \;,$$

also

$$f^{(k+1)}(0) = \lim_{x \to 0} \frac{1}{x} \cdot P\left(\frac{1}{x}\right) \cdot e^{-1/x^2} = 0 \quad \text{(Beweis wie oben)} \;,$$

falls $f^{(k)}(0) = 0$.

Durch vollständige Induktion ergibt sich also

$$f^{(k)}(0) = 0 \quad \text{für alle} \;\; k \in \mathbb{N} \;.$$

Daher ist die MacLaurin-Reihe von f

$$\sum_{k \geq 0} 0 \cdot x^k \equiv 0 \;.$$

Diese Reihe hat Konvergenzradius $R = \infty$, ihr Grenzwert stimmt aber nur in $x_0 = 0$ mit $f(x)$ überein. $\square$

Wir wollen nun die Fragestellung diskutieren, wie die Differenz zwischen dem n-ten Taylorschen Näherungspolynom und der Funktion $f(x)$ unter geeigneten Voraussetzungen mit Hilfe der Ableitungen von f beschrieben werden kann.

Sei zunächst $n = 0$.

Das Taylorpolynom 0-ter Ordnung mit Anschlußstelle x_0 ist $f(x_0)$. Sei nun f differenzierbar in $K(x_0; r)$. Dann gilt nach dem 1. Mittelwertsatz der Differentialrechnung für $x \in K(x_0; r)$:

$$R_1 = f(x) - f(x_0) = (x - x_0) \cdot f'(x_0 + \vartheta(x - x_0)) \quad \text{mit} \;\; 0 < \vartheta < 1 \;.$$

Setzen wir $h = x - x_0$, so ist also

$$f(x_0 + h) = f(x_0) + h \cdot f'(x_0 + \vartheta h) \ , \quad 0 < \vartheta < 1 \ .$$

Ist f stetig differenzierbar, d. h. f' stetig, so kann die Differenz $f(x_0 + h) - f(x_0)$ auch als Integral ausgedrückt werden:

$$f(x_0 + h) - f(x_0) = \int\limits_{x_0}^{x_0 + h} f'(t) \, dt \ .$$

Mit der Substitution $t = x_0 + h - w$ ergibt sich

$$(*) \qquad\qquad f(x_0 + h) - f(x_0) = \int\limits_0^h f'(x_0 + h - w) \, dw \ .$$

Wir wollen nun diese Darstellung der Differenz verallgemeinern. Sei zunächst f zweimal stetig differenzierbar. Dann ergibt sich aus $(*)$

$$\int\limits_0^h 1 \cdot f'(x_0 + h - w) \, dw = w \cdot f'(x_0 + h - w) \Big|_0^h + \int\limits_0^h w f''(x_0 + h - w) \, dw$$

$$= h \cdot f'(x_0) + \int\limits_0^h w \cdot f''(x_0 + h - w) \, dw \ .$$

Es ist dann also

$$f(x_0 + h) = f(x_0) + h \cdot f'(x_0) + R_2$$

mit

$$(**) \qquad\qquad R_2 = \int\limits_0^h w \cdot f''(x_0 + h - w) \, dw \ .$$

Mit dem 2. Mittelwertsatz der Integralrechnung ergibt sich (zunächst für $h > 0$; $h < 0$ läßt sich jedoch leicht auf diesen Fall zurückführen):

$$R_2 = f''(x_0 + \vartheta h) \cdot \int\limits_0^h w \, dw = \frac{h^2}{2} \cdot f''(x_0 + \vartheta h) \ , \quad 0 < \vartheta < 1 \ .$$

Setzt man die partielle Integration mit $(**)$ fort, so erhält man eine Darstellung für

$$R_3 = f(x_0 + h) - f(x_0) - h f'(x_0) - \frac{h^2}{2} f''(x_0) \ , \quad \text{usw.}$$

Mit vollständiger Induktion ergibt sich:

Satz (Taylorscher Lehrsatz). Die Funktion $f(x)$ sei in $K(x_0; r)$ $n + 1$-mal stetig differenzierbar. Dann gilt für $|h| < r$:

$$f(x_0 + h) = \sum_{k=0}^{n} \frac{f^{(k)}(x_0)}{k!} \cdot h^k + R_{n+1}$$

mit

$$R_{n+1} = \int\limits_0^h \frac{w^n}{n!} f^{(n+1)}(x_0 + h - w) \, dw$$

$$= \frac{h^{n+1}}{(n+1)!} f^{(n+1)}(x_0 + \vartheta h) \quad \text{mit} \quad 0 < \vartheta < 1 \ .$$

Ist f beliebig oft differenzierbar und $\lim\limits_{n\to\infty} R_{n+1} = 0$, so gilt

$$f(x_0+h) = \sum_{k=0}^{\infty} \frac{f^{(k)}(x_0)}{k!} \cdot h^k \ .$$

Beispiel. $f(x) = e^x$.

f ist beliebig oft differenzierbar mit $f^{(k)}(x) = e^x$, $k \in \mathbb{N}$. Es ist

$$R_{n+1} = \frac{h^{n+1}}{(n+1)!} e^{x_0 + \vartheta h} \ .$$

Wir wissen bereits, daß $\sum\limits_{n=0}^{\infty} \dfrac{h^n}{n!}$ für alle $h \in \mathbb{R}$ konvergiert; daher ist $\lim\limits_{n\to\infty} \dfrac{h^n}{n!} = 0$, also auch $\lim\limits_{n\to\infty} R_{n+1} = 0$, d. h. die Taylorreihe konvergiert für alle $x \in \mathbb{R}$ gegen e^x.

Speziell erhalten wir für $x_0 = 0$:

$$e^x = \sum_{k=0}^{\infty} \frac{e^0}{k!} x^k = \sum_{k=0}^{\infty} \frac{x^k}{k!} \quad (R = \infty) \ . \quad \Box$$

Bemerkung. Die Relation $f(x_0+h) = \sum\limits_{k=0}^{\infty} \dfrac{f^{(k)}(x_0)}{k!} h^k$ kann nun *formal* auch so geschrieben werden:

$$f(x_0+h) = \sum_{k=0}^{\infty} \frac{h^k}{k!} \left(\frac{d}{dx}\right)^k f \bigg|_{x=x_0}$$

$$= (e^{h \cdot (d/dx)} * f)(x_0) = (e^{h \cdot D} * f)(x_0) \quad \text{mit} \quad D = \frac{d}{dx} \ .$$

Dabei ist D der *Ableitungsoperator* und $E = e^D$ der „ *Verschiebungs-* oder *Shift-operator"*:

$$(e^D * f)(x_0) = f(x_0+1) \ .$$

Es gilt dann für die h-malige Anwendung von e^D:

$$((e^D)^h * f)(x_0) = f(\underbrace{x_0+1+ \ldots +1}_{h\text{-mal}}) = f(x_0+h) = (e^{hD} * f)(x_0) \ ,$$

also formal

$$E^h = (e^D)^h = e^{hD} \ .$$

Diese formale Operatorschreibweise hat vor allem bei der Behandlung von Differenzen- und Differentialgleichungen große Vorzüge. Es sei aber darauf hingewiesen, daß „Rechenregeln" für das Rechnen mit Operatoren, wie etwa $(e^D)^h = e^{hD}$, nicht unmittelbar aus den entsprechenden Rechenregeln für Zahlen bzw. Funktionen übernommen werden können (z. B. $(e^a)^b = e^{ab}$), sondern derartige Analogien stets erst bewiesen werden müssen!

Beispiel. Wir hatten oben $e^x = \sum\limits_{k=0}^{\infty} \dfrac{x^k}{k!} (R = \infty)$. Wir wollen nun die MacLaurin-Reihe für den geraden bzw. ungeraden Anteil von e^x, d. h. für $\mathfrak{Cof}\, x$ bzw. $\mathfrak{Sin}\, x$ daraus gewinnen.

Sei
$$f(x) = \sum_{k=0}^{\infty} a_k x^k \quad \text{mit} \quad R > 0 \; .$$

Dann ist
$$\frac{f(x) + f(-x)}{2} = \sum_{k=0}^{\infty} a_{2k} x^{2k}$$

und
$$\frac{f(x) - f(-x)}{2} = \sum_{k=0}^{\infty} a_{2k+1} x^{2k+1} \; .$$

Nach der Formel von Cauchy-Hadamard ist dabei der Konvergenzradius jeder der beiden gewonnenen Reihen $\geq R$. Wir erhalten insbesonders

$$\mathfrak{Cof} \, x = \sum_{k=0}^{\infty} \frac{x^{2k}}{(2k)!} \; ,$$

$$\mathfrak{Sin} \, x = \sum_{k=0}^{\infty} \frac{x^{2k+1}}{(2k+1)!} \quad (R = \infty) \; .$$

Durch diese Reihenentwicklungen ($R = \infty$!) können $\mathfrak{Cof} \, z$ und $\mathfrak{Sin} \, z$ nun *für beliebiges $z \in \mathbb{C}$ definiert* werden, ebenso wie e^z durch die früher gewonnene Entwicklung $\sum_{k=0}^{\infty} \dfrac{z^k}{k!}$. $\square$

Beispiel. $f(x) = \sin x$.
   Wir haben

$$(\sin x)' \;\; = \;\;\; \cos x$$
$$(\sin x)'' \;\; = \; -\sin x$$
$$(\sin x)''' \;\; = \; -\cos x$$
$$(\sin x)^{\text{IV}} = \;\;\; \sin x \; .$$

Daher ist allgemein ($k \in \mathbb{N}$)

$$(\sin x)^{(4k)} \;\;\; = \;\;\; \sin x \; , \quad f^{(4k)}(0) \;\;\; = \;\;\; 0$$
$$(\sin x)^{(4k+1)} = \;\;\; \cos x \; , \quad f^{(4k+1)}(0) = \;\;\; 1$$
$$(\sin x)^{(4k+2)} = \; -\sin x \; , \quad f^{(4k+2)}(0) = \;\;\; 0$$
$$(\sin x)^{(4k+3)} = \; -\cos x \; , \quad f^{(4k+3)}(0) = \; -1 \; .$$

Weiters ist
$$R_{n+1} = \frac{h^{n+1}}{(n+1)!} \, g(x_0 + \vartheta h) \; ,$$

wobei g eine der Funktionen sin, cos, $-\sin$ oder $-\cos$ und daher beschränkt ist.
   Daher gilt $\lim R_{n+1} = 0$, und wir erhalten für $x_0 = 0$:

$$\sin x = \sum_{k=0}^{\infty} \frac{(-1)^k x^{2k+1}}{(2k+1)!} \; , \quad R = \infty \; .$$

Analog gewinnt man

$$\cos x = \sum_{k=0}^{\infty} \frac{(-1)^k x^{2k}}{(2k)!} \ , \quad R = \infty \ .$$

Wieder lassen sich $\sin z$ und $\cos z$ *für beliebiges* $z \in \mathbb{C}$ mit diesen Reihenentwicklungen definieren. Wir erhalten dann folgende Zusammenhänge:

Wegen $i^2 = -1$ ist $i^{2k} = (-1)^k$ $(k \in \mathbb{N})$, und daher

$$\cos x = \sum_{k=0}^{\infty} \frac{(-1)^k x^{2k}}{(2k)!} = \sum_{k=0}^{\infty} \frac{(ix)^{2k}}{(2k)!} = \mathfrak{Cof}\,(ix) \ ,$$

$$\sin x = \sum_{k=0}^{\infty} \frac{(-1)^k x^{2k+1}}{(2k+1)!} = \sum_{k=0}^{\infty} \frac{1}{i} \frac{(ix)^{2k+1}}{(2k+1)!} = \frac{1}{i}\,\mathfrak{Sin}\,(ix)$$

bzw.

$$i \sin x = \mathfrak{Sin}\,(ix) \ .$$

Nun ist $e^{ix} = \mathfrak{Cof}\,(ix) + \mathfrak{Sin}\,(ix)$, also

$$e^{ix} = \cos x + i \sin x \ , \qquad \text{die *Eulersche Relation* .}$$

Umgekehrt lassen sich aus dieser die folgenden Darstellungen von cos und sin durch die Exponentialfunktion gewinnen:

$$\cos x = \frac{e^{ix} + e^{-ix}}{2} \ , \quad \sin x = \frac{e^{ix} - e^{-ix}}{2i} \ . \quad \square$$

Für die durch $e^z = \sum\limits_{k=0}^{\infty} \dfrac{z^k}{k!}$ auf $\mathbb{C}$ definierte Exponentialfunktion verifiziert man leicht die Regel

$$e^{z_1 + z_2} = e^{z_1} \cdot e^{z_2} \ .$$

Daher ist für $z = u + iv$, $u = \operatorname{Re} z$, $v = \operatorname{Im} z$:

$$e^z = e^{u+iv} = e^u \cdot e^{iv} = e^u (\cos v + i \sin v) \quad (u, v \in \mathbb{R}) \ .$$

Dabei ist

$$|e^z| = \sqrt{e^{2u}(\cos^2 v + \sin^2 v)} = e^u$$

und daher v das Argument von e^z.

Z.B.: $z = 2k\pi i$, $k \in \mathbb{Z} \Rightarrow e^z = e^{2k\pi i} = \cos(2k\pi) + i \sin(2k\pi) = 1$.

Wir wollen nun bei vorgegebenem $z = x + iy \in \mathbb{C}$ *alle* $w = u + iv \in \mathbb{C}$ bestimmen, für die

(∗) $$e^w = z$$

gilt, d.h. alle Werte der ins Komplexe fortgesetzten Funktion $\ln x$, $x \in \mathbb{R}^+$.

Wir wissen bereits:

$$|z| = e^u > 0 \ , \quad \arg z = v + 2l\pi \ , \quad l \in \mathbb{Z}$$

(da der Winkel nur bis auf ganzzahlige Vielfache von 2π eindeutig bestimmt ist). Daher ist

$$u = \ln |z| \ , \quad v = \arg z + 2k\pi \ , \quad k \in \mathbb{Z} \ .$$

Also

$$w = \ln |z| + i (\arg z + 2k\pi) \ , \quad k \in \mathbb{Z} \ . \quad (z \neq 0) \ .$$

Die Gleichung (∗) hat also ∞ viele Lösungen, die sich alle um $2m\pi i$, $m \in \mathbb{Z}$, voneinander unterscheiden. Die Gesamtheit aller dieser „Äste" wird als $\log z$, $z \in \mathbb{C} - \{0\}$, bezeichnet. Wählt man $k = 0$ und für $\arg z$ das Intervall $0 \le \arg z < 2\pi$ (manchmal aber auch $-\pi < \arg z \le \pi$), so erhält man den „Hauptwert"

$$\mathrm{Log}\, z = \ln |z| + i \arg z \quad (z \neq 0) \; ,$$

z. B.:
$$\log i = \ln |i| + i(\arg i + 2k\pi)$$

$$= \ln 1 + i(\tfrac{\pi}{2} + 2k\pi) = \frac{4k+1}{2}\, \pi i \; , \quad k \in \mathbb{Z} \; ,$$

$$\mathrm{Log}\, i = \tfrac{\pi}{2} i \; ,$$

oder
$$\log 1 = \ln |1| + i(\arg 1 + 2k\pi) = 2k\pi i \; , \quad k \in \mathbb{Z} \; ,$$

$$\mathrm{Log}\, 1 = 0 = \ln 1 \; .$$

Mit Hilfe von $\log z$ läßt sich die *allgemeine Exponentialfunktion* a^z *für* $a \in \mathbb{C} - \{0\}$ definieren. Sie hat die *Äste*

$$a^z = e^{z \cdot \log a} = e^{z \cdot (\ln |a| + i(\arg a + 2k\pi))} \; , \quad k \in \mathbb{Z}$$

und den *Hauptwert*
$$a^z = e^{z \cdot \mathrm{Log}\, a} = e^{z(\ln |a| + i \arg a)} \; ,$$

z. B.:
$$i^i = e^{i \log i} = e^{-(4k+1)/2 \cdot \pi} \; ,$$

$$\text{Hauptwert } i^i = e^{-\pi/2}.$$

Beispiel. $f(x) = (1 + x)^{\alpha}$, $\alpha \in \mathbb{R}$.
Wir haben für $|x| < 1$

$$f^{(k)}(x) = \alpha(\alpha - 1) \ldots (\alpha - k + 1)(1 + x)^{\alpha - k} \; ,$$

d. h.
$$\frac{f^{(k)}(0)}{k!} = \binom{\alpha}{k} \; .$$

Man kann zeigen, daß auch hier $\lim\limits_{n \to \infty} R_{n+1} = 0$, d. h.

$$(1 + x)^{\alpha} = \sum_{k=0}^{\infty} \binom{\alpha}{k} x^k \; , \quad (|x| < 1) \; , \quad \text{die „binomische Reihe" } .$$

Für $\alpha \in \mathbb{N}$ ist $\binom{\alpha}{k} = 0$ für alle $k > \alpha$, die Gleichung wird also zum Binomischen Lehrsatz. In diesem Fall hat die Binomische Reihe also *Konvergenzradius* ∞, ist $\alpha \notin \mathbb{N}$, hat sie den *Konvergenzradius* 1.
Z. B.: $\alpha = -1$

$$\frac{1}{1 + x} = \sum_{k=0}^{\infty} \binom{-1}{k} x^k = \sum_{k=0}^{\infty} (-1)^k x^k \quad \text{für } |x| < 1 \; .$$

In jedem abgeschlossenen Teilintervall von $|x| < 1$ dürfen wir gliedweise integrieren und erhalten:

$$\ln(1+x) = \sum_{k=0}^{\infty} \frac{(-1)^k x^{k+1}}{k+1} + C \quad (|x| < 1) .$$

Dabei ist $C = \ln(1+0) = \ln 1 = 0$, d.h.

$$\ln(1+x) = \sum_{k=1}^{\infty} \frac{(-1)^{k-1} x^k}{k} , \quad (|x| < 1) .$$

$$\left(\text{Diese Reihenentwicklung gilt auch für } \mathrm{Log}\,(1+z): \right.$$

$$\left. \mathrm{Log}\,(1+z) = \sum_{k=1}^{\infty} \frac{(-1)^{k-1} z^k}{k} , \quad z \in \mathbb{C} , \quad |z| < 1 . \right)$$

Ersetzen wir x durch $-x$, so ergibt sich insbesondere

$$\ln \frac{1}{1-x} = -\ln(1-x) = \sum_{k=1}^{\infty} \frac{x^k}{k} , \quad (|x| < 1) .$$

Aus der Binomischen Reihe kann auch die Taylorentwicklung von Arctg x gewonnen werden: Wir haben durch Substitution von x^2 in $\dfrac{1}{1+x}$:

$$\frac{1}{1+x^2} = \sum_{k=0}^{\infty} (-1)^k (x^2)^k = \sum_{k=0}^{\infty} (-1)^k x^{2k} \quad (|x| < 1) .$$

Durch gliedweise Integration ergibt sich

$$\mathrm{Arctg}\,x = \sum_{k=0}^{\infty} (-1)^k \frac{x^{2k+1}}{2k+1} + C ,$$

wobei $C = \mathrm{Arctg}\,0 = 0$.
    Daher ist

$$\mathrm{Arctg}\,x = \sum_{k=0}^{\infty} (-1)^k \frac{x^{2k+1}}{2k+1} \quad (|x| < 1) .$$

Wir haben bisher die Gültigkeit der Reihenentwicklung von $(1+x)^\alpha$, $\ln(1+x)$, Arctg x für $|x| < 1$ angegeben. Einzelne dieser Reihen konvergieren aber auch in einem Randpunkt des Konvergenzintervalles, nämlich für $x = 1$:

z.B.: $$\sum_{k=0}^{\infty} \frac{(-1)^k}{k+1} , \quad \text{sowie} \quad \sum_{k=0}^{\infty} \frac{(-1)^k}{2k+1}$$

(nach dem Leibniz-Kriterium).
    Es erhebt sich nun die Frage, ob der Grenzwert dieser Reihen $\ln 2$ bzw. Arctg $1 = \frac{\pi}{4}$ ist. Dieses Problem klärt der

Abelsche Grenzwertsatz. Ist die Potenzreihe $\displaystyle\sum_{k=0}^{\infty} a_k (x - x_0)^k$ mit Konvergenzradius R in $x = x_0 + R$ konvergent und gilt

$$f(x) = \sum_{k=0}^{\infty} a_k(x-x_0)^k \quad \text{für} \quad x \in]x_0 - R, x_0 + R[\, ,$$

so ist

$$\sum_{k=0}^{\infty} a_k R^k = \lim_{x \to x_0 + R - 0} f(x) \, . \quad \square$$

(Ohne Beweis.)

Wir haben also tatsächlich

$$\sum_{k=0}^{\infty} \frac{(-1)^k}{k+1} = \ln 2$$

und

$$\sum_{k=0}^{\infty} \frac{(-1)^k}{2k+1} = \frac{\pi}{4} \, .$$

Es sei noch darauf hingewiesen, daß das Problem, die Taylorentwicklung einer Funktion zu bestimmen, oft durch Rückführung auf bekannte Reihenentwicklungen gelöst werden kann, vgl. $\ln(1+x)$ und $\text{Arctg}\, x$ oben.

Beispiel. Gesucht ist die Taylorentwicklung von $f(x) = (x+1) \cdot \sin x$ mit der Anschlußstelle $x_0 = \frac{\pi}{2}$, sowie deren Konvergenzradius.

Wesentlich einfacher als die direkte Berechnung von $\dfrac{f^{(k)}(\frac{\pi}{2})}{k!}$ ist die folgende Vorgangsweise:

Es ist $f(x)$ als Potenzreihe $\displaystyle\sum_{k=0}^{\infty} a_k(x-\frac{\pi}{2})^k$ darzustellen. Daher formen wir um:

$$\sin x = \cos(x - \tfrac{\pi}{2})$$

$$x = (x - \tfrac{\pi}{2}) + \tfrac{\pi}{2}$$

und verwenden die bekannte Reihenentwicklung

$$\cos x = \sum_{k=0}^{\infty} (-1)^k \frac{x^{2k}}{(2k)!} \, ,$$

in der wir wegen $R = \infty$ x durch $x - \frac{\pi}{2}$ ersetzen können:

$$\cos(x - \tfrac{\pi}{2}) = \sum_{k=0}^{\infty} (-1)^k \frac{(x-\frac{\pi}{2})^{2k}}{(2k)!} \quad \text{mit} \quad R = \infty \, .$$

Damit ist

$$f(x) = ((x - \tfrac{\pi}{2}) + \tfrac{\pi}{2} + 1) \cdot \sum_{k=0}^{\infty} (-1)^k \frac{(x-\frac{\pi}{2})^{2k}}{(2k)!}$$

$$= \sum_{k=0}^{\infty} (-1)^k \frac{(x-\frac{\pi}{2})^{2k+1}}{(2k)!} + \sum_{k=0}^{\infty} (\tfrac{\pi}{2}+1)(-1)^k \frac{(x-\frac{\pi}{2})^{2k}}{(2k)!} \, ;$$

also

$$f(x) = \sum_{n=0}^{\infty} a_n(x - \tfrac{\pi}{2})^n$$

mit

$$a_n = \begin{cases} (\frac{\pi}{2}+1)\dfrac{(-1)^k}{(2k)!} & \text{für} \quad n = 2k \text{ gerade} \\[3mm] \dfrac{(-1)^k}{(2k)!} & \text{für} \quad n = 2k+1 \text{ ungerade .} \end{cases}$$

Da das Produkt absolut konvergenter Reihen wieder absolut konvergiert, hat auch $\sum\limits_{n=0}^{\infty} a_n(x-\frac{\pi}{2})^n$ Konvergenzradius $R = \infty$. $\square$

Im folgenden wollen wir die Entwicklung in eine *Taylorreihe* auf reellwertige *Funktionen in mehreren Veränderlichen* übertragen.

Wir werden zunächst versuchen, durch formales Rechnen mit Operatoren herauszufinden, wie die Taylorentwicklung von $f(x,y)$ mit der Anschlußstelle (x_0, y_0) aussehen könnte:

Seien E_x^h bzw. E_y^k die Shiftoperatoren bezüglich x bzw. y, d.h.

$$E_x^h f(x,y) = f(x+h,y) \;, \qquad E_y^k f(x,y) = f(x,y+k) \;.$$

Dann haben wir (für geeignete Funktionen f) nach dem Taylorschen Lehrsatz in einer Veränderlichen

$$E_x^h = \sum_{j=0}^{\infty} \frac{h^j}{j!}\left(\frac{\partial}{\partial x}\right)^j = e^{hD_x}$$

$$E_y^k = \sum_{j=0}^{\infty} \frac{k^j}{j!}\left(\frac{\partial}{\partial y}\right)^j = e^{kD_y}$$

mit

$$D_x = \frac{\partial}{\partial x} \;, \quad D_y = \frac{\partial}{\partial y} \;.$$

Weiter ist

$$f(x_0+h, y_0+k) = E_x^h E_y^k f(x_0, y_0) \;.$$

Nun ist formal

$$E_x^h E_y^k = e^{hD_x}e^{kD_y} = e^{hD_x + kD_y} = e^{D(h,k)}$$

mit $D(h,k) = hD_x + kD_y$.

Rechnen wir formal weiter, so ist für $D_xD_y = D_yD_x$ (eine hinreichende Bedingung dafür wird nach dem Satz von Schwarz die Stetigkeit der gemischten partiellen Ableitungen sein):

$$e^{D(h,k)} = \sum_{j=0}^{\infty} \frac{D(h,k)^j}{j!} = \sum_{j=0}^{\infty} \frac{(hD_x + kD_y)^j}{j!} = \sum_{j=0}^{\infty} \frac{1}{j!}\sum_{l=0}^{j}\binom{j}{l}h^l k^{j-l} D_x^l D_y^{j-l} \;.$$

Demnach wäre (für geeignetes f):

(*)
$$f(x_0+h, y_0+k) = \sum_{j=0}^{\infty}\frac{1}{j!}\sum_{l=0}^{j}\binom{j}{l}h^l k^{j-l}\left(\frac{\partial}{\partial x}\right)^l\left(\frac{\partial}{\partial y}\right)^{j-l} *f(x_0, y_0)$$

$$= \sum_{j=0}^{\infty}\frac{1}{j!}\sum_{l=0}^{j}\binom{j}{l}h^l k^{j-l} f_{x^l y^{j-l}}(x_0, y_0) \;.$$

Definition. Sei $f(x,y)$ in $K((x_0,y_0);r)$ n-mal stetig differenzierbar. Dann heißt

$$\sum_{j=0}^{n} \frac{1}{j!} \sum_{l=0}^{j} \binom{j}{l} h^l k^{j-l} f_{x^l y^{j-l}}(x_0, y_0)$$

Taylorsches Näherungspolynom n-ter Ordnung zu $f(x,y)$ mit der Anschlußstelle (x_0,y_0). Die Reihe (∗) heißt *Taylorreihe* zu f mit Anschlußstelle (x_0,y_0). □

Spezialfälle:

0-*te Ordnung:* $f(x_0, y_0)$.

1-*te Ordnung:* $f(x_0, y_0) + h f_x(x_0, y_0) + k f_y(x_0, y_0)$.

2-*te Ordnung:* $f(x_0, y_0) + h f_x(x_0, y_0) + k f_y(x_0, y_0)$

$$+ \frac{1}{2!} \left(h^2 f_{xx}(x_0, y_0) + 2 h k f_{xy}(x_0, y_0) + k^2 f_{yy}(x_0, y_0) \right) \ .$$

Wir wissen bisher noch nicht, wie sich die Differenz R_{n+1} zwischen $f(x_0 + h, y_0 + k)$ und dem n-ten Näherungspolynom durch f beschreiben läßt (was notwendig ist, um für eine konkrete Funktion f die Gültigkeit von (∗) durch $\lim R_{n+1} = 0$ zu beweisen). Dieses Problem können wir aber auf den Fall einer Veränderlichen zurückführen:

Sei dazu

$$\varphi(t) = f(x_0 + ht, y_0 + kt) \ , \quad t \in [0, 1] \ ,$$

also

$$\varphi(0) = f(x_0, y_0) \ , \quad \varphi(1) = f(x_0 + h, y_0 + k) \ .$$

Sei weiters f $n+1$-mal stetig differenzierbar. Dann ist auch φ $n+1$-mal stetig differenzierbar, und es gilt:

$$\varphi(1) = \sum_{j=0}^{n} \frac{\varphi^{(j)}(0)}{j!} 1^j + R_{n+1}$$

mit

$$R_{n+1} = \varphi^{(n+1)}(\vartheta) \cdot \frac{1}{(n+1)!} \ .$$

Die Ableitungen $\varphi^{(j)}(t) = \left(\dfrac{d}{dt}\right)^{j} f(x_0 + ht, y_0 + kt)$ ergeben sich nach der Kettenregel:

Da $t \mapsto x_0 + ht$ bzw. $t \mapsto y_0 + kt$ linear sind, sind die Ableitungen der Ordnung ≥ 2 dieser inneren Funktionen 0, und wir haben:

$$\varphi^{(0)}(t) = \varphi(t) = f(x_0 + ht, y_0 + kt)$$

$$\varphi'(t) \ = h \cdot f_x(x_0 + ht, y_0 + kt) + k f_y(x_0 + ht, y_0 + kt)$$

$$\varphi''(t) \ = h^2 f_{xx} + hk f_{xy} + kh f_{yx} + k^2 f_{yy} = h^2 f_{xx} + 2hk f_{xy} + k^2 f_{yy}$$

$$\cdots$$

allgemein:

$$\varphi^{(j)}(t) = \sum_{l=0}^{j} \binom{j}{l} h^l k^{j-l} f_{x^l y^{j-l}}(x_0 + ht, y_0 + kt) \ .$$

Damit ergibt sich:

Satz (Taylorscher Lehrsatz für Funktionen in zwei Veränderlichen). Sei $f(x,y)$ $n+1$-mal stetig differenzierbar in $K((x_0,y_0);r)$. Dann existiert für h,k mit $|(h,k)| < r$ ein ϑ, $0 < \vartheta < 1$, so daß

$$f(x_0+h,y_0+k) = \sum_{j=0}^{n} \frac{1}{j!} \sum_{l=0}^{j} \binom{j}{l} h^l k^{j-l} f_{x^l y^{j-l}}(x_0,y_0)$$

$$+\frac{1}{(n+1)!} \sum_{l=0}^{n+1} \binom{n+1}{l} h^l k^{n+1-l} f_{x^l y^{n+1-l}}(x_0+\vartheta h, y_0+\vartheta k) \ . \quad \square$$

In Kurzschreibweise:

$$f(x_0+h,y_0+k) = \sum_{j=0}^{n} \frac{1}{j!} D(h,k)^j {*} f(x_0,y_0)$$

$$+\frac{1}{(n+1)!} D(h,k)^{n+1} {*} f(x_0+\vartheta h, y_0+\vartheta k) \ , \quad 0 < \vartheta < 1 \ ,$$

wobei

$$D(h,k) = h \cdot \frac{\partial}{\partial x} + k \frac{\partial}{\partial y} \ .$$

Allgemein gilt für eine $n+1$-mal stetig differenzierbare Funktion $f\colon \mathbb{R}^p \to \mathbb{R}$:

$$f(\mathfrak{x}_0+\mathfrak{h}) = \sum_{j=0}^{n} \frac{1}{j!} D(\mathfrak{h})^j {*} f(\mathfrak{x}_0) + \frac{1}{(n+1)!} D(\mathfrak{h})^{n+1} {*} f(\mathfrak{x}_0+\vartheta \mathfrak{h}) \ , \quad 0 < \vartheta < 1 \ ,$$

wobei für $\mathfrak{h} = (h_1,\ldots,h_p)$ gilt $D(\mathfrak{h}) = \sum_{i=1}^{p} h_i \frac{\partial}{\partial x_i}$.

Beispiel. $f(x,y) = e^{x+y}$, $(x_0,y_0) = (0,0)$.

Es ist $f_{x^l y^{j-l}} = f$ für alle (x,y) und alle $l,j\in\mathbb{N}$, $0 \le l \le j$. Daher ist

$$f(x,y) = \sum_{j=0}^{n} \frac{1}{j!} \sum_{l=0}^{j} \binom{j}{l} x^l y^{j-l} e^{0+0} + R_{n+1}$$

$$\text{mit} \quad R_{n+1} = \frac{1}{(n+1)!} \sum_{l=0}^{n+1} \binom{n+1}{l} x^l y^{n+1-l} e^{\vartheta(x+y)}$$

$$= \frac{(x+y)^{n+1}}{(n+1)!} e^{\vartheta(x+y)} \to 0 \quad \text{für} \quad n \to \infty \ ,$$

so daß

$$f(x,y) = \sum_{j=0}^{\infty} \frac{1}{j!} \sum_{l=0}^{j} \binom{j}{l} x^l y^{j-l}$$

$$= \sum_{l=0}^{\infty} \frac{x^l}{l!} \sum_{j=l}^{\infty} \frac{y^{j-l}}{(j-l)!} = \sum_{l,m=0}^{\infty} \frac{x^l y^m}{l!\,m!} \ .$$

Diese Reihenentwicklung ergibt sich natürlich auch, wenn man in

$$e^z = \sum_{j=0}^{\infty} \frac{z^j}{j!}$$

$z = x + y$ substituiert, oder, noch einfacher, indem man

$$e^{x+y} = e^x \cdot e^y = \sum_{l=0}^{\infty} \frac{x^l}{l!} \sum_{m=0}^{\infty} \frac{y^m}{m!}$$

zerlegt.

12.4 Einige Anwendungen der Taylor-Entwicklung

1) *Berührung von Kurven bzw. Flächen:*

Seien zwei Kurven in expliziter Darstellung

$$y = f(x) \quad \text{bzw.} \quad y = g(x)$$

gegeben. Dann sprechen wir von *Berührung n-ter Ordnung* an der Stelle x_0, wenn die Taylorschen Näherungspolynome n-ter Ordnung übereinstimmen. Wir sagen, die *Berührungsordnung ist n*, wenn eine Berührung n-ter Ordnung, aber nicht $(n+1)$-ter Ordnung vorliegt.

Die Berührungsordnung ist also genau dann gleich n, wenn

$$f^{(k)}(x_0) = g^{(k)}(x_0) \quad \text{für alle } k \text{ mit} \quad 0 \le k \le n$$

aber

$$f^{(n+1)}(x_0) \ne g^{(n+1)}(x_0) \ .$$

Bei Berührung 0-ter Ordnung haben die Kurven den Punkt $(x_0, y_0 = f(x_0)$ $= g(x_0))$ gemeinsam, bei Berührung 1-ter Ordnung eine gemeinsame Tangente in diesem Punkt, bei Berührung 2-ter Ordnung eine gemeinsame „Schmiegparabel"

$$y = f(x_0) + f'(x_0)(x - x_0) + f''(x_0)(x - x_0)^2$$

usw.

Analog wird für Flächen mit der expliziten Darstellung $y = f(x_1, x_2)$ (allgemein $y = f(\mathfrak{x})$) die Berührungsordnung über die zugehörigen Taylorschen Näherungspolynome eingeführt.

2) *Eine hinreichende Bedingung für das Vorliegen eines relativen Maximums bzw. Minimums:*

Wir haben in 10.3 als notwendige Bedingung für das Vorliegen eines relativen Extremums in einem inneren Punkt $\mathfrak{x}_0$ von D_f, $f: \mathbb{R}^p \to \mathbb{R}$, f differenzierbar, die Bedingung

$$\operatorname{grad} f|_{\mathfrak{x}_0} = 0$$

erkannt, gleichzeitig aber gesehen, daß diese Bedingung i. allg. nicht hinreichend ist.

Sei zunächst $p = 1$ und f zweimal stetig differenzierbar in $K(x_0; r)$ und sei $f'(x_0) = 0$. Nach dem Taylorschen Lehrsatz ist

$$f(x_0 + h) = f(x_0) + h \cdot f'(x_0) + \frac{h^2}{2} f''(x_0 + \vartheta h) \quad \text{mit} \quad 0 < \vartheta < 1$$

$$= f(x_0) + \frac{h^2}{2} f''(x_0 + \vartheta h) \ .$$

Sei nun $f''(x_0) > 0$. Da f'' stetig ist, ist dann auch $f''(x_0 + \vartheta h) > 0$ für $|h|$ genügend nahe bei 0.

Damit ist aber auch $\dfrac{h^2}{2} f''(x_0 + \vartheta h) > 0$, d. h. $f(x_0 + h) > f(x_0)$ für $|h|$ genügend klein, $h \neq 0$. Ist also f zweimal stetig differenzierbar und $f'(x_0) = 0$ und $f''(x_0) > 0$, so ist x_0 Stelle eines *relativen Minimums*.

Analog bei $f''(x_0) < 0$ Stelle eines *relativen Maximums*.

Ist $f''(x_0) = 0$, so liefert das Taylorsche Näherungspolynom 2. Ordnung keine Aussage; ist jedoch f dreimal stetig differenzierbar, so ist dann

$$f(x_0 + h) = f(x_0) + \frac{h^3}{3!} f'''(x_0 + \vartheta h) \ .$$

Ist nun etwa $f'''(x_0) > 0$, so ist

$$\left. \begin{array}{ll} f(x_0 + h) > f(x_0) & \text{für} \quad h > 0 \ , \\ f(x_0 + h) < f(x_0) & \text{für} \quad h < 0 \ , \end{array} \right\} \ |h| \text{ genügend klein} \ , \quad h \neq 0 \ ,$$

d. h. x_0 keine Stelle eines relativen Extremums, analog für $f'''(x_0) < 0$.

Für $f'''(x_0) = 0$ und $f^{IV}(x)$ stetig, ist

$$f(x_0 + h) = f(x_0) + \frac{h^4}{4!} f^{IV}(x_0 + \vartheta h) \ ,$$

d. h.

$$f^{IV}(x_0) > 0 \Rightarrow \text{relatives Minimum}$$

$$f^{IV}(x_0) < 0 \Rightarrow \text{relatives Maximum}$$

usw.

Allgemein erhalten wir als *hinreichende Bedingung für ein relatives Extremum:*

Satz. Sei $y = f(x)$ $2k + 2$-mal stetig differenzierbar in $K(x_0; r)$,

$$f'(x_0) = \ldots = f^{(2k+1)}(x_0) = 0 \ .$$

Dann ist für $f^{(2k+2)}(x_0) > 0$ x_0 Stelle eines relativen Minimums, und für $f^{(2k+2)}(x_0) < 0$ x_0 Stelle eines relativen Maximums. $\square$

Ist hingegen $f'(x_0) = \ldots = f^{(2k)}(x_0) = 0$ und $f^{(2k+1)}(x_0) \neq 0$, so liegt kein relatives Extremum vor, sondern der Graph von $f(x)$ durchdringt die Tangente.

Diese Überlegungen lassen sich auf *Funktionen in mehreren Veränderlichen* übertragen:

Sei etwa $z = f(x, y)$, f zweimal stetig differenzierbar und

$$\operatorname{grad} f|_{(x_0, y_0)} = (f_x(x_0, y_0), f_y(x_0, y_0))^T = (0, 0)^T \ .$$

Dann ist nach dem Taylorschen Lehrsatz

$$f(x_0 + h, y_0 + k) = f(x_0, y_0) + \frac{1}{2!} \ [h^2 f_{xx}(x_0 + \vartheta h, y_0 + \vartheta k)$$

$$+ 2 h k f_{xy}(x_0 + \vartheta h, y_0 + \vartheta k) + k^2 f_{yy}(x_0 + \vartheta h, y_0 + \vartheta k)] \ .$$

Der Ausdruck in [ ] ist eine quadratische Form in h und k mit zugehöriger Matrix

$$\begin{pmatrix} f_{xx} & f_{xy} \\ f_{xy} & f_{yy} \end{pmatrix}\Bigg|_{(x_0+\vartheta h,\,y_0+\vartheta k)}.$$

Ist diese quadratische Form positiv definit, so ist $f(x_0+h,y_0+k) > f(x_0,y_0)$ für $(h,k) \neq (0,0)$, ist sie negativ definit, so ist

$$f(x_0+h,y_0+k) < f(x_0,y_0) \quad \text{für} \quad (h,k) \neq (0,0)$$

(h,k genügend klein).

Wegen der Stetigkeit der partiellen Ableitungen 2. Ordnung ist die Definitheit der quadratischen Form gleich derjenigen mit der Matrix

$$\begin{pmatrix} f_{xx} & f_{xy} \\ f_{xy} & f_{yy} \end{pmatrix}\Bigg|_{(x_0,y_0)}.$$

Damit erhalten wir aus dem Hauptminorenkriterium (vgl. Band 1, Kap. 5.7):

Satz. Ist $f(x,y)$ zweimal stetig differenzierbar in $K((x_0,y_0);r)$, $f_x(x_0,y_0) = f_y(x_0,y_0) = 0$, so ist für

$$f_{xx}(x_0,y_0) > 0 \quad \text{und} \quad (f_{xx}\cdot f_{yy} - f_{xy}^2)|_{(x_0,y_0)} > 0$$

(x_0,y_0) Stelle eines relativen Minimums, sowie für

$$f_{xx}(x_0,y_0) < 0 \quad \text{und} \quad (f_{xx}\cdot f_{yy} - f_{xy}^2)|_{(x_0,y_0)} > 0$$

(x_0,y_0) Stelle eines relativen Maximums.

Allgemeiner gilt für eine in $K(\mathfrak{x}_0;r)$ zweimal stetig differenzierbare Funktion $y = f(\mathfrak{x})\colon \mathbb{R}^p \to \mathbb{R}$ mit $\operatorname{grad} f|_{\mathfrak{x}_0} = \mathfrak{o}$:

Sind Δ_i $(1 \le i \le p)$ die Hauptminoren der Matrix

$$\begin{bmatrix} f_{x_1 x_1} \cdots f_{x_1 x_p} \\ \vdots \qquad\quad \vdots \\ f_{x_p x_1} \cdots f_{x_p x_p} \end{bmatrix}\Bigg|_{\mathfrak{x}_0}$$

und ist $\Delta_i > 0$ für alle $1 \le i \le p$, so ist $\mathfrak{x}_0$ Stelle eines relativen Minimums. Ist $\operatorname{sgn}\Delta_i = (-1)^i$, so ist $\mathfrak{x}_0$ Stelle eines relativen Maximums. $\square$

Beispiel. $f(x,y) = x^2 + y^2 + 2 \Rightarrow f_x = 2x,\ f_y = 2y.$

$$\operatorname{grad} f|_{\mathfrak{x}_0} = \mathfrak{o} \Leftrightarrow (x_0,y_0) = (0,0)\ .$$

Weiter ist $f_{xx} = f_{yy} = 2,\ f_{xy} = f_{yx} = 0.$

Die Matrix $\begin{pmatrix} 2 & 0 \\ 0 & 2 \end{pmatrix}$ ist wegen

$$\Delta_1 = 2 > 0 \quad \text{und} \quad \Delta_2 = \det\begin{pmatrix} 2 & 0 \\ 0 & 2 \end{pmatrix} = 4 > 0$$

positiv definit, daher ist $(0,0)$ Stelle eines relativen Minimums von $f(x,y)$. $\square$

3) *Auswertung unbestimmter Ausdrücke:*

Wir sprechen, in Analogie zu der bei Folgen eingeführten Ausdrucksweise, bei Funktionen von einem *unbestimmten Ausdruck* $\frac{0"}{"0}$, wenn wir $\lim\limits_{x \to x_0} \frac{f(x)}{g(x)}$ bestimmen wollen und $\lim\limits_{x \to x_0} f(x) = \lim\limits_{x \to x_0} g(x) = 0$ ist.

Beispiel. $\lim\limits_{x \to 0} \frac{\sin x}{x} = \frac{0}{0}$. $\square$

Zur Auswertung eines derartigen unbestimmten Ausdrucks kann nun die Taylorentwicklung um x_0 herangezogen werden. Angenommen es gilt in $K(x_0; r)$

$$f(x) = \sum_{k=0}^{\infty} a_k (x - x_0)^k$$

sowie

$$g(x) = \sum_{k=0}^{\infty} b_k (x - x_0)^k .$$

Wegen $\lim\limits_{x \to x_0} f(x) = \lim\limits_{x \to x_0} g(x) = 0$ ist sicher $a_0 = b_0 = 0$. Es könnten aber auch $a_1, a_2, \ldots, a_{p-1}$ bzw. $b_1, b_2, \ldots, b_{q-1}$ alle 0 sein. Nehmen wir nun an, daß

$$f(x) = \sum_{k=p}^{\infty} a_k (x - x_0)^k \quad \text{mit} \quad a_p \neq 0$$

und

$$g(x) = \sum_{k=q}^{\infty} b_k (x - x_0)^k \quad \text{mit} \quad b_q \neq 0 .$$

(In diesem Fall heißt x_0 Nullstelle der Ordnung p von $f(x)$ bzw. der Ordnung q von $g(x)$.)

Wir haben also

$$f(x) = (x - x_0)^p \cdot a_p \cdot h(x) , \quad \lim\limits_{x \to x_0} h(x) = 1$$

und

$$g(x) = (x - x_0)^q \cdot b_q \cdot k(x) , \quad \lim\limits_{x \to x_0} k(x) = 1 .$$

Daher ist für

$p > q$:

$$\lim\limits_{x \to x_0} \frac{f(x)}{g(x)} = \lim\limits_{x \to x_0} (x - x_0)^{p-q} \cdot \frac{a_p h(x)}{b_q k(x)} = 0$$

$p = q$:

$$\lim\limits_{x \to x_0} \frac{f(x)}{g(x)} = \frac{a_p}{b_p} = \frac{f^{(p)}(x_0)}{p!} \cdot \frac{p!}{g^{(p)}(x_0)} = \frac{f^{(p)}(x_0)}{g^{(p)}(x_0)}$$

$p < q$:

$$\lim\limits_{x \to x_0} \frac{f(x)}{g(x)} = \pm \infty .$$

Beispiel. $\lim\limits_{x \to 0} \frac{\sin x}{x} = \lim\limits_{x \to 0} \frac{x - x^3/3! + x^5/5! \pm \cdots}{x} = \frac{1}{1} = 1.$ $\square$

Tatsächlich kann man aber in vielen Fällen unbestimme Ausdrücke der Form $0/0$ auswerten, ohne daß die Funktion vollständig in eine Taylorreihe entwickelt wird. Nach dem 2. Mittelwertsatz der Differentialrechnung gilt nämlich für Funktionen, die in einer Umgebung von x_0 differenzierbar sind:

$$\frac{f(x_0+h)-f(x_0)}{g(x_0+h)-g(x_0)} = \frac{f'(x_0+\vartheta h)}{g'(x_0+\vartheta h)} \quad \text{mit} \quad 0 < \vartheta < 1 .$$

Für

$$\lim_{x \to x_0} f(x) = f(x_0) = \lim_{x \to x_0} g(x) = g(x_0) = 0$$

ist daher

$$\lim_{x \to x_0} \frac{f(x)}{g(x)} = \lim_{h \to 0} \frac{f(x_0+h)}{g(x_0+h)} = \lim_{h \to 0} \frac{f'(x_0+\vartheta h)}{g'(x_0+\vartheta h)} = \lim_{x \to x_0} \frac{f'(x)}{g'(x)} ,$$

wenn dieser Grenzwert existiert.

Satz (Regel von DE L'HOSPITAL[1])). Seien f und g differenzierbar in einer Umgebung von x_0, und es gelte

$$\lim_{x \to x_0} f(x) = \lim_{x \to x_0} g(x) = 0 .$$

Existiert $\lim_{x \to x_0} \dfrac{f'(x)}{g'(x)} = A$, so existiert auch $\lim_{x \to x_0} \dfrac{f(x)}{g(x)}$ und ist gleich A. $\quad\square$

Beispiel. $\lim_{x \to 0} \dfrac{\sin x}{x} = \lim_{x \to 0} \dfrac{\cos x}{1} = \dfrac{1}{1} = 1 . \quad\square$

Bemerkung. 1) Die Regel gilt auch für einseitige Limiten $x \to x_0+0$, $x \to x_0-0$ und auch für $x \to +\infty$, $x \to -\infty$.

2) Die Regel kann durch vollständige Induktion auf folgenden Fall erweitert werden:

Sind f und g $n+1$-mal differenzierbar in $K(x_0; r)$,

$$\lim_{x \to x_0} f(x) = \ldots = \lim_{x \to x_0} f^{(n)}(x) = 0 = \lim_{x \to x_0} g(x) = \ldots = \lim_{x \to x_0} g^{(n)}(x)$$

und existiert $\lim_{x \to x_0} \dfrac{f^{(n+1)}(x)}{g^{(n+1)}(x)} = A$, so existiert auch $\lim_{x \to x_0} \dfrac{f(x)}{g(x)} = A$.

3) Die Regel gilt auch für *unbestimmte Ausdrücke* $\dfrac{\infty\text{“}}{\text{„}\infty}$, d.h.

$$\lim_{x \to x_0} \frac{f(x)}{g(x)} \quad \text{mit} \quad \lim_{x \to x_0} f(x) = \lim_{x \to x_0} g(x) = \infty .$$

Zusammenfassung unbestimmter Ausdrücke:

$$\frac{0\text{“}}{\text{„}0} , \quad \frac{\infty\text{“}}{\text{„}\infty} \quad \text{(siehe oben)},$$

---

[1]) Guillaume François Antoine de L'HOSPITAL, 1661 – 1704.

$\dfrac{\infty}{\infty}$ kann auf $\dfrac{0}{0}$ zurückgeführt werden, indem man

$$\varphi(x) = \frac{1}{f(x)} \ , \quad \psi(x) = \frac{1}{g(x)} \quad \text{setzt:} \quad \frac{f(x)}{g(x)} = \frac{\psi(x)}{\varphi(x)} \ ,$$

wobei

$$\lim_{x \to x_0} f(x) = \lim_{x \to x_0} g(x) = \infty \Rightarrow \lim_{x \to x_0} \varphi(x) = \lim_{x \to x_0} \psi(x) = 0 \ .$$

„$0 \cdot \infty$", d.h. gesucht ist $\lim\limits_{x \to x_0} f(x) \cdot g(x)$, wobei

$$\lim_{x \to x_0} f(x) = 0 \ , \quad \lim_{x \to x_0} g(x) = \infty \ .$$

Setzen wir $\psi(x) = \dfrac{1}{g(x)}$, erhalten wir „$0 \cdot \infty$" $= \dfrac{\text{„}0\text{"}}{\text{„}0\text{"}}$.

Einige unbestimmte Ausdrücke entstehen aus Funktionen der Form
$f(x)^{g(x)} = e^{g(x) \ln f(x)}$ $(f(x) > 0)$:

„∞^0":
$$\lim_{x \to x_0} g(x) = 0 \ , \quad \lim_{x \to x_0} f(x) = +\infty \ .$$

Dann ist auch $\lim\limits_{x \to x_0} \ln f(x) = +\infty$, und zu bestimmen bleibt

$$\lim_{x \to x_0} g(x) \ln f(x) = \text{„}0 \cdot (+\infty)\text{"} \ .$$

„0^0":
$$\lim_{x \to x_0} g(x) = \lim_{x \to x_0} f(x) = 0 \ .$$

Führt auf $\lim\limits_{x \to x_0} g(x) \ln f(x) = \text{„}0(-\infty)\text{"}$.

„1^∞":
$$\lim_{x \to x_0} g(x) = \infty \ , \quad \lim_{x \to x_0} f(x) = 1 \ .$$

Führt auf $\lim\limits_{x \to x_0} g(x) \ln f(x) = \text{„}\infty \cdot 0\text{"}$.

Beispiel. $\lim\limits_{x \to 0} (\cos x)^{1/x^2} = \text{„}1^\infty\text{"}$:

$$\ln (\cos x)^{1/x^2} = \frac{1}{x^2} \ln (\cos x)$$

$$\lim_{x \to 0} \frac{\ln (\cos x)}{x^2} = \lim_{x \to 0} \frac{1/\cos x \, (-\sin x)}{2x} = -\lim_{x \to 0} \frac{\sin x}{2x \cos x}$$

$$= -\lim_{x \to 0} \frac{x - (x^3/3!) \pm \dots}{2x - (2x^3/2!) \pm \dots} = -\frac{1}{2} \ .$$

$$\Rightarrow \lim_{x \to x_0} (\cos x)^{1/x^2} = e^{-1/2} = \frac{1}{\sqrt{e}} \ . \quad \square$$

Bemerkung. In manchen Fällen können auch unbestimmte Ausdrücke „$\infty - \infty$"
auf die Form „$\infty \cdot 0$" gebracht werden:

$$f(x) - g(x) = f(x)\left(1 - \frac{g(x)}{f(x)}\right) = {}_{\text{„}}\infty\left(1 - \frac{\infty}{\infty}\right)^{\text{“}} \quad \text{für} \quad x \to x_0 \ .$$

Existiert nun $\dfrac{\infty^{\text{“}}}{{}_{\text{„}}\infty}$ und ist $\neq 1$, so ist

$$f(x) - g(x) = \pm\infty \quad \text{für} \quad x \to x_0 \ ,$$

ist $\dfrac{\infty^{\text{“}}}{{}_{\text{„}}\infty} = 1$, so haben wir einen Ausdruck „$\infty \cdot 0$".

12.5 Fourierreihen

Seien $\varphi_1, \varphi_2, \ldots, \varphi_n$ Funktionen von $I = [a,b] \subseteq \mathbb{R}$ in $\mathbb{R}$. Dann ist

$$\mathscr{L}(\varphi_1, \ldots, \varphi_n) = \{f : I \to \mathbb{R} \mid f = \sum_{j=1}^{n} \lambda_j \varphi_j\}$$ ein Vektorraum über $\mathbb{R}$ (mit der üblichen Addition und Multiplikation von Funktionen mit einem Skalar). Wir schreiben im folgenden kurz

$$\mathscr{F} = \mathscr{L}(\varphi_1, \ldots, \varphi_n) \ .$$

$\varphi_1, \ldots, \varphi_n$ sind genau dann *linear abhängig* (auf I), wenn es $(\lambda_1, \ldots, \lambda_n) \neq (0, \ldots, 0)$, $\lambda_j \in \mathbb{R}$, gibt, so daß

$$\sum_{j=1}^{n} \lambda_j \varphi_j \equiv 0 \quad \text{auf} \quad I \ ,$$

d.h.
$$\sum_{j=1}^{n} \lambda_j \varphi_j(x) = 0 \quad \text{für alle} \quad x \in I \ .$$

Sind $\varphi_1, \ldots, \varphi_n$ nicht l.a. auf I, so heißen sie linear unabhängig auf I (vgl. 5.2).

Beispiel. Sei $\varphi_k(x) = x^k$, $0 \le k \le n$.

Ist $I = [a,a]$, so sind $\varphi_0, \ldots, \varphi_n$ für $n \ge 1$ l.a. auf I:

$$\sum_{j=1}^{n} \varphi_j(a) = \lambda = \lambda \cdot 1 = \lambda \cdot \varphi_0(a) \ ,$$

so daß
$$-\lambda \cdot \varphi_0 + \sum_{j=1}^{n} 1 \cdot \varphi_j \equiv 0 \quad \text{auf} \quad I = \{a\} \ .$$

Hingegen sind $\varphi_0, \ldots, \varphi_n$ l.u. auf $I = [a,b]$ mit $a < b$:

Wäre nämlich $\sum_{k=0}^{n} \lambda_k \varphi_k(x) = 0$ für alle $x \in I$, so hätte das Polynom $\sum_{k=0}^{n} \lambda_k \varphi_k$ mit Grad $\le n$ unendlich viele Nullstellen, ein Widerspruch, falls $(\lambda_1, \ldots, \lambda_n) \neq (0, \ldots, 0)$. $\square$

Sind $\varphi_1, \ldots, \varphi_n$ l.u. auf I, so bilden sie eine *Basis* von $\mathscr{F}$, und jede Funktion $f \in \mathscr{F}$ besitzt eine Darstellung

$$f = \sum_{j=1}^{n} c_j \varphi_j$$

mit *eindeutig bestimmten* $c_j \in \mathbb{R}$.

Gehen wir von *integrierbaren Funktionen* $\varphi_1, \ldots, \varphi_n$ aus, so besteht $\mathscr{F}$ aus integrierbaren Funktionen. Wir setzen nun

$$(f,g) = \int_a^b f(x)g(x)dx \ .$$

Dann sieht man sofort:

und
$$(f, \lambda g_1 + \mu g_2) = \lambda(f,g_1) + \mu(f,g_2)$$

$$(f,g) = (g,f).$$

Weiters ist für

$$N(f) = (f,f) = \int_a^b f(x)^2 dx$$

stets
$$N(f) \geq 0.$$

Es gilt aber i. allg. *nicht*

$$N(f) = 0 \Rightarrow f \equiv 0 \quad \text{auf} \quad I \ .$$

Aus $N(f) = \int_a^b f(x)^2 dx = 0$ kann nur geschlossen werden, daß $\{x \in I \mid f(x) \neq 0\}$ eine Nullmenge ist. (f,g) ist also kein inneres Produkt im Sinne unserer Definition in 5.7, sondern nur eine *positiv semi-definite symmetrische Bilinearform*.

Beschränken wir uns hingegen auf *stetige Funktionen* $\varphi_1, \ldots, \varphi_n$, so folgt nach unseren Überlegungen in Kapitel 11, daß (f,g) positiv definit und daher ein *inneres Produkt* auf $\mathscr{F} = \mathscr{L}(\varphi_1, \ldots, \varphi_n)$ ist:

Ist nämlich $f(x_0) \neq 0$ für ein $x_0 \in I$, d. h. $f(x_0)^2 > 0$, so gilt (vgl. Kap. 11) $N(f) = \int_a^b f(x)^2 dx > 0$; d. h. aber:

$$N(f) = 0 \Rightarrow f \equiv 0 \quad \text{auf} \quad I \ .$$

Sei nun
$$f = \sum_{k=1}^{n} a_k \varphi_k \ , \quad g = \sum_{k=1}^{n} b_k \varphi_k \ .$$

Dann ist wegen der Bilinearität

(*)
$$(f,g) = \sum_{j,k=1}^{n} a_j b_k (\varphi_j, \varphi_k) \ .$$

Wie in 5.8 nennen wir $\{\varphi_1, \ldots, \varphi_n\}$ ein *Orthogonalsystem (OS)*, wenn $(\varphi_j, \varphi_k) = 0$ für alle $1 \leq j < k \leq n$, sowie *Orthonormalsystem (ONS)*, wenn $(\varphi_j, \varphi_k) = \delta_{j,k}$ für alle $1 \leq j, k \leq n$.

Ist $\{\varphi_1, \ldots, \varphi_n\}$ ein ONS, so reduziert sich (*) zu

(*')
$$(f,g) = \sum_{k=1}^{n} a_k b_k \ .$$

Weiter ist

$$N(f) = N\left(\sum_{k=1}^{n} a_k \varphi_k\right) = \sum_{k=1}^{n} a_k^2 \ .$$

Sei nun $E(f,g) = \sqrt{N(f-g)}$:
$\underset{(+)}{}$

Dann gilt für alle f, g, $h \in \mathcal{F}$:

1) $E(f,f) \geq 0$.

(Besteht $\mathcal{F}$ aus stetigen Funktionen, so gilt sogar

$$E(f,f) = 0 \Rightarrow f \equiv 0 \text{ auf } I.)$$

2) $E(f,g) = E(g,f)$.

3) $E(f,h) \leq E(f,g) + E(g,h)$.

(3) folgt aus der Cauchy-Schwarzschen Ungleichung

$$|(f,g)| \leq \sqrt{N(f)} \cdot \sqrt{N(g)}) \ .$$

Besteht $\mathcal{F}$ also aus *stetigen* Funktionen, so ist E eine *Metrik auf $\mathcal{F}$*; ansonsten nennen wir E eine *„Pseudometrik"*.

Wir wollen uns nun *folgendes Problem* stellen: *Gegeben* sei ein ONS $\{\varphi_1, \ldots, \varphi_n\}$ auf I, sowie eine Funktion $f: I \rightarrow \mathbb{R}$, für die $\int f(x)^2 dx$ und $\int f(x)\varphi_k(x) dx$ für alle $k \in \mathbb{N}$ existieren.
Gesucht ist eine *Funktion aus $\mathcal{F}$*, genauer die Koeffizienten c_k einer Linearkombination

$$\varphi = \sum_{k=1}^{n} c_k \varphi_k \ ,$$

die f auf I bestmöglich approximiert in dem Sinn, daß der *„mittlere Fehler"*

$$\frac{1}{b-a} N(f-\varphi) = \frac{1}{b-a} \int_a^b (f-\varphi)(x)^2 dx$$

minimal wird, d.h. $N(f-\varphi) \leq N(f-\psi)$ für alle $\psi \in \mathcal{F}$.
Wäre $f \in \mathcal{F}$, so wäre

$$\varphi = f = \sum_{k=1}^{n} (f,\varphi_k) \cdot \varphi_k \quad \text{eine Lösung.}$$

Tatsächlich gilt nun der

Satz. Die Linearkombination $\sum_{k=1}^{n} (f,\varphi_k) \cdot \varphi_k$ liefert die bestmögliche Approximation im obigen Sinne.

Beweis. Sei $\varphi = \sum_{k=1}^{n} c_k \varphi_k$, c_k zunächst unbekannt. Dann ist

$$N(f-\varphi) = (f-\varphi, f-\varphi) = (f,f) - 2(f,\varphi) + (\varphi,\varphi)$$

$$= (f,f) - 2 \sum_{k=1}^{n} c_k(f,\varphi_k) + \sum_{k=1}^{n} c_k^2$$

$$= (f,f) + \sum_{k=1}^{n} ((f,\varphi_k) - c_k)^2 - \sum_{k=1}^{n} (f,\varphi_k)^2 .$$

Dieser Ausdruck wird offensichtlich minimal, wenn $(f,\varphi_k) - c_k = 0$, d.h. $c_k = (f,\varphi_k)$.   □

Man beachte, daß die Lösung unseres Problems damit sogar eindeutig bestimmt ist.

Wir wissen also, welche Linearkombination

$$\sum_{k=1}^{n} c_k \varphi_k \in \mathscr{L}(\varphi_1, \ldots, \varphi_n)$$

f am besten approximiert, wenn $\{\varphi_1, \ldots, \varphi_n\}$ ein ONS ist.

Wir schreiben nun $\mathscr{F}_n = \mathscr{L}(\varphi_1, \ldots, \varphi_n)$ und wollen das ONS $\{\varphi_1, \ldots, \varphi_n\}$ um eine Funktion φ_{n+1} erweitern, so daß die *Approximation* von $f \notin \mathscr{F}_n$ verbessert wird.

Sei dazu φ_{n+1} so gewählt, daß $(\varphi_j, \varphi_{n+1}) = \delta_{j,n+1}$ für alle $1 \le j \le n+1$, d.h. $\{\varphi_1, \ldots, \varphi_{n+1}\}$ wieder ein ONS bildet. Dann ist

$$\sum_{k=1}^{n+1} (f,\varphi_k) \varphi_k$$

die beste Approximation von f in $\mathscr{L}(\varphi_1, \ldots, \varphi_{n+1})$, und es gilt

$$N\left(f - \sum_{k=1}^{n+1} (f,\varphi_k)\varphi_k\right) = (f,f) - \sum_{k=1}^{n+1} (f,\varphi_k)^2$$

$$\le (f,f) - \sum_{k=1}^{n} (f,\varphi_k)^2 = N\left(f - \sum_{k=1}^{n} (f,\varphi_k)\varphi_k\right) .$$

Iterieren wir diesen Prozeß, so gelangen wir (da der Vektorraum der integrierbaren Funktionen unendlich-dimensional ist) zu einer Folge $\langle \varphi_j \rangle_{j \ge 1}$ mit $(\varphi_j, \varphi_k) = \delta_{i,k}$, wobei für alle $n \in \mathbb{N}$ $\sum_{k=1}^{n} (f,\varphi_k)\varphi_k$ die beste Approximation von f in $\mathscr{F}_n = \mathscr{L}(\varphi_1, \ldots, \varphi_n)$ liefert. Man schreibt daher formal

$$f \sim \sum_{k=1}^{\infty} (f,\varphi_k)\varphi_k$$

und nennt die Zahlen (f,φ_k) die FOURIER[1])-*Koeffizienten von f in bezug auf das unendliche ONS* $\{\varphi_1, \varphi_2, \ldots\}$.

---

[1]) Jean-Baptiste-Joseph FOURIER, 21. März 1768 – 16. Mai 1830.

Man beachte, daß wir jedoch nicht wissen, ob die mit Hilfe dieser Koeffizienten gebildete Funktionenreihe $\sum\limits_{k=1}^{\infty} (f, \varphi_k) \varphi_k$ konvergiert, bzw. ob der Grenzwert im Falle der Konvergenz mit f übereinstimmt.

Im folgenden wollen wir ein *spezielles ONS auf* $[-\pi, \pi]$ studieren, für das sich die eben aufgeworfene Fragestellung zumindest für eine gewisse Klasse von Funktionen f beantworten läßt, das *trigonometrische Funktionensystem:*

Sei

$$I = [-\pi, \pi]$$

und das Funktionensystem

$$\{1, \cos x, \cos 2x, \ldots, \cos nx, \ldots, \sin x, \sin 2x, \ldots, \sin nx, \ldots\}$$

gegeben. Dieses System ist ein OS:

Beweis. 1) $(1, \cos kx) = \int\limits_{-\pi}^{\pi} \cos kx = \left. \dfrac{\sin kx}{k} \right|_{-\pi}^{\pi} = 0$ für alle $k \geq 1$.

Analog ist $(1, \sin kx) = 0$.

2) $(\cos jx, \cos kx) = \int\limits_{-\pi}^{\pi} \cos jx \cos kx \, dx$.

Mit zweimaliger partieller Integration ergibt sich

$$= \frac{\sin jx}{j} \cos kx \Big|_{-\pi}^{\pi} + \int\limits_{-\pi}^{\pi} \frac{\sin jx}{j} k \sin kx \, dx$$

$$= 0 - \frac{k}{j} \frac{\cos jx}{j} \cdot \sin kx \Big|_{-\pi}^{\pi} + \frac{k^2}{j^2} \int\limits_{-\pi}^{\pi} \cos jx \cos kx \, dx$$

$$= \frac{k^2}{j^2} \int\limits_{-\pi}^{\pi} \cos jx \cos kx \, dx \ ,$$

d. h.

$$\left(1 - \frac{k^2}{j^2}\right) \int\limits_{-\pi}^{\pi} \cos jx \cos kx \, dx = 0$$

und damit

$$(\cos jx, \cos kx) = 0 \quad \text{für} \quad j, k \geq 1, j \neq k \ .$$

Analog zeigt man

$$(\sin jx, \sin kx) = 0 \quad \text{für} \quad j, k \geq 1, j \neq k$$

und

$$(\sin jx, \cos kx) = 0 \quad \text{für} \quad j, k \geq 1$$

Für dieses OS haben wir

$$N(1) = \int\limits_{-\pi}^{\pi} 1^2 \, dx = 2\pi \ .$$

Weiters ist für $\alpha_j = N(\cos jx)$, $\beta_j = N(\sin jx)$:

$$\alpha_j + \beta_j = \int\limits_{-\pi}^{\pi} (\cos^2 jx + \sin^2 jx) \, dx = \int\limits_{-\pi}^{\pi} dx = 2\pi$$

$$\alpha_j - \beta_j = \int\limits_{-\pi}^{\pi} (\cos^2 jx - \sin^2 jx)\,dx$$

$$= \int\limits_{-\pi}^{\pi} \cos 2jx\,dx = \frac{\sin 2jx}{2j}\Bigg|_{-\pi}^{\pi} = 0 \ ,$$

so daß

$$2\alpha_j = 2\pi = 2\beta_j$$

und

$$N(\cos jx) = N(\sin jx) = \pi \ .$$

Damit haben wir gezeigt:

Satz. Das Funktionensystem

$$\left\{\frac{1}{\sqrt{2\pi}}, \frac{\cos kx}{\sqrt{\pi}}, \frac{\sin kx}{\sqrt{\pi}} \ (k = 1, 2, \ldots)\right\}$$

ist ein ONS auf $I = [-\pi, \pi]$ bezüglich

$$(f,g) = \int\limits_{-\pi}^{\pi} f(x)g(x)\,dx \ . \quad \Box$$

Definition. Sei f auf $[-\pi, \pi]$ integrierbar. Dann heißt die Funktionenreihe

$$c_0 \cdot \frac{1}{\sqrt{2\pi}} + \sum_{k=1}^{\infty} c_k \frac{\cos kx}{\sqrt{\pi}} + \sum_{k=1}^{\infty} d_k \frac{\sin kx}{\sqrt{\pi}}$$

mit

$$c_0 = \int\limits_{-\pi}^{\pi} f(x) \cdot \frac{1}{\sqrt{2\pi}}\,dx \ ,$$

$$\left.\begin{aligned} c_k &= \int\limits_{-\pi}^{\pi} f(x)\,\frac{\cos kx}{\sqrt{\pi}}\,dx \\ d_k &= \int\limits_{-\pi}^{\pi} f(x)\,\frac{\sin kx}{\sqrt{\pi}}\,dx \end{aligned}\right\} \quad \text{für} \quad k = 1, 2, \ldots$$

die *trigonometrische Fourierreihe* von f.

Läßt man die Summation der Reihen jeweils nur über $1 \le k \le n$ laufen, so heißen die entsprechenden Ausdrücke *trigonometrische Näherungspolynome von f*. $\Box$

Wir wollen nun die Fourierreihe in der Form

$$f(x) \sim \frac{a_0}{2} + \sum_{k=1}^{\infty} a_k \cos kx + \sum_{k=1}^{\infty} b_k \sin kx$$

schreiben:

$$a_0 = 2 \cdot \frac{c_0}{\sqrt{2\pi}} = \frac{1}{\pi} \int\limits_{-\pi}^{\pi} f(x)\,dx$$

$$a_k = \frac{c_k}{\sqrt{\pi}} = \frac{1}{\pi} \int\limits_{-\pi}^{\pi} f(x) \cos kx \, dx \left.\vphantom{\int\limits_{-\pi}^{\pi}}\right\}$$

$$\left. b_k = \frac{d_k}{\sqrt{\pi}} = \frac{1}{\pi} \int\limits_{-\pi}^{\pi} f(x) \sin kx \, dx \right\} \quad \text{für} \quad k \geq 1 \ .$$

Die beiden letzten Formeln gelten auch für $k = 0$:

$$a_0 = \frac{1}{\pi} \int\limits_{-\pi}^{\pi} f(x) \, dx = \frac{1}{\pi} \int\limits_{-\pi}^{\pi} f(x) \cos 0x \, dx \ ,$$

$$b_0 = 0 = \frac{1}{\pi} \int\limits_{-\pi}^{\pi} f(x) \sin 0x \, dx \ .$$

Die eben gewonnenen Formeln heißen *Eulersche Formeln* für die Koeffizienten der trigonometrischen Fourierreihen.

Für die praktische Berechnung wichtig ist die folgende Beobachtung:

Korollar. Ist f eine gerade Funktion, so ist $b_k = 0$ für alle $k \geq 1$, ist f eine ungerade Funktion, so ist $a_k = 0$ für alle $k \geq 0$.

Beweis. Ist f gerade, so ist $f(x) \sin kx$ ungerade und daher

$$\int\limits_{-\pi}^{\pi} f(x) \sin kx \, dx = 0 \ .$$

Ist f ungerade, so ist $f(x) \cos kx$ ungerade und daher

$$\int\limits_{-\pi}^{\pi} f(x) \cos kx \, dx = 0. \quad \square$$

Beispiel. $f(x) = x$ für $x \in [-\pi, \pi]$.
$f(x)$ ist ungerade, daher ist $a_k = 0$ für alle $k \geq 0$.

$$b_k = \frac{1}{\pi} \int\limits_{-\pi}^{\pi} x \cdot \sin kx \, dx = -\frac{1}{\pi} \left. \frac{x \cos kx}{k} \right|_{-\pi}^{\pi} + \frac{1}{k\pi} \int\limits_{-\pi}^{\pi} \cos kx \, dx$$

$$= -\frac{1}{\pi} \frac{\pi \cos k\pi}{k} - \frac{1}{\pi} \frac{\pi \cos(-k\pi)}{k} + 0 = -\frac{2(-1)^k}{k} \ ;$$

also

$$f(x) \sim 2 \cdot \sum_{k=1}^{\infty} \frac{(-1)^{k-1}}{k} \sin kx \ . \quad \square$$

Bezüglich des trigonometrischen Funktionensystems läßt sich die Frage der Konvergenz der Fourierreihe für gewisse Klassen von Funktionen f beantworten:

Definition. $f: I \to \mathbb{R}$ heißt *stückweise glatt* auf I, wenn I als Vereinigung endlich vieler, paarweise disjunkter Teilintervalle geschrieben werden kann, $I = \bigcup\limits_{k=1}^{n} I_k,$

derart, daß f in jedem I_k stetig differenzierbar ist und in den Teilungspunkten (d. s. endlich viele) die einseitigen Limiten von f und f' existieren, sowie auch $f(-\pi+0)$, $f'(-\pi+0)$, $f(\pi-0)$ und $f'(\pi-0)$. $\square$

Dann gilt der folgende

Satz. Sei $f: I = [-\pi,\pi] \to \mathbb{R}$ stückweise glatt auf I. Dann konvergiert die trigonometrische Fourierreihe von f auf I und zwar für jedes $x \in]-\pi,\pi[$ gegen

$$\frac{f(x+0)+f(x-0)}{2} ,$$

sowie für $x = -\pi$ oder $x = \pi$ gegen

$$\frac{f(-\pi+0)+f(\pi-0)}{2} .$$

In jedem abgeschlossenen Teilintervall eines Intervalls I_k, auf dem f stetig differenzierbar ist, ist die Konvergenz gleichmäßig. $\square$

(Ohne Beweis.)

Bemerkung. Insbesondere konvergiert also f an den Stetigkeitsstellen $x \in]-\pi,\pi[$ gegen $f(x)$.

Beispiel. $f(x) = x$ ist stetig differenzierbar auf $]-\pi,\pi[$ und in $x = -\pi$ bzw. $x = +\pi$ existieren die einseitigen Grenzwerte von f bzw. f'. Daher haben wir

$$x = 2 \cdot \sum_{k=1}^{\infty} \frac{(-1)^{k-1}}{k} \sin kx \quad \text{für} \quad x \in]-\pi,\pi[$$

sowie, trivialerweise,

$$\frac{\pi+(-\pi)}{2} = 0 = 2 \sum_{k=1}^{\infty} \frac{(-1)^{k-1}}{k} \sin(-k\pi) = 2 \sum_{k=1}^{\infty} \frac{(-1)^{k-1}}{k} \sin k\pi . \quad \square$$

Falls die trigonometrische Fourierreihe auf $[-\pi,\pi]$ konvergiert, so konvergiert sie für alle $x \in \mathbb{R}$, da $\cos kx$ und $\sin kx$ periodisch mit der Periode 2π sind.

Sei nun auf $I = [-\pi,\pi]$ eine Funktion $f(x)$ gegeben mit $f(-\pi) = f(\pi)$, die gleich dem Grenzwert ihrer trigonometrischen Fourierreihe ist.

Setzen wir f zu einer periodischen Funktion $g: \mathbb{R} \to \mathbb{R}$ mit Periode 2π fort, indem wir

$$g(x) = f(y)$$

für $y \equiv x \pmod{2\pi}$, $y \in [-\pi,\pi]$, festsetzen, so gilt für alle $x \in \mathbb{R}$

$$g(x) = \frac{a_0}{2} + \sum_{k=1}^{\infty} a_k \cos kx + \sum_{k=1}^{\infty} b_k \sin kx ,$$

wenn rechts die Fourierreihe von f steht.

Wir können also die trigonometrische Fourierreihe für jede *Funktion* f: $\mathbb{R} \to \mathbb{R}$, *die periodisch mit Periode* 2π *ist* (d. h. $f(x+2\pi) = f(x)$ für alle $x \in \mathbb{R}$), aufstellen, und wir erhalten durch den letzten Satz unmittelbar ein Kriterium für die Konvergenz dieser Reihe gegen f, wenn f auf $[-\pi, \pi]$ stückweise glatt ist.

Wir können aber die Fourierentwicklung auch für *Funktionen* f: $\mathbb{R} \to \mathbb{R}$ *mit der Periode* $2l \in \mathbb{R}^+$, d. h. mit

$$f(x+2l) = f(x) \quad \text{für alle} \quad x \in \mathbb{R} \ ,$$

adaptieren:

Setzen wir

$$g(x) = f\left(\frac{lx}{\pi}\right) \quad \text{für alle} \quad x \in \mathbb{R} \ ,$$

so ist

$$g(x+2\pi) = f\left(\frac{l(x+2\pi)}{\pi}\right) = f\left(\frac{lx}{\pi}+2l\right) = f\left(\frac{lx}{\pi}\right) = g(x) \ ,$$

also g periodisch mit Periode 2π.

Sei weiters f stückweise glatt auf $[-l, l]$. Dann ist g stückweise glatt auf $[-\pi, \pi]$, und wir haben im Sinn des obigen Satzes

$$g(x) \sim \frac{a_0}{2} + \sum_{k=1}^{\infty} a_k \cos kx + \sum_{k=1}^{\infty} b_k \sin kx \ ,$$

d. h.

$$f(x) = g\left(\frac{\pi}{l}x\right) \sim \frac{a_0}{2} + \sum_{k=1}^{\infty} a_k \cos \frac{k\pi x}{l} + \sum_{k=1}^{\infty} b_k \sin \frac{k\pi x}{l} \ ,$$

wobei

$$a_k = \frac{1}{\pi} \int_{-\pi}^{\pi} g(t) \cos kt \, dt = \frac{1}{l} \int_{-l}^{l} f(x) \cos \frac{k\pi x}{l} \, dx$$

und

$$b_k = \frac{1}{\pi} \int_{-\pi}^{\pi} g(t) \sin kt \, dt = \frac{1}{l} \int_{-l}^{l} f(x) \sin \frac{k\pi x}{l} \, dx \ .$$

Diese Formeln heißen die *Eulerschen Formeln* für die Koeffizienten der Fourierreihe einer Funktion mit Periode $2l$.

Wieder gilt: Ist f eine *gerade Funktion*, so ist $b_k = 0$ für alle $k \geq 1$, ist f eine *ungerade Funktion*, so ist $a_k = 0$ für alle $k \geq 0$.

Unter Zuhilfenahme der Exponentialfunktion

$$z \to e^z \ , \quad z \in \mathbb{C} \ ,$$

kann die Fourierreihe noch kürzer angeschrieben werden:

Wir haben

$$\cos \frac{k\pi x}{l} = \frac{1}{2}(e^{i(k\pi x/l)} + e^{-i(k\pi x/l)})$$

sowie

$$\sin \frac{k\pi x}{l} = \frac{1}{2i}(e^{i(k\pi x/l)} - e^{-i(k\pi x/l)}) = -\frac{i}{2}(e^{i(k\pi x/l)} - e^{-i(k\pi x/l)}) \ .$$

Mit $b_0 = 0$ ergibt sich daher für die Partialsummen der Fourierreihe:

$$\frac{a_0 - ib_0}{2} e^{i(0\pi x/l)} + \sum_{k=1}^{n} \frac{a_k - ib_k}{2} e^{i(k\pi x/l)} + \sum_{k=1}^{n} \frac{a_k + ib_k}{2} e^{-i(k\pi x/l)}$$

$$= c_0 e^{i(0\pi x/l)} + \sum_{k=1}^{n} c_k e^{i(k\pi x/l)} + \sum_{k=1}^{n} \overline{c_k} e^{-i(k\pi x/l)} = \sum_{k=-n}^{n} c_k e^{i(k\pi x/l)} \ ,$$

wobei

$$c_k = \begin{cases} \dfrac{a_k - ib_k}{2} & \text{für } k \in \mathbb{N} \ , \\[2mm] \overline{c}_{-k} & \text{für } k < 0 \ . \end{cases}$$

Definieren wir nun für eine Funktion

$$f \colon [a,b] \to \mathbb{C} \ , \quad f(x) = f_1(x) + i f_2(x) \ ,$$

wobei $f_1, f_2 \colon [a,b] \to \mathbb{R}$ integrierbar sind,

$$\int_a^b f(x)\,dx = \int_a^b f_1(x)\,dx + i \int_a^b f_2(x)\,dx \ ,$$

so erhalten wir:

Für $k \geq 0$

$$c_k = \frac{a_k - ib_k}{2} = \frac{1}{l} \int_{-l}^{l} f(x) \cdot \frac{1}{2} \left(\cos \frac{k\pi x}{l} - i \sin \frac{k\pi x}{l} \right) dx$$

$$= \frac{1}{2l} \int_{-l}^{l} f(x) e^{-i(k\pi x/l)}\,dx$$

und für $k < 0$

$$c_k = \overline{c}_{-k} = \frac{1}{2l} \int_{-l}^{l} f(x) e^{i(-k)\pi x/l}\,dx = \frac{1}{2l} \int_{-l}^{l} f(x) e^{-i(k\pi x/l)}\,dx \ .$$

Es ist also

$$f(x) \sim \sum_{k=-\infty}^{\infty} c_k e^{i(k\pi x/l)}$$

mit

$$c_k = \frac{1}{2l} \int_{-l}^{l} f(x) e^{-i(k\pi x/l)}\,dx \ .$$

Die Funktionenreihe $\displaystyle\sum_{k=-\infty}^{\infty} g_k(x)$ ist dabei als Grenzwert der „Partialsummen" $\displaystyle\sum_{k=-n}^{n} g_k(x)$ für $n \to \infty$ aufzufassen.

Bemerkung. Durch $(f,g) = \displaystyle\int_{-l}^{l} f(x)\overline{g(x)}\,dx$ wird eine positiv-semidefinite Sesquilinearform auf dem Vektorraum der integrierbaren Funktionen $[-l,l] \subseteq \mathbb{R} \to \mathbb{C}$ festgelegt.

$\langle e^{i(k\pi x/l)}\rangle_{k\in\mathbb{Z}}$ ist bezüglich dieser Form ein OS:

$$\int_{-l}^{l} e^{i(k\pi x/l)}\cdot e^{-i(m\pi x/l)}\,dx = \int_{-l}^{l} e^{i((k-m)\pi x/l)}\,dx$$

$$= \int_{-l}^{l} \cos\frac{(k-m)\pi x}{l}\,dx + i\int_{-l}^{l} \sin\frac{(k-m)\pi x}{l}\,dx$$

$$= \begin{cases} 0 & \text{für } k\neq m \\ 2l & \text{für } k=m . \end{cases}$$

Daher ist $\left\langle \dfrac{1}{\sqrt{2l}}\, e^{i(k\pi x/l)}\right\rangle_{k\in\mathbb{Z}}$ ein ONS.

Wir erwarten daher in Analogie zum reellen Fall

$$f(x) \sim \sum_{k=-\infty}^{\infty} d_k\cdot\frac{1}{\sqrt{2l}}\, e^{i(k\pi x/l)}$$

mit

$$d_k = \left(f, \frac{1}{\sqrt{2l}}\, e^{i(k\pi x/l)}\right) = \frac{1}{\sqrt{2l}}\int_{-l}^{l} f(x)e^{-i(k\pi x/l)}\,dx ,$$

was genau mit unserem obigen Resultat übereinstimmt. □

Die Entwicklung einer periodischen Funktion in eine Fourierreihe besitzt ein wichtiges *kontinuierliches Analogon*: Nach den Eulerschen Formeln lautet die Fourierentwicklung einer mit der Periode $2l$ periodischen Funktion $f\colon \mathbb{R}\to\mathbb{R}$

$$f(x) \sim \frac{1}{2l}\int_{-l}^{l} f(u)\,du + \sum_{k=1}^{\infty}\left(\cos\frac{k\pi x}{l}\right)\cdot\frac{1}{l}\int_{-l}^{l} f(u)\cdot\cos\frac{k\pi u}{l}\,du$$

$$+ \sum_{k=1}^{\infty}\left(\sin\frac{k\pi x}{l}\right)\cdot\frac{1}{l}\int_{-l}^{l} f(u)\sin\frac{k\pi u}{l}\,du .$$

Aufgrund der Formel

$$\cos\alpha\cdot\cos\beta + \sin\alpha\cdot\sin\beta = \cos(\alpha-\beta) = \cos(\beta-\alpha)$$

können wir auch schreiben

$$f(x) \sim \frac{1}{2l}\int_{-l}^{l} f(u)\,du + \frac{1}{\pi}\sum_{k=1}^{\infty}\left(\int_{-l}^{l} f(u)\cdot\cos(\omega_k\cdot(u-x))\,du\right)\Delta\omega ,\qquad (*)$$

wobei $\omega_k = \dfrac{k\pi}{l}$ und $\Delta\omega = \dfrac{\pi}{l}$ ist.

Wir denken uns nun eine nicht periodische Funktion $f\colon \mathbb{R}\to\mathbb{R}$ zunächst auf $[-l, l]$ durch die obige Entwicklung (*) approximiert. Lassen wir l gegen ∞ gehen, so werden wir im Falle der Konvergenz erwarten, daß der sich aus (*) ergebende Ausdruck $f(x)$ auf ganz $\mathbb{R}$ approximiert. Falls das uneigentliche Integral

$$\int_{-\infty}^{\infty} f(u)\,du$$

existiert, so ist jedenfalls

$$\lim_{l \to \infty} \frac{1}{2l} \int_{-l}^{l} f(u)\,du = 0 \ .$$

Für den Grenzwert der unendlichen Reihe in (∗) für $l \to \infty$ erwarten wir durch Vergleich mit der Gestalt von Riemannschen Zwischensummen das uneigentliche Integral

$$\frac{1}{\pi} \int_{\omega=0}^{\infty} \int_{u=-\infty}^{\infty} f(u) \cos\,(\omega(u-x))\,du\,d\omega \ .$$

Tatsächlich gilt der folgende

Satz (Fouriersches Integraltheorem). Sei $f \colon \mathbb{R} \to \mathbb{R}$ vorgegeben mit den folgenden Eigenschaften:

1) $f(x)$ ist stückweise glatt.

2) $\int_{-\infty}^{\infty} |f(x)|\,dx$ existiert.

3) $f(x) = \dfrac{f(x+0) + f(x-0)}{2}$ für alle $x \in \mathbb{R}$.

Dann gilt

$$f(x) = \frac{1}{\pi} \int_{\omega=0}^{\infty} \int_{u=-\infty}^{\infty} f(u) \cdot \cos\,(\omega(u-x))\,du\,d\omega \ . \quad \Box$$

(Ohne Beweis).

In komplexer Schreibweise lautet die Formel

$$f(x) = \frac{1}{2\pi} \int_{\omega=-\infty}^{\infty} \int_{u=-\infty}^{\infty} f(u)\,e^{i\omega(u-x)}\,du\,d\omega \ .$$

Setzen wir

$$\hat{f}(\omega) = \frac{1}{\sqrt{2\pi}} \int_{-\infty}^{\infty} f(u)\,e^{i\omega u}\,du \ ,$$

so gilt also

$$f(x) = \frac{1}{\sqrt{2\pi}} \int_{-\infty}^{\infty} \hat{f}(\omega)\,e^{-ix\omega}\,d\omega \ .$$

Die Funktion $\hat{f}(\omega)$ heißt die *Fouriertransformierte* von $f(x)$, die Abbildung $f \to \hat{f}$ heißt *Fouriertransformation*. Analog heißt die Abbildung $\hat{f} \to f$ *inverse Fouriertransformation*.

Beispiel. Sei $f(x) = \begin{cases} 1 & \text{für} \quad |x| < 1 \ , \\ \frac{1}{2} & \text{für} \quad |x| = 1 \ , \\ 0 & \text{für} \quad |x| > 1 \ . \end{cases}$

Dann erfüllt $f(x)$ die Voraussetzungen des Fourierschen Integraltheorems, und es gilt:

$$\hat{f}(\omega) = \frac{1}{\sqrt{2\pi}} \int\limits_{-\infty}^{\infty} f(u) e^{i\omega u} du = \frac{1}{\sqrt{2\pi}} \int\limits_{-1}^{1} e^{i\omega u} du$$

$$= \frac{1}{\sqrt{2\pi}} \int\limits_{-1}^{1} \cos(\omega u) du + \frac{i}{\sqrt{2\pi}} \int\limits_{-1}^{1} \sin(\omega u) du = \frac{\sqrt{2}}{\sqrt{\pi}} \frac{\sin\omega}{\omega} \ .$$

Damit ist

$$f(x) = \frac{1}{\sqrt{2\pi}} \int\limits_{-\infty}^{\infty} \frac{\sqrt{2}}{\sqrt{\pi}} \frac{\sin\omega}{\omega} e^{-ix\omega} d\omega$$

$$= \frac{1}{\pi} \int\limits_{-\infty}^{\infty} \frac{\sin\omega}{\omega} e^{-ix\omega} d\omega = \frac{1}{\pi} \int\limits_{-\infty}^{\infty} \frac{\sin\omega}{\omega} \cdot \cos(x\omega) d\omega \ ,$$

da $\dfrac{\sin\omega \cdot \sin(x\omega)}{\omega}$ eine ungerade Funktion in ω ist. $\square$

Die Fouriertransformation besitzt viele Anwendungen in der Technik, auf die wir hier nicht im einzelnen eingehen können. Als grundlegend für die meisten Anwendungen erweisen sich dabei die folgenden Eigenschaften, die wir ohne Beweis angeben (Die Funktionen müssen wieder ähnliche Voraussetzungen wie im obigen Satz erfüllen):

1) Definiert man die „*Faltung*" zweier Funktionen $f, g: \mathbb{R} \to \mathbb{R}$ durch

$$(f * g)(x) = \int\limits_{-\infty}^{\infty} f(t) g(x-t) dt \ ,$$

so gilt

$$\widehat{f * g} = \sqrt{2\pi} \cdot \hat{f} \cdot \hat{g} \ .$$

Durch die Fouriertransformation geht also die Faltung bis auf den Faktor $\sqrt{2\pi}$ in ein Produkt über.

2) Für die *Ableitung* gilt:

$$\widehat{(f')}(\omega) = -i\omega\hat{f}(\omega) \ . \quad \square$$

Neben der Fouriertransformation treten in den Anwendungen auch andere, meist verwandte, Integraltransformationen auf, z.B. die „*Laplacetransformation*":

Sei $f: \mathbb{R}_0^+ \to \mathbb{C}$ vorgegeben, so daß $\int\limits_0^{\infty} f(t) dt$ existiert (als Integrale über Real-bzw. Imaginärteil von f), und $|f(t)| \leq K \cdot e^{ct}$ mit geeigneten Konstanten K, c. Dann heißt

$$(\mathcal{L}f)(s) = \int\limits_0^{\infty} e^{-st} f(t) dt \ , \quad \operatorname{Re} s > c \ ,$$

die *Laplacetransformierte* von f.

Man schreibt auch $\mathcal{L}\{f(t)\}$ für $(\mathcal{L}f)(s)$.

Beispiel. Sei $f(t) \equiv 1$. Dann ist $(\mathcal{L}f)(s) = \int\limits_0^{\infty} e^{-st} dt = \dfrac{1}{s}$. $\square$

Wir führen wieder einige wichtige Eigenschaften ohne Beweis an:

1) $\quad \mathscr{L}\{\lambda f + \mu g\} = \lambda \cdot \mathscr{L}\{f\} + \mu \cdot \mathscr{L}\{g\}$.

2) $\quad \mathscr{L}\left\{\int_0^t f(t-u)g(u)\,du\right\} = \mathscr{L}\{f(t)\} \cdot \mathscr{L}\{g(t)\}$.

3) $\quad \mathscr{L}\{E^a f(t)\} = e^{as} \cdot \mathscr{L}\{f(t)\}$, wobei $E^a f(t) = f(t+a)$.

4) $\quad \mathscr{L}\{e^{-at} \cdot f(t)\} = E^a \mathscr{L}\{f(t)\} = (\mathscr{L}f)(s+a)$.

5) $\quad \mathscr{L}\{f(at)\} = \dfrac{1}{a}\,(\mathscr{L}f)\left(\dfrac{s}{a}\right)$ für $a > 0$.

6) $\quad \mathscr{L}\{t^k \cdot f(t)\} = (-1)^k (\mathscr{L}f)^{(k)}(s)$.

7) $\quad \mathscr{L}\{f^{(k)}(t)\} = s^k \mathscr{L}\{f(t)\} - s^{k-1} f_0 - \ldots - s f_0^{(k-2)} - f_0^{(k-1)}$,

   wobei $f_0^{(j)} = \lim_{t \to 0+0} f^{(j)}(t)$. $\square$

Beispiel. Gesucht ist $\mathscr{L}\{e^{\alpha t} \cdot t^k\}$.

Nach 6) mit $f(t) \equiv 1$ ist $\mathscr{L}\{t^k\} = (-1)^k \dfrac{d^k}{ds^k}\left(\dfrac{1}{s}\right) = \dfrac{k!}{s^{k+1}}$,
(vgl. obiges Beispiel).

Nach 4) mit $a = -\alpha$ ergibt sich

$$\mathscr{L}\{e^{\alpha t} \cdot t^k\} = \frac{k!}{(s-\alpha)^{k+1}} . \quad \square$$

Viele Tabellenwerke (vgl. Literaturliste) enthalten umfangreiche Listen von Fourier- und Laplacetransformierten zur praktischen Anwendung.

Literatur

Im folgenden seien exemplarisch einige weiterführende Lehrbücher zu einzelnen Stoffgebieten angegeben. Der Interessierte wird darüber hinaus in den Schlagwortkatalogen der mathematischen Universitätsbibliotheken zu jedem Gebiet eine Fülle weiterer Werke vorfinden.

Analysis (alle Kapitel von Band II):
  K. Endl, W. Luh, Analysis I und II, Akad. Verlagsgesellschaft, Frankfurt/Main 1972 und 1973.
  W. Walter, Analysis I und II, Springer Verlag, Berlin 1985 und 1988.

Folgen, Reihen, Produkte (Kapitel 8):
  K. Knopp, Theorie und Anwendungen der unendlichen Reihen, Springer Verlag, Berlin 1931.

Laplacetransformation (Kapitel 12.5):
  G. Doetsch, Anleitung zum praktischen Gebrauch der Laplace-Transformation und der Z-Transformation, Oldenbourg, München 1981.

Tabellenwerke und Formelsammlungen:
  M. Abramowitz, I. A. Stegun, Handbook of mathematical functions, Dover, New York 1970.
  I. N. Bronstein, K. A. Semendjajew, Taschenbuch der Mathematik, Teubner, Leipzig 1981.
  W. Gröbner, N. Hofreiter, Integraltafel, Erster und zweiter Teil, Springer Verlag, Wien-Innsbruck 1949 unf 1950.
  E. R. Hansen, A table of series and products, Prentice Hall Inc., Englewood Cliffs, N. J., 1975.
  I. M. Ryzhik, I. S. Gradshteyn, Table of integrals, series, and products, Academic Press, London 1980.

Die **biographischen Daten** stammen großteils aus
  H. Meschkowski, Mathematikerlexikon, BI-Hochschultaschenbücher, Bd. 414, Mannheim 1964.

Biographisches Verzeichnis

Bachmann, P. 42
Bernoulli, J. (I) 17
Bohr, H. 162
Briggs, H. 136
Dini, U. 167
Dirichlet, P.G.L. 117
Euler, L. 23
Faà di Bruno, F. 110
Fourier, J.B.J. 199
Hadamard, J. 171

Hospital, G.F.A. de L' 194
Jacobi, C.G. 78
Lagrange, J.L. 102
Landau, E. 42
Lebesgue, H. 120
Leibniz, G.W. 33
MacLaurin, C. 178
Riemann, B. 35
Rolle, M. 105
Stirling, J. 44

Sachverzeichnis

Abelscher Grenzwertsatz 185
Ableitung 76
Ableitungsoperator 181
Ableitungstafel 152 ff
Absolute Konvergenz (Produkte) 40
Absolute Konvergenz (Reihen) 26
Absolute Konvergenz (Uneigentliche
  Integrale) 157
Absolutes Extremum 99 ff
Ähnlichkeitsabbilungen 93
Algebraische Operationen für Potenz-
  reihen 172
Allgemeine Exponentialfunktion 136, 184
Alternierende Reihen 32 ff
Arcus cosinus 71
Arcus sinus 71
Arcus tangens 71
Areafunktionen 140 ff
Arithmetisches Mittel 32
Asymptotische Gleichheit 43
Asymptotischer Vergleich (Folgen) 42
Asymptotischer Vergleich (Funktionen) 72
Ausgezeichnete Zerlegungsfolge 116

Bedingt konvergente Reihe 35
Bellpolynome 110
Berührende Affinität 92
Berührungsordnung von Kurven bzw.
  Flächen 190
Betafunktion 162
Binomische Reihe 184
Bisektion 64

Cauchyfolge 4
Cauchyprodukt 39
Cauchy – Riemannsche Differential-
  gleichungen 93
Cauchyscher Hauptwert 156, 158
Cauchysches Konvergenzkriterium (Funk-
  tionenfolgen) 168
Cauchysches Konvergenzkriterium (Un-
  eigentliche Integrale) 157, 158
Cauchysches Konvergenzkriterium (Zahlen-
  folgen) 3
Cauchysches Konvergenzkriterium (Zahlen-
  reihen) 25

Charakter eines Extremums 104
Cosecans 56

Dekadischer Logarithmus 136
Differentialquotient 75
Differenzenquotient 75
Differenzierbare Funktionen 75 ff
Dirichletsche Sprungfunktion 117
Divergenz (Folgen) 2

Eigentlich konforme Abbildung 93
Einseitige Limiten 62
Ersatzfunktion 56
Eulersche Formeln (Fourierreihe) 202, 204
Eulersche Gammafunktion 160
Eulersche Relation für e^{ix} 183
Eulersche Zahl 23
Explizite Darstellung einer Fläche 87
Exponentialfunktion 135 ff
Extrema 97 ff
Extrema mit Nebenbedingungen 100 ff
Extrema (relative): Hinreichende Bedingun-
  gen 190 ff
Extrema (relative): Notwendige Bedingun-
  gen 99

Faltung von Funktionen 208
Fast alle Elemente 2
Fehlerabschätzung 95 f
Flächenverzerrungsverhältnis 95
Folgen 1 ff
Folgenkompaktheit 58
Folgenstetigkeit 46
Formel von Cauchy-Hadamard 171
Formel von Faà di Bruno 110
Fourierkoeffizienten 199
Fourierreihe 196 ff
Fouriersches Integraltheorem 207
Fouriertransformation 207
Funktionaldeterminante 81
Funktionalmatrix 78
Funktionenfolgen 165 ff
Funktionenreihen 165 ff

Gammafunktion 160 ff
Geometrische Folge 16

Geometrisches Mittel 31
Gerade Funktion 70
Gleichmäßige Konvergenz 166
Gleichmäßige Stetigkeit 57
Global flächentreue Abbildung 95
Global konforme Abbildung 93
Gradient 90
Graph einer Funktion 48
Grenzwert, algebraische Eigenschaften 8 ff
Grenzwert, Monotonieeigenschaften 11 f
Grenzwert, Rechenregeln 13

Harmonische Reihe 25
Harmonische Zahlen 16
Harmonisches Mittel 32
Hauptsatz der Differential- und Integral-
  rechnung 128
Hauptsatz über implizite Funktionen 89 ff
Hebbare Unstetigkeiten 60
Höhere Ableitungen 108 ff
Hyperbolische Funktionen 138 ff
Hyperharmonische Reihen 31
Hypoharmonische Reihen 31

Identitätssatz für Potenzreihenentwick-
  lung 177
Implizite Darstellung einer Fläche 90
Implizite Darstellung einer Kurve 88
Integralkriterium (Reihen) 159
Integraltafel 152 ff
Integrand 122
Integrationsgrenze 122
Integrationsvariable 122
Integrierbare Funktion 117
Inverse Fouriertransformation 207

Jacobi-Matrix 78

Kettenregel 81
Konvergenz (Folgen) 1 ff
Konvergenz (Reihen) 24 ff
Konvergenzradius 171
Konvexe Funktion 161
Kotierte Projektion 67
Kriterium von Weierstrass 168

Lagrangescher Multiplikator 102
Laplacetransformation 208 f
Leibnizsche Produktregel 109
Leibnizsches Konvergenzkriterium 33
Limes inferior 6
Limes superior 6
Lineare Abhängigkeit (Funktionen) 196
Lineare Approximation (Funktionen) 75
Lineares Funktional 122
Linksseitige Ableitung 77
Logarithmus 132 ff
Logarithmus dualis 136

Logarithmus naturalis 135
Logarithmusfunktion in $\mathbb{C}$ 183
Lokal flächentreue Abbildung 95
Lokal konforme Abbildung 93

MacLaurin-Reihe 178
Mittelungleichung 32
Mittelwertsätze der Differential-
  gleichung 105 f
Mittelwertsätze der Integralrechnung 125 f
Monotonie (Folgen) 6
Monotonie (Funktionen) 67

Natürlicher Logarithmus 135
Newtonverfahren 96
Niveaulinie 67
Nullfolgen 8 ff
Nullmenge 120
Nullstellensatz von Bolzano 63

O-Notation (Folgen) 42
O-Notation (Funktionen) 72
Oberes Integral 116
Obersumme 116
Ordnung einer Funktion 73
Orientierter Flächeninhalt 124

Parameterdarstellung einer Fläche 87
Parameterdarstellung einer Kurve 49 f
Parameterlinien 88
Partialbruchzerlegung (Rationale Funk-
  tionen) 145 ff
Partialsummen 24
Partielle Ableitung 78
Partielle Ableitungen höherer Ordnung 110
Partielle Integration 130
Partition einer Menge 110
Polynomfunktionen (Differenzierbar-
  keit) 84
Polynomfunktionen (Stetigkeit) 54
Positivität des Integrals 125
Potenzreihen 171 ff
Produktintegration 154
Produktregel (Ableitung) 83
Projektionen 53
Punktweise Konvergenz einer Funk-
  tionenfolge 165

Quotientenkriterium 28
Quotientenkriterium (Limesform) 29 f
Quotientenregel (Ableitung) 84

Randextrema 99
Rationale Funktionen (Integration) 143 ff
Rationale Funktionen (Stetigkeit) 54
Rechtsseitige Ableitung 77
Regel von de l'Hospital 194
Regula falsi 64

Reihen, algebraische Operationen 36 ff
Reihenrest 34
Relatives Extremum 99
Richtungsableitung 98
Riemann-Integral 115 ff
Riemannsche Zwischensumme 118
Riemannscher Umordnungssatz 35

Satz vom Maximum stetiger Funktionen 59
Satz von Bohr und Mollerup 162
Satz von Bolzano-Weierstrass 58
Satz von Dini 167
Satz von Rolle 105
Satz von Schwarz 111
Schachtelfunktion 55
Schraublinie 30
Schwache Monotonie (Folgen) 6
Schwache Monotonie (Funktionen) 67

Secans 56
Shiftoperator 181
Sprungstelle 62
Stammfunktion 108
Starke (strenge) Monotonie (Folgen) 6
Starke (strenge) Monotonie (Funktionen) 67
Stelle der Unbeschränktheit 61
Stetig differenzierbare Funktion 79
Stetige Fortsetzung 47
Stetigkeit 45 ff
Stirlingsche Approximationsformel 44
Stückweise glatte Funktion 202
Subadditivität des Integrals 123
Substitutionsregel (Integral) 131
Supremumsnorm 166

Tangentialebene (Fläche) 87 f
Tangentengleichung (Kurve) 86
Taylorentwicklung 178 ff
Taylorscher Lehrsatz 180
– in mehreren Veränderlichen 189
Taylorsches Näherungspolynom 178
Teilfolge 4
Totale Differenzierbarkeit 77 ff
Trigonometrische Fourierreihe 201
Trigonometrische Funktionen (Ableitung) 85

Trigonometrische Funktionen (Integral) 125
Trigonometrische Funktionen (Stetigkeit) 56 f
Trigonometrische Näherungspolynome 201
Trigonometrisches Funktionensystem 200

Umgebungsstetigkeit 45
Umkehrfunktion (Differenzierbarkeit) 82
Umkehrfunktion (Stetigkeit) 68
Unbedingt konvergente Reihe 35
Unbestimmte Ausdrücke 21 f, 193 f
Unbestimmte Integrale 127 ff
Unendliche Produkte 40 ff
Unendliche Reihen 22 ff
Uneigentlich konvergente Folgen 19 ff
Uneigentliche Integrale 1. Art 154 ff
Uneigentliche Integrale 2. Art 158 ff
Ungerade Funktion 70
Unstetigkeitsstellen 60 ff
Unteres Integral 116
Untersumme 116

Vergleichskriterien (Uneigentliche Integrale) 159
Vergleichskriterium (Reihen) 27
Verschiebungsoperator 181
Vertauschbarkeit von Grenzprozessen 169
Vollständiger metrischer Raum 4
Vorzeichenbeständigkeit stetiger Funktionen 54

Winkel zweier Flächen 92
Winkel zweier Kurven 92
Wurzelkriterium 28
Wurzelkriterium (Limesform) 29

Zusammensetzung von Funktionen (Differenzierbarkeit) 81
Zusammensetzung von Funktionen (Höhere Ableitungen) 110
Zusammensetzung von Funktionen (Stetigkeit) 55
Zwischenwertsatz von Bolzano 64
Zyklometrische Funktionen (Ableitung) 86
Zyklometrische Funktionen (Stetigkeit) 72

SpringerNewsInformatik

Gerd Baron, Peter Kirschenhofer

Einführung in die Mathematik für Informatiker

Band 3

Zweite, verbesserte Auflage
1996. 79 Abbildungen. VIII, 191 Seiten.
Broschiert DM 64,–, öS 450,–
ISBN 3-211-82797-8
Springers Lehrbücher der Informatik

Das dreibändige Werk bietet eine Einführung in die wichtigsten mathematischen Grundlagen aus den Gebieten der Linearen und Nichtlinearen Algebra, der Analysis und der Diskreten Mathematik für Informatiker. Besondere Schwerpunkte bilden die in den Computerwissenschaften wichtigen Methoden aus Kombinatorik, Graphentheorie und der Theorie endlicher Körper. Damit zeichnet sich das Werk gegenüber den klassischen Grundlagenwerken der Ingenieurmathematik durch informatik-spezifischere Inhalte aus. Zahlreiche durchgerechnete Beispiele und Erklärungen sollen die Möglichkeiten des Selbststudiums fördern.
Nach der Neuauflage von Band 1 im Jahr 1992 liegt nun auch Band 3 in einer verbesserten Neuauflage vor.

Inhalt: Integralrechnung II. - Differentialgleichungen. - Kombinatorische Methoden. - Algebraische Strukturen II. - Algebraische Codierungstheorie. - Graphentheorie.

Band 1

Zweite, verbesserte Auflage
1992. 50 Abbildungen. VIII, 196 Seiten.
Broschiert DM 53,–, öS 370,–
ISBN 3-211-82397-2
Springers Lehrbücher der Informatik

 SpringerWienNewYork

P.O.Box 89, A-1201 Wien • New York, NY 10010, 175 Fifth Avenue
Heidelberger Platz 3, D-14197 Berlin • Tokyo 113, 3-13, Hongo 3-chome, Bunkyo-ku

SpringerInformatik

Axel Pinz
Bildverstehen

1994. 168 Abbildungen. XIII, 235 Seiten. ISBN 3-211-82571-1
Broschiert DM 53,–, öS 370,–. Springers Lehrbücher der Informatik

Das Buch behandelt neben wichtigen Merkmalen des menschlichen visuellen Systems auch die nötigen Grundlagen aus digitaler Bildverarbeitung und aus künstlicher Intelligenz.
Im Zentrum steht die schrittweise Entwicklung eines neuen Systemmodells für Bildverstehen, anhand dessen verschiedene „Abstraktionsebenen" des maschinellen Sehens, wie Segmentation, Gruppierung auf Aufbau einer Szenenbeschreibung besprochen werden.

Atilla Bezirgan
Informatik

Aufgaben und Lösungen

1992. IX, 136 Seiten. ISBN 3-211-82414-6
Broschiert DM 28,–, öS 195,–. Springers Lehrbücher der Informatik
Begleitbuch zu Blieberger/Schildt/Schmid/Stöckler, Informatik

Diese Aufgabensammlung zum Buch „Informatik" von Blieberger et al. ermöglicht anhand angegebener Aufgaben und Lösungen eine Überprüfung und Verbesserung des Verständnisses des Stoffs.

J. Blieberger, G.-H. Schildt, U. Schmid, St. Stöckler
Informatik

Zweite, neubearbeitete Auflage
1992. X, 380 Seiten. ISBN 3-211-82389-1
Broschiert DM 53,–, öS 370,–. Springers Lehrbücher der Informatik

Das Buch ist eine unkonventionelle, auf intuitives Verständnis ausgerichtete Einführung in jene Aspekte der Informatik, die nicht ausschließlich die Entwicklung von Software betreffen. Trotz der breit angelegten Diskussion sehr heterogener Teilgebiete bleibt der Blick auf das Gesamtsystem erhalten.

 SpringerWienNewYork

P.O.Box 89, A-1201 Wien • New York, NY 10010, 175 Fifth Avenue
Heidelberger Platz 3, D-14197 Berlin • Tokyo 113, 3-13, Hongo 3-chome, Bunkyo-ku

Springer-Verlag
und Umwelt

ALS INTERNATIONALER WISSENSCHAFTLICHER VERLAG
sind wir uns unserer besonderen Verpflichtung der
Umwelt gegenüber bewusst und beziehen umwelt-
orientierte Grundsätze in Unternehmensentschei-
dungen mit ein.

VON UNSEREN GESCHÄFTSPARTNERN (DRUCKEREIEN,
Papierfabriken, Verpackungsherstellern usw.) verlangen wir, dass sie sowohl beim Herstellungsprozess
selbst als auch beim Einsatz der zur Verwendung
kommenden Materialien ökologische Gesichtspunk-
te berücksichtigen.

DAS FÜR DIESES BUCH VERWENDETE PAPIER IST AUS
chlorfrei hergestelltem Zellstoff gefertigt und im
pH-Wert neutral.